Lehrbuch

der

Erdbeschreibung.

Ein Auszug der ersten Elemente der Erdbeschreibung von Dr. Heinrich Berghaus, mit angefügter politischer Geographie.

Für
die früheren Stufen des geographischen Unterrichtes eingerichtet

von

Fr. Schubart,
Director einer weiblichen Bildungs-Anstalt in Berlin.

Berlin,
gedruckt und verlegt bei G. Reimer.
1836.

V o r w o r t.

Bei der Anfertigung dieses Auszuges aus dem ersten Cursus des Lehrbuchs der Erdbeschreibung von Dr. Heinrich Berghaus, welcher mit Bewilligung des Herrn Verfassers und auf Veranlassung der Veriagshandlung unternommeu wurde, ist so verfahren worden, daß die eigenthümliche und gewiß zu wahrhaft anschaulichem Unterricht höchst zweckmäßige Art dieses Buches erhalten werden sollte. Es war gewiß höchst unthunlich, und hätte eine Verkennung des eigentlichen Werthes verrathen, welchen dieses Buch besitzt, hätte man, nach Art gewöhnlicher Auszüge, aus diesen zusammenhängenden plastischen Beschreibungen einzelne Stückchen herausreißen und aneinanderreihen wollen, für welche die Herstellung des beschreibenden Zusammenhanges nicht mehr möglich gewesen wäre. Solcher kleinen Bücher, in welchen eine Menge Namen und Angaben zusammengeschrieben sind, giebt es genug, und ihre Vermiehrung kann zu nichts führen.

Dieser Auszug besteht vielmehr darin, daß aus den großen und gründlich ausgeführten geographischen Gemählden des Herrn Dr. Berghaus gedrängte Skizzen entworfen worden, indem der Ausdruck auf das möglichste zusammengezogen und viele Mittelglieder des Stoffes ausgelassen wurden. So wird der Schüler auf der mittlern Stufe des geographischen Unterrichtes durch dieses kleinere Buch in diese Anschauungen so eingeführt, daß er nachher dem Lehrbuch selbst, welches übrigens fortwährend in den Händen des Lehrers sein muß, auf der höheren Stufe mit desto größerem Nutzen folgen wird.

Im zweiten Theil sind die Darstellung der ethnographischen Massen, der Staatsgebiete mit ihren Größen und Bevölkerungsverhältnissen, und die Tafeln zur Städtebeschreibung, mit Berücksichtigung des gewöhnlichen Schulbedürfnisses, hinzugefügt.

Berlin. Mai 1836.

Schubart.

Inhaltsverzeichniß.

Einleitung . . . . Seit

Erster Theil.
Geographie oder Erdkunde.

Erster Abschnitt.
Von der Erde, als Welt- und mathematisch meßbarem Körper.

Zweiter Abschnitt.
Erklärung der aus der natürlichen Beschaffenheit der Erde hervorgehenden Begriffe . . . .

Dritter Abschnitt.
Allgemeine Uebersicht der räumlichen Verhältnisse der Erde.

Vierter Abschnitt.
Umrisse der Oceanographie . . . .

Fünfter Abschnitt.
Von der Gestaltung und Größe der Vestländer und von der Verbreitung der Eilandsfluren . . . . .

Sechster Abschnitt.
Umrisse der Hydrographie . . . .

Seite

Siebenter Abschnitt.

Umrisse der Orographie und Länderkunde 90

Achter Abschnitt.

Umrisse der Klimatologie 144

Zweiter Theil.

Ethnographie und politische Geographie.

Erster Abschnitt.

Darstellung der Menschenracen und der Staatsgebiete . 154

Zweiter Abschnitt.

Die Größenverhältnisse der Staatsgebiete 197

Dritter Abschnitt.

Städte-Beschreibung in Tafeln 209

Einleitung.

§. 1. Die Erde, nach allen Seiten hin einen ausgedehnten und zusammenhängenden Raum einnehmend, durch Flächen begränzt, welche Länge und Breite haben, deren Gränzen wieder Linien sind, die nur Länge haben, und die endlich von Punkten ohne alle Ausdehnung begränzt sind — die Erde ist also ein Körper (Erdkörper) und gehört der Körperwelt, dem Innbegriff aller räumlichen Dinge, an.

§. 2. Auch das wolkenlose blaue Himmelsgewölbe zeigt uns in Sonne Mond und Sternen seine Himmelskörper, und Erde und Himmel zusammen bilden die Welt, die wir wegen der räumlichen Ausdehnung den Weltraum, wegen ihres Enthaltens aller sichtbaren Dinge das Weltall, Universum, wegen ihrer Zusammensetzung aus mehreren Theilen das Weltgebäude den Weltbau nennen, und an welcher wir die geordnete Verbindung aller Körper als Weltsystem, als Weltordnung bezeichnen.

§. 3. Die ganze Welt umfaßt die Weltbeschreibung, Kosmographie; Erdbeschreibung oder Geographie hat nur die Erde vor sich, und sieht entweder auf ihre natürliche Beschaffenheit als Weltkörper und auf die mannigfaltigen Abwechselungen ihrer Oberfläche, wo sie dann auch eigentliche, mathematische und physikalische Geographie, auch Erdkunde zu nennen ist. Weiterhin beschreibt sie auch, von ihrem eigentlichen Gegenstande abweichend, die Theile der Erdfläche als Wohnplätze der Völker, und nicht nur den Umfang, die Grenzen und die allgemeine Naturbeschaffenheit derselben, sondern auch die allgemeine Anordnung des Völkerlebens auf ihnen, und das ist die politische Geographie oder Statistik, und vorwaltend zur Völkerbeschreibung übergehend die Ethnographie. —

Erster Theil.

Geographie oder Erdkunde.

Erster Abschnitt.

Von der Erde, als Welt- und als mathematisch meßbarem Körper.

§. 4. Geometrische Vorbegriffe. — Man unterscheide zunächst die Linien: die gerade, als kürzeste Entfernung zwischen zwei Punkten, mit einerlei Richtung aller Theile, und die krumme, mit verschiedener Richtung aller Theile; dann zwei Linien, die gleichlaufend oder paralell sind, so daß sie bei immer gleichem Abstande, nie zusammenkommen, dagegen zusammengeneigte Linien, die einen Winkel bilden, dessen Schenkel die Linien selbst sind, wie ihr Zusammenstoßen sein Scheitel. Nebenwinkel entstehen durch Gemeinschaft des Scheitels und eines Schenkels, der rechte Winkel durch winkelrechtes perpendikuläres Auffallen einer Linie auf eine andere; der schiefe Winkel, der durch die nicht perpendikuläre sondern schräg auffallende Linie entsteht, ist spitz wenn er kleiner, und stumpf, wenn er größer als ein rechter Winkel ist.

Unter den Flächen, den Gränzen der Körper, die mit geraden Linien zwischen ihren Endpunkten Ebenen sind, wovon es auch parallele Ebenen giebt, unter den Flächen, die durch ihre umschließenden Linien Figuren bilden, wie das Quadrat, eine von vier gleich großen winkelrecht aufeinander stehenden Linien eingeschlossene Fläche, unter ihnen ist der Kreis für die Geographie am bedeutendsten: von einer einzigen krummen Linie, Umkreis, Peripherie, so eingeschlossen, daß alle Punkte derselben von einem Punkte der Mitte, Mittelpunkt, Centrum, gleichweit entfernt liegen, lassen sich von diesem Mittelpunkte zu jedem Punkte des Umkreises gerade Linien ziehen, Halbmesser oder Radien, die sich alle gleich sind; und durch den Mittelpunkt, zwischen zwei entgegengesetzten Punkten des Umkreises, laufen Durchmesser, Diameter, doppelte Radien, auch alle einander gleich, und immer den Kreis in zwei gleiche Hälften theilend, in Halbkreise. Jede andere gerade Linie, außerhalb des Mittelpunktes zwischen zwei Punkte des Umkreises gezogen, schneidet immer als Chorde oder Sehne einen Kreisbogen ab, welcher mit der Chorde einen Theil der Kreisfläche als Kreisabschnitt, oder Segment einschließt. Zwei rechtwinklich sich durchschneidende Durchmesser, über die Kreisfläche gezogen, theilen mit ihren Endpunkten die Peripherie in vier gleiche Kreisbogen, Quadranten; weil jeder Kreis in 360 gleiche Theile Grade (o) getheilt wird, wie der einzelne Grad in 60 Minuten (′), die Minute in 60 Sekunden (″), so hat jeder Quadrant das Viertheil 90°, welches auch das Maas des rechten Winkels ist, der an dem durch den Quadranten gebildeten Segment vorkömmt, wie jeder Winkel durch die Grade des Kreisbogens zwischen seinen Schenkeln gemessen wird.

Und die genaue Vorstellung des Kreises führt auch zu der der Kugel, Sphäre, welche von der Kugelfläche, wie der Kreis von der Peripherie, so eingeschlossen ist, daß alle ihre Punkte von dem Mittelpunkt, Centrum, gleichweit abstehen, daß man hier ebenfalls von dem Mittelpunkte aus Halbmesser, Radien der Kugel, alle sich gleich, und durch den Mittelpunkt, Durchmesser, Diameter der Kugel, alle sich gleich, ziehen kann, nur daß bei der drehenden

Kugel der Durchmesser, um den sie sich dreht, die Axe heißt, deren Endpunkte die Pole sind. Ein abgeschnittenes Stück der Kugel zeigt bei dem Schnitte eine Kreisebene, und an der Oberfläche der Kugel einen sie einschließenden Kreis, der, wenn der Durchschnitt durch das Centrum geht, ein größter Kreis ist, und jedesmal die Kugel in zwei gleiche Hälften, Halbkugeln oder Hemisphären theilt. Und eine Kugel mehrmal so durchschnitten, das gleichlaufende Kreisebenen winkelrecht auf der Axe stehen, zeigt an ihrer Oberfläche die diese Winkel einschließenden Kreise als Parallelkreise. Linien, die sich auf der Kugelfläche zusammenneigen oder durchschneiden, bilden sphärische Winkel.

§. 5. Horizont und Weltgegenden. Von einem hohen Punkte des freien Feldes umherblickend erkennt man die scheinbare Berührung des Himmels mit der Erde als einen weiten Kreis, Gesichtskreis, Horizont, in

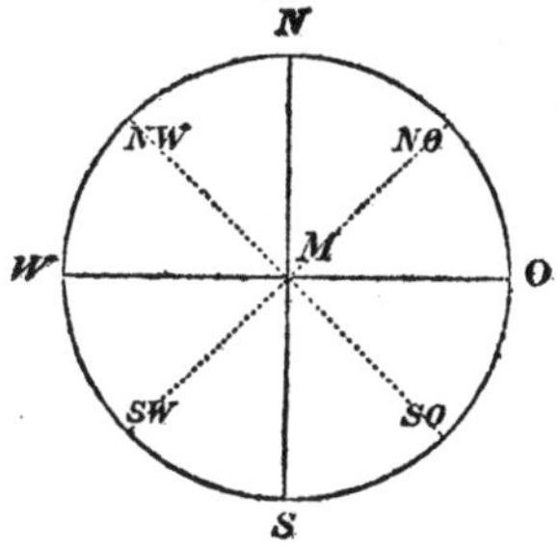

dessen Mittelpunkt man jedesmal steht. Und durch diesen Mittelpunkt in Gedanken zwei sich rechtwinklich durchschneidende Durchmesser legend, daß durch ihre Endpunkte die vier Quadranten des Horizontes entstehen, findet man die vier Welt- oder Himmelsgegenden. Einen der vier Endpunkte der beiden Durchmesser sucht man nun durch seine Stellung da, wo gerade am Mittag die Sonne steht, von welcher man mit dem Auge zu diesem Punkte herabgeht, und so hat man den Süden *S.*; ihm gerade gegenüber im Rücken den Norden *N.*, zur linken Hand von beiden vorigen gleichweit abstehend den Osten *O.* und zur rechten, gerade gegenüber den Westen *W.*; und stehen eben diese Punkte genau um 90° von einander ab, so hat man in ihnen die Haupthimmelsgegenden oder Kardinalpunkte des Horizontes vor sich. Zwischen diese vier Hauptpunkte legt man in die genaue Mitte von 45° vier andere und findet die Nebengegenden, Südost *SO* zwischen *S* und *O*, und weiter Nordost, Nordwest, Südwest. Wird die Eintheilung des Horizontes auf dieselbe Weise noch weiter fortgesetzt, daß man, immer die genaue Mitte zwischen den schon angelegten Punkten suchend, erst 16, dann 32, endlich 64 Punkte herausbringt, so entsteht die Windrose. Von diesen Punkte des Horizontes sind die zwischen ihnen liegenden Kreisbogen durch genauere Benennung zu unterscheiden. Man hat zwischen *SW* und *SO* den südlichen Horizont, und findet mit gleicher Abmessung umhergehend auch den östlichen, den nördlichen und den westlichen Horizont.

§. 6. Gestirne, Sonnensystem. Zenith und Nadir. Von dem ganzen Horizonte eingeschlossen zeigt über uns das Himmelsgewölbe (Firmament) das wandelnde Tagesgestirn der Sonne, den wandelnden nächtlichen Mond und die unzählbare Menge von Sternen, in Gestirne und Sternbilder vertheilt, nach menschlicher Ansicht. Unter den Sternen aber die Fixsterne unterscheidend, die immer denselben Ort zwischen den umgebenden behalten, und wieder die Irrsterne, Planeten, welche ihre Stellung gegen die Fixsterne täglich ändern, so leitet diese Beobachtung, verbunden mit noch vielen anderen, welche die Sternkunde zusammenstellt, auf die höhere astronomische Erkenntniß des Weltgebäudes, über dessen Anordnung das blos sinnliche Auge uns eine Täuschung vorhält. Keineswegs wandelt im Himmelsgewölbe, wie es erscheint, die Sonne über die Erde hin, sondern im weiten freien Weltraum steht die Sonne als Fixstern, und unsere Erde schwebt als Planet mit andern Planeten um sie her, in kreisförmigen durch die Zusammenwirkung der Centripetal- und Centrifugalkraft geregelten Bahnen, wodurch sich unser Sonnensystem bildet, welches wir uns durch Beobachtung der himmlischen Erscheinungen in Gedanken entwerfen, so wie wir uns jeden Fixstern des Himmelsgewölbes als eine Sonne und als den Mittelpunkt eines solchen Systems zu denken haben. So wird in der Sternkunde aus den täuschenden Erscheinungen des Himmelsgewölbes die wahre Gestalt des Weltbaues gefunden, wie es hier nicht weiter gezeigt werden kann. Um sich aber an der scheinbaren inneren Gewölbsfläche des Himmels zurecht zu finden, merkt man sich den Punkt am Himmel, welcher von dem Mittelpunkte der

Horizont-Kreisfläche, in dem man steht, durch eine perpendiculäre hinauffallende Linie gerade über dem Scheitel angegeben wird, als Scheitel oder Vertikalpunct, Zenith; und diesem Punkte unter den Füßen gerade gegenüber gedacht, in der verdeckten Hälfte der hohlen Himmelskugel, den Fußpunkt oder Nadir.

§. 7. Die Gestalt der Erde. Von dem hohlen Himmelsgewölbe wieder herabblickend, sieht man um sich die ausgebreitete Erdfläche als wagerechte Ebene, worin aber wieder eine Täuschung des Auges liegt, indem man sich statt dieser wagerechten Ebene vielmehr einen Theil der gekrümmten Kugelfläche denken muß, die unseren Erdball bei seiner Kugelgestalt einschließt. Diese Kugelgestalt der Erde, welche das sinnliche Auge nicht erreicht, findet der Verstand aus sicher vorhandenen Erscheinungen: zuerst aus dem allmähligen Hervortreten entfernter hoher Gegenstände von der Spitze bis zum Fuß vor dem Auge des Wanderers auf weiter Ebene, dessen Schritte also nicht in der geraden Linie der Ebene, sondern in der gekrümmten der Kugelfläche

auf diese Gegenstände hingehen, welche Erscheinung sich auch überall und nach allen Richtungen hin auf der Erdoberfläche wiederholt, daß man die Kugelkrümmung überall wahrnimmt. Dann sieht man die Kugelgestalt der Erde aus den gemachten Weltumsegelungsreisen um dieselbe, immer von Osten nach Westen, oder umgekehrt in derselben Richtung ohne Umkehr, und doch an denselben Punkt zurück. Und zu diesem sicheren Zeichen der Kugelkrümmung von Osten nach Westen hat auch die von Süden nach Norden ihr sicheres Zeichen: dem Wanderer von Süden nach Norden rücken die Sterne des Himmels, wie er weiter geht, seinem jedesmaligen Zenith immer näher, neue treten ihm auch aus dem nördlichen Horizont hervor, während die südlichen sich vom Zenith immer mehr entfernen und endlich unter den Horizont verschwinden. So verschafft ihm die Wanderung nach Norden, wobei er immer mit seinen Füßen lothrecht, wie der Zug der Schwerkraft oder Gravitation, auf den Mittelpunkt der Erdkugel gerichtet ist, immer wieder einen neuen Horizont mit neuem Zenith, was auf flach hingedehnter Ebene nicht möglich wäre.

§. 8. Stand der Sonne gegen den Horizont, Bewegung der Erdkugel um ihre Axe. — Und dem scheinbaren Tageswandel der Sonne, im Aufgang (Morgen, Oriens) vom Horizont hinweg bis zur größten Entfernung von ihm in der Mittagshöhe, dann zum Untergang im Abend Occideus bis zu ihrem Wiedererscheinen im Morgen, auch dieser Erscheinung liegt die Kugelgestalt der Erde, und zwar verbunden mit ihrer Rotation (Drehung um sich selbst) zu Grunde. Der im freien Weltraum feststehenden Sonne wendet die rotirende Erde die Punkte ihrer Kugeloberfläche nach einander zu, daß ihre Bewohner dann von dem jedesmaligen hingewandtem Punkte mit dem Haupte nach ihr gerichtet sind, und sie nun über sich stehen sehen und Mittag haben, wie bei ihrem ersten Erblicken am Horizonte Morgen, und bei dem letzten Abend, worauf sich die ganze Hälfte der Kugel von der Seite der Sonne wieder wegwendet, und mit Nacht bedeckt wird, und zwischen dem Abend und dem neuen Morgen Mitternacht hat. So entstehen durch Rotation der Erde Tag und Nacht,

oder die vier Tageszeiten, an welchen sich der Zeitverlauf dieser Rotation sichtlich darstellt. Diesen Zeitverlauf des ganzen Umdrehens theilt man in 24 Stunden, 12 für den Tag und 12 für die Nacht, jede Stunde wieder in 60 Minuten, jede Minute wieder in 60 Secunden, wie man es auf der Uhr sieht, die ein Bild dieses Zeitverlaufes und seiner Eintheilung ist.

§. 9. Linien und Punkte der Erdkugel, die sich auf die Rotation gründen. Ihre Verhältnißtheilung. — Durch die Rotation gewinnt, wie jede Kugel, so auch die Erdkugel sichere Punkte und Linien, die der ruhig schwebenden Kugel mangeln. Die Axendrehung setzt die Axe voraus, welche als ruhend feste Linie durch den Mittelpunkt der Erde geht, und gegen Norden hin mit dem Nordpol endet, gegen Süden mit dem Südpol, daß arktischer und antarktischer Pol wieder zwei feste Punkte der rotirenden Erdkugel sind. Und weil nun die einzelnen Punkte der Erdoberfläche sich um die Axe drehen und Kreise beschrieben, so denkt man sich leicht von einem Pol zum andern eine Menge Kreise, die, weil sie alle senkrecht mit ihrer Ebene auf der Axe stehen, auch alle unter einander gleichlaufend sind, und Parallelkreise heißen. Je weiter nach den beiden Polen hin je kleiner werden sie, und von beiden Polen in der Mitte gleichweit entfernt ist der größte dieser Kreise, der zugleich den Mittelpunkt der Erde mit seiner Ebene durchschneidet, und dadurch die Erde in die nördliche und südliche Halbkugel theilt, als Gleicher, Aequator, Linie. Und so läßt auch jeder Punkt der Erdkugelfläche, indem er bei der Drehung der Sonne gerade gegenüber, oder sie nach der Scheinbarkeit ihm gerade im Mittag steht, einen Kreis denken, durch ihn und durch die beiden Pole hindurch um die ganze Erdkugel herum,

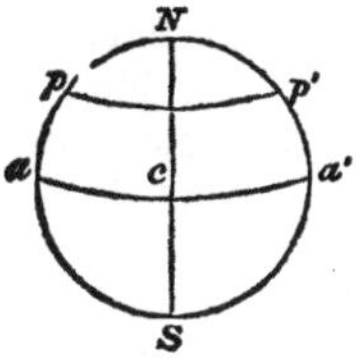

der, von welchem Punkte der Erde aus, er immer gedacht wird, auch immer durch die Pole und demgemäß mit seiner Ebene durch den Mittelpunkt der Erde geht, und deshalb immer ein größter Kreis ist. Nach dem Punkte unter dem Mittagsstande der Sonne heißt er Mittagskreis oder Meridian, und indem auf jedem Punkte von Osten nach Westen herüber ein solcher Kreis kann gedacht werden, so hat man denn auf der Erdkugelfläche über die Kreise der Rotation, den Aequator mit den abnehmenden Parallelen nach beiden Polen hin die immerfort größten Kreise des Mittagstandes hinzulegen, welche die ersteren allenthalben in rechten Winkeln durchschneiden. So wird durch die Rotation, wie mit dem Zirkel der Kreis von dem Mittelpunkt aus, so von der Erdaxe und ihren Polen aus das quadratisch sich durchschneidende Kreisnetz

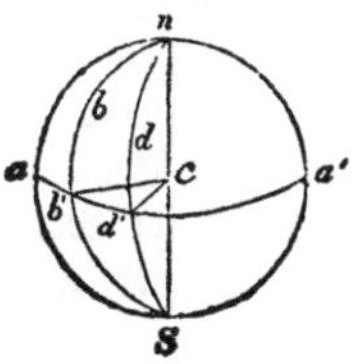

der Erdkugeloberfläche beschrieben, wie man es auf dem Globus, dem künstlichen Bilde der Erdkugel, angegeben sieht.

§. 10. Geographische Breite und Länge. Geographische Maaße. Größe der Erde. — Durch dieses Kreisnetz aber kann man sich auf der Oberfläche der Erdkugel desto besser zurecht finden, und die einzelnen Stellen derselben bestimmt festhalten, wie es in der Geographie durch die Bestimmung der Breite und Länge der einzelnen Orte oder Erdstellen geschieht. Nämlich von dem Aequator, der die Erde in die nördliche und südliche Hemisphäre theilt, blickt man nach diesen beiden Hemisphären hin und auf die einzelnen Stellen derselben, um ihre Entfernung von dem Aequator aufzufassen und zu messen. Und genau kann man sie messen, indem man dabei den Mittagskreis in das Auge faßt, welcher den Aequator und diesen Punkt der Erde, dessen Aequator-Entfernung man messen will, zugleich durchschneidet. Von diesem Mittagskreise nehme ich den Quadranten vom Aequator bis zum Pole hin, der 90° enthält, und sehe, wie viele dieser 90° auf die Entfernung meines Ortes vom Aequator kommen. Das ist die Breite des Ortes, die nördliche, wenn er nach dem Nordpol hin, die südliche, wenn er nach den Südpol hin vom Aequator entfernt liegt. Und durch Theilung des Grades am Meridian-Quadranten in Minuten und Secunden ist diese Entfernung auf das genaueste zu messen, wie man denn von Berlin sagt, es liegt 52°. 31′. 12″ nördlicher Breite. Und wie nach Norden und Süden hin, so giebt es auch ein Messen der Entfernungen nach Osten und Westen hin, welches nicht vom Aequator ausgeht, sondern von einem Mittagskreise. Weil nun freilich kein Mittagskreis eine so leicht faßliche Bestimmtheit hat, als der Aequator, genau in der Mitte der Pole, so hat man einem derselben diese Bestimmtheit willkührlich ertheilt, nämlich dem Meridian von Ferro, das heißt dem Mittagskreis, welcher über einen Punkt auf der Insel Ferro geht, und dadurch ein theilender größter Kreis wird, wie der Aequator für die nördliche und südliche Hemisphäre, so dieser Meridian von Ferro für die östliche Hemisphäre mit der alten

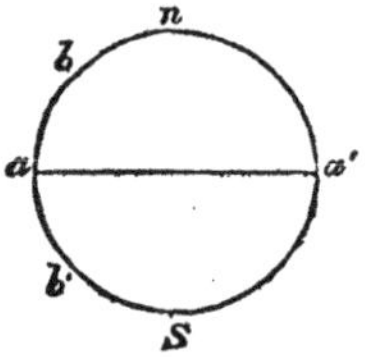

Welt und für die westliche Hemisphäre mit der neuen Welt.

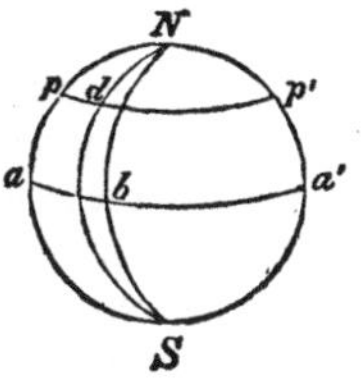

Von ihm aus blickt man nun wieder in die östliche und westliche Hemisphäre der Erdkugel und auf die einzelnen Stellen derselben, um ihre Entfernung von diesem Meridian zu messen. Das genauere Maas findet man auch hier gar leicht an dem Aequator und jedem seiner Parallelkreise, die man freilich nicht, da nach dieser Seite hin die Pole fehlen, in Quadranten, sondern nur in östliche und westliche Kreishälften theilt, die also immer 180° enthalten. Wie viele nun von diesen 180° auf die Entfernung eines Ortes von dem Meridian von Ferro kommen, das ist seine Länge, nach Osten hin die *östliche Länge*, nach Westen hin die *westliche*. Und nicht blos auf der Kreishälfte des Aequators kann ich messen, sondern in welcher Breite ich den Ort finde, da nehme ich den dort liegenden Parallelkreis, welcher den Meridian von Ferro nicht minder im rechten Winkel durchschneidet, und zähle an seiner Hälfte Grade, Minuten und Secunden, wie denn *Berlin* 31°.3′.30″ östliche Länge hat. So also können von diesen beiden aus dem Kreisnetz der Erdkugel hervorgehobenen Kreisen aus, durch die Grade der andern Kreise, alle Entfernungen der Erdstellen von ihnen und unter sich gemessen werden. Wenn man aber im gewöhnlichen Leben die Entfernung der Orte auf der Erdfläche mit Meilen mißt, die bei verschiedenen Nationen auch von verschiedener Länge sind, so wird ihre Vergleichung desto sicherer durch die Annahme der geographischen Meilen, welche man als ein 60 Theil eines Aequatorgrades annimmt, so wie der 15 Theil eines solchen Grades die deutsche Meile ist. — Man unterscheidet übrigens *Längenmeilen* für die Linien der Entfernungen, *Quadratmeilen* für die Fläche der Länder, *Kubikmeilen* für den körperlichen Inhalt der Erde. — So hat man zuletzt auch durch Ausrechnung die Größe der ganzen Erde mit Meilen gemessen, indem man bei dem Aequator beginnt: 5400 deutsche Meilen hält sein Umkreis, und daraus findet man nach den Gesetzen der Meßkunst, daß der Durchmesser 1719 deutsche Meilen und die ganze Erdoberfläche 9 Millionen 280000 deutsche □Meilen haben muß.

§. 12. Von der Bewegung der Erde um die Sonne. Linien auf der Erdkugel, welche durch den Umlauf der Sonne entstehen. Von der Eintheilung der Erde in Zonen, Wärmevertheilung. Nahmen der Erdbewohner auf die mathematische Eintheilung gegründet. — Da die Erde, außer der Rotation, auch eine zweite Bewegung hat, nämlich ihren jährlichen Lauf im Sonnensystem um die Sonne her in einer kreiselförmigen, länglichrunden Bahn, so

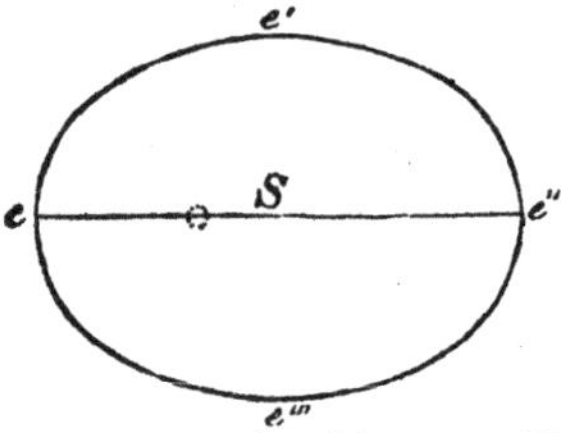

entwirft sich daraus in der Scheinbarkeit des Himmels eine Bahn der Sonne um die Erde her, die sie im Jahre durchwandelt. Diese Sonnenbahn zeigt sich an der Fläche der Erdkugel, über welche sie hingeht, als ein größter Kreis, welcher schräg über den Aequator hinliegt, und sich hier nach

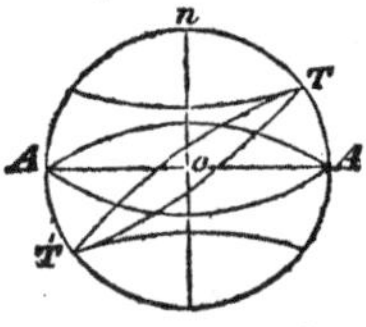

der nördlichen Hemisphäre, hier nach der südlichen hineinwendet, nach beiden Seiten 23° weit. Dieser Kreis, die Ekliptik genannt, bezeichnet den scheinbaren Jahreswandel der Sonne um die Erdkugel her, wobei sie auf derselben einen immer wiederkehrenden Wechsel ihrer Licht- und Wärmevertheilung, also den Wechsel der Jahreszeiten eintreten läßt. Gerade über dem Aequator stehend, wirft sie ihre Strahlen senkrecht auf denselben, und erleuchtet die ihr zu-

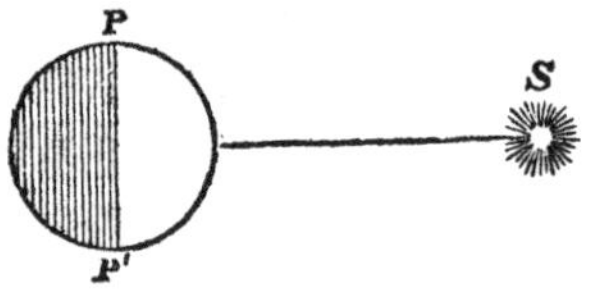

gewandte Hemisphäre so, daß der Theilungskreis zwischen Tag und Nacht gerade durch die Pole geht, und es ist jetzt das Aequinoxium des Frühlings, Gleichheit zwischen Tag und Nacht auf der ganzen Erde. Abweichend vom Aequator tritt die Sonne im Verlauf der Frühlingszeit immer mehr in die nördliche Hemisphäre herauf, bis zu einem Parallelkreis, dem nördlichen Wendekreis, wodurch nun der Theilungskreis zwischen der beleuchteten und dunkeln Kugelhälfte die Pole verläßt, daß sich Ungleichheit zwischen Tag und Nacht über die ganze Erde verbreitet, bis die Sonne in dieser nördlichen Abweichung vom Aequator am weitesten gekommen, nämlich 23°, wo sie auch einen Stillstand zu halten scheint das Solstitium des Sommers für die nördliche

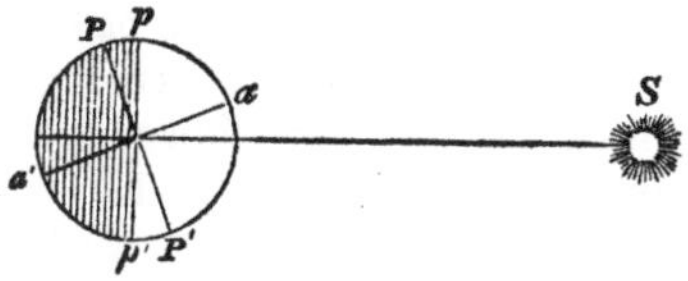

Hemisphäre, über welche sich nun die Lichthälfte der ganzen Kugel so weit ausdehnt, daß die Gegenden am Nordpol innerhalb eines Parallelkreises, des Polarkreises, fortwährenden Tag haben, während der entgegengesetzte Südpol eben so weit in der Nacht liegt. Von da zurückweichend und dem Aequator sich wieder nähernd, steht sie dann zum zweitenmal senkrecht über ihm und bildet das Herbstäquinorium, mit gleicher Lichtvertheilung und Tag und Nachtgleiche über die ganze Erde. Zuletzt von da über die südliche Hemisphäre hinab tretend, läßt sie hier die Tage gegen die Nächte wachsen, bis

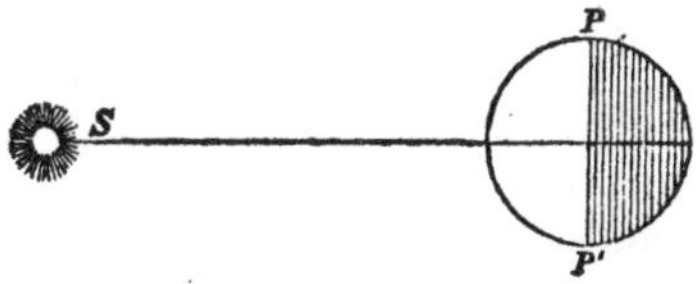

sie an den südlichen Wendekreis in das Wintersolstitium gekommen, wodurch nun wieder die südliche Hemisphäre den größten Theil von der Lichthälfte der Kugel hat, wodurch der Südpol bis an den südlichen Polarkreis fortwährenden Tag gewinnt, während der Nordpol in dauernder Nacht liegt. Von da

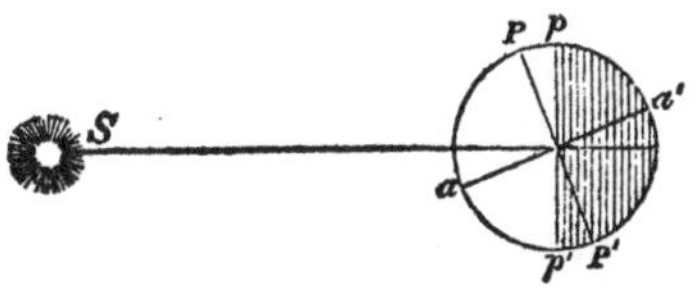

weicht die Sonne wieder zum Aequator in das Frühlings-Aequinorium zurück, und stellt die Tag- und Nachtgleiche der ganzen Erde noch einmal her, womit der Jahreslauf vollendet ist. So durchschneidet die Sonne mit der schrägliegenden Ekliptik den Aequator und veranlaßt durch ihre Umkehr die beiden Wendekreise, Tropen, und durch die Beleuchtung der Pole den nördlichen und südlichen Polarkreis. Weil aber mit dem Wechsel der Lichtvertheilung auch ein Wechsel der Wärmevertheilung auf der Erde entsteht, aus welchem das verschiedene geographische Klima hervorgeht, so begränzen die vier Kreislinien, welche die Ekliptik veranlaßt, auch die fünf Erdgürtel oder Zonen der Erdkugel, welche bei ihrer klimatischen Verschiedenheit nach der Wärme benannt sind. Innerhalb der Wendekreise unter der Ekliptik verbreitet sich die heiße Zone, die Polarkreise umschließen die beiden kalten Zonen, nördliche und südliche, Wende- und Polarkreise begränzen auf beiden Hemisphären die gemäßigten Zonen, nördliche und südliche. Ferner werden nach der Verschiedenheit des Sonnenstandes und der daraus hervorgehenden Verschiedenheit der Schattenwerfung auch die Bewohner der Zonen unterschieden: Ohnschattige oder Zweischattige wohnen in der heißen Zone, Einschattige in der gemäßigten, Umschattige in der kalten Zone, wie man es sich durch den Blick auf die Kugel erklärt. Und aus der Kugelgestalt sind auch andere Benennungen der Erdbewohner zu erklären: man kennt Nebenwohner, Herumwärtswohnende, die unter gleicher Breite, unter verschiedener Länge (von 180°), gleiche Jahreszeiten und verschiedene Tageszeiten haben, die einen Mittag, die andern Mitternacht. Die Gegenwohner haben unter gleicher Breite und Länge, aber auf verschiedenen Hemisphären, gleiche Tages- und entgegengesetzte Jahreszeiten. Gegenfüßler wohnen auf den entgegengesetzten Enden eines Erddurchmessers, wo er auch sei, mit entgegengesetzter Länge und Breite, mit entgegengesetzten Tages und Jahreszeiten.

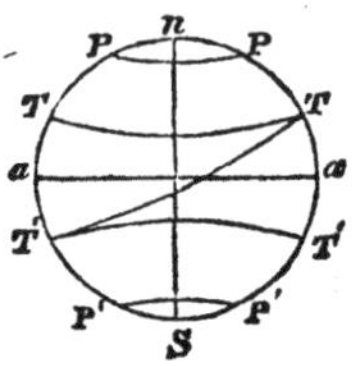

§. 13. Abbildungen der Erde. — Bildlich vergegenwärtigt wird der ganze große Erdkörper dem Auge durch den Globus, welcher die Kugelgestalt der Erde, die auf ihr durch Rotation und Sonnenlauf entstehenden Kreislinien und die Abwechselung ihrer Oberfläche darstellt. In zwei Hemisphären wird die ganze Erdkugeloberfläche auseinandergelegt auf der Fläche der Karte im Planiglobium, entweder in die östliche und westliche, oder in die nördliche und südliche, oder anders. So entstehen Landkarten mit verschiedener Projection, Zeichnung der Kreislinien, mit verschiedenem verjüngten Maasstab, daß der kleine Raum den großen vorstellt. Die einzelnen Stücke der Erdfläche werden zu Ländern und Ländertheilen ausgesondert, und auf General und Spezialkarten dargestellt.

Zweiter Abschnitt.

Erklärung der aus der natürlichen Beschaffenheit der Erde hervorgehenden Begriffe.

§. 14. Bestandtheile der Erde. Vom Ocean. Die Oberfläche der Erdkugel zeigt Wasser und Land, und beides in Luft gehüllt, die Atmosphäre. Weit ausgegossen ist über die Erdkugelfläche die Wassermasse des Oceans, mit seinen einzelnen Theilen, den Meeren, ruhend in großen Meeresbecken auf unebenem Meeresgrund, auf der Oberfläche mit glattem Niveau als Meeresspiegel erscheinend. Und diese Wassermasse, die festen Landestheile der Erde umspülend und durchdringend, bildet dadurch an den Gränzen der Vesten, den Küsten, mancherlei Formen. Hier und da in das feste Land mit beträchtlichem Umfang einbiegend bildet sie den Meerbusen oder Golf, mit geringerem verschmälertem Umfang die Bai oder

Bucht, welche, wie die noch kleinere Einbiegung der Rhede den Hafen günstig ist. Ganz eindringend in das Innere der festen Welttheile bildet die oceanische Wassermasse da, wo sie eingeengt zwischen zwei Ländern hindurchdringt, die Meerenge, den Kanal, die Straße, und wieder ausgebreitet in den inneren Räumen eines festen

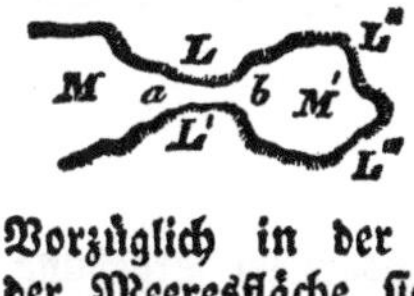

Welttheiles, also von festen Landzusammenhang umgeben, das Binnenmeer oder mittelländische Meer. Vorzüglich in der Nähe der Küsten, wo der Meeresgrund der Meeresfläche sich nähert, entstehen durch aufgehäuften Sand Untiefen und Bänke, und selbst das Felsengestein des Grundes bildet hier und da hervorragend *Klippen*, deren Zusammenhang ein *Riff* ist, und noch unter dem Meeresspiegel versteckt die *blinden Klippen*.

§. 15. *Vom Lande überhaupt*. Ueber den tiefliegenden Spiegel der oceanischen Wassermasse erhebt sich die weite Ausbreitung des festen zum Pflanzenwuchs geeigneten oder doch trockenen Landes, und hat seinen an den Ocean stoßenden Küstensaum. Außerhalb des allgemeinen großen Küstensaumes des Vestlandes, welches bei großem und weitem Zusammenhang als *Kontinent* erscheint, liegt hier und da ein Land von kleinerem Umfang getrennt, und ist dann rings von Meer umgeben, als *Insel*; auch häufig sammeln sich im Meere viele größere und kleinere Inseln zu einer *Inselgruppe*, *Archipelagus*. Und auch das feste Land bildet bei seiner Vereinigung mit dem Meere noch mancherlei Formen. Wo es sich in das Meer mit bedeutender Länge und Breite so herauserstreckt, daß es nur an einer Seite den Zusammenhang mit dem Kontinent behält, da bildet es eine *Halbinsel*, und vom Vestlande oder

wieder von einer Insel läuft ein schmaler Strich Landes hinaus als *Landzunge*, *Erdzunge*. Oft auch zeigt sich

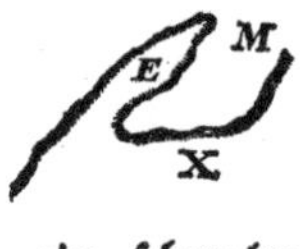

zwischen zwei Meeren ein schmaler Landstrich zur Verbindung zweier größeren Landmassen, und bildet so eine *Erdenge*, *Landenge*, *Isthmus*. Nur gering ist der Vor-

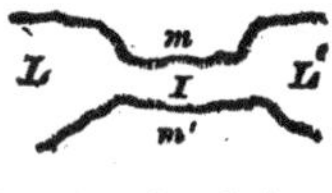

sprung der *Landspitze*, die bei gebirgsartiger Erhebung über das Meer ein *Vorgebirge* oder *Kap* heißt.

§. 16.

§. 16. **Von den Erhöhungen und Vertiefungen des Landes.** (Hoch- und Tiefländer). — Auf dem Lande, welches nirgends eine mathematische Ebene zeigt, zeigt sich dagegen der mannigfaltigste Wechsel von Erhöhungen und Vertiefungen, und da jeder Punkt des Landes gegen den tiefliegenden Meeresspiegel eine Erhöhung ist, so werden die Höhen desselben von dem Meeresspiegel an gemessen, in ihrer **absoluten Höhe**, seltener von einem

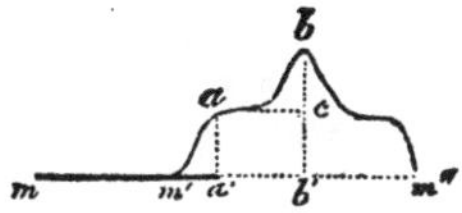

anderen tiefer liegendem Punkte des Landes aus, in ihrer **relativen Höhe**. Die Erhebungen formen und runden sich aufsteigend zu **Anhöhen**, als **Hügel**, **Höhen** und

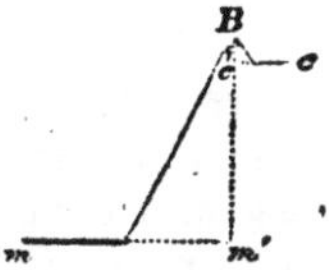

Berge, und haben die Vertiefung als **Thal**, wo sie sich sehr

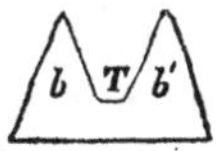

nähern, als **Schlucht** zwischen sich, und Berg und Tha zusammen bilden die Unebenheiten der Erdfläche. Durch ih ren in Längenausdehnung fortziehenden Zusammenhang bil den sich die **Hügelreihe**, der **Höhenzug**, die **Berg kette**, wo sie haufenweis zusammentreten, die **Gruppe** Die Bergkette mit Gliedern von 4000 Fuß absoluter Höh ist ein **Gebirge**, und zwar ein **Mittelgebirge**. Di Höhe von 6000 Fuß macht schon das **Hoch- oder Alpen gebirge**, die Höhe von 10000 Fuß daß **Riesengebirge** An dem Gebirge bezeichnet man die hervorragenden Spitze der einzelnen Berge als **Kuppe**, **Horn**, **Pic**, und di in einer Linie fortlaufenden Kuppen bilden den **Bergrü ken**, **Gebirgsrücken**, **Gebirgskamm**, welcher si über den Abhang des Gebirges erhebt. Bergketten stoßen zusammen und bilden einen Gebirgsstock oder Gebirgsknoten, sie bedecken eine weite Landfläche und heißen ein Alpenland. Ein solches ist vielfach von Thälern durchbrochen, welche oft untereinander so zusammenhängen, daß in ein großes tiefes Thal mehrere kleinere herablaufen, in welche wieder andere herabkommen, und man sieht das Hauptthal mit Nebenthälern und Seitenthälern, und nennt den Eingang des einen in das andere die Mündung eines Thales.

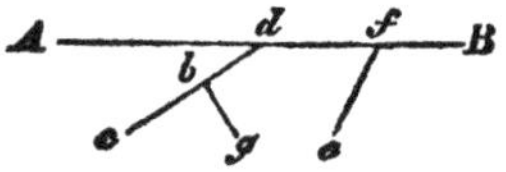

Und das Längenthal läuft in

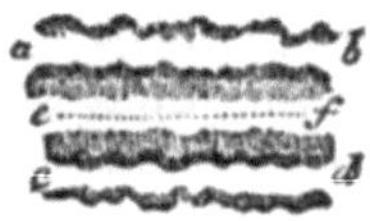

weiter Erstreckung zwischen den Bergketten fort, wie das Querthal sie durchbricht und durchschneidet, und wie der Paß quer durch den Gebirgsrücken läuft.

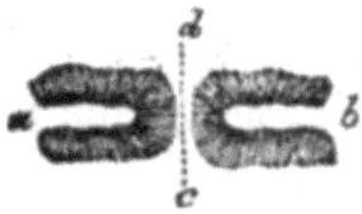

Zwischen den Gebirgen und um und an ihnen liegen die Ebenen der Erdfläche, bei einfacher Neigung nach gleicher Direction die Platt-Ebene, bei noch geringem Wechsel von Erhöhung und Vertiefung die wellenförmige Ebene. Aber der Höhe nach hat man bei 500 Fuß über der Meeresfläche die Tiefebene oder Niederung, und höher hinauf die Hochebenen oder Plateaus, und das Plateau der ersten Klasse über 4000 Fuß absoluter Höhe, und das der zweiten Klasse unter dieser Höhe. Auch auf dem Plateau erheben sich wieder Bergketten und schließen Ebenen ein, daß sich das Hochland bildet, oder ein Plateau dehnt sich mit dem Charakter einer wellenförmigen Ebene zu einem Tafelland aus, wie andrerseits eine ausgedehnte Tiefebene ein Tiefland bildet. Alle diese Abwechselungen, welche die Orographie beschreibt, sind am deutlichsten auf Reliefkarten dargestellt.

§. 17. Von den Landgewässern. Von den Stufenländern. — Das feste Land zeigt wieder das

Landgewässer in seinen beiden Haupterscheinungen, dem Fluß und dem See. Von meistentheils relativhohen Punkten des Landes aus ihren Quellen strömen die fließenden Gewässer an einer Senkung des Landes oder Abdachung hinab, und zwar nach verschiedenen Richtungen hin, so daß sich zwischen den verschieden gerichteten Abdachungen eine Linie an vielen Quellpuncten hingezogen als Wasserscheide zeigt. Bei großer Entfernung der Quelle vom Meere entwickelt sich der Strom, der meistentheils in einfacher Normaldirection fortströmend seinen Lauf nach dem stärksten, mittleren und schwächsten Gefälle in Ober-, Mittel- und Unterlauf zerlegt, und an der Küste entweder eine einfache Mündung hat, oder mit mehrfach gespaltenen Mündungsarmen ein inselartiges Delta umfaßt. Seine Breite, an Bette und Ufern zu erkennen, wird durch Flüsse und Zuströme verstärkt, die von verschiedenen Seiten her in einander und in ihn münden, so daß sich innerhalb seines Quellbezirkes, den Landstrich, aus welchem alle seine Zuflüsse kommen, sein Stromgebiet oder Stromsystem bildet, welchem das Flußgebiet eines geringeren Flusses angehört, wie das Stromsystem selbst wieder ein Theil ist von einem Meergebiet, welches mehrere Stromsysteme umfaßt. — Stehende Gewässer sind Seen, Landseen, nach ihrer höheren oder tieferen Lage, nach Ab- und Zufluß verschieden. — Weil die Ströme die Höhe des Landes mit seiner Tiefe verbinden, so zeigen sich da, wo die Fallthätigkeit des Stromes erscheint, die Stufenländer.

§. 18. Verhältniß der drei Hüllen der Erde. Begriff zur Kenntniß vom Innern der Erde. Kurze Begriffe aus der Klimalehre. — Durch räumliche Anordnung scharf von einander gesondert sind die drei Formen der Erde, die elastisch flüssige Luft, das tropfbarflüssige Wasser, und das starre Land. Letzteres bildet mit seiner undurchdringlichen Starrheit den Gegensatz gegen die beiden anderen Erdhüllen, und trägt in seiner beständigen Ruhe an seiner Oberfläche die vegetabilische Schöpfung. Durch physische Beschaffenheit und geographische Stellung steht der Ocean in der Mitte der beiden anderen Hüllen, die größten Vertiefungen der Erde ausfüllend. Ueber beiden schwebt, acht bis zehn Meilen

len hoch, die Atmosphäre mit großer Last, doch den Erdbewohnern, deren organisches Leben von ihr abhängt, unfühlbar. Durch die Bildung der Erdoberfläche blickt auch der Bau des wenig bekannten Innern der Erde, an dessen Felsengebilden die Kräfte des Wassers und des Feuers so thätig gewesen, daß man nun noch in den Gebirgsarten die verschiedenen Formationen unterscheidet, die neptunischen geschichteten Gebilde von den vulkanischen massigen nicht geschichteten, so wie auch jetzt noch Einwirkungen der Vulkane und der Gewässer auf die Oberfläche der Erde statt finden. — Diese Verhältnisse der drei Formen der Erde und mannigfaltige Erscheinungen in denselben erzeugen auch das wahre, oft von dem geographischen verschiedene Klima einer Erdstelle. Ob sie mit großer absoluter Höhe weit in die Atmosphäre emporrage, wo die Kälte der Höhe auch in der heißen Zone den ewigen Schnee bewirkt, daß sich eine Schneelinie über die Höhen der Erde hin bildet, ob sie ferner in Meeresnähe gelegen, oder in östlicher oder westlicher Richtung so und so zu der Wasserfläche gestellt, oder von Gebirgen, Seen und Wäldern bedeckt und umgeben sei, alles das wirkt auf das natürliche Klima eines Ortes, welches man vorzüglich durch die mittlere Temperatur desselben, welche in Berlin 7° ist, bestimmt.

Dritter Abschnitt.

Allgemeine Uebersicht der räumlichen Verhältnisse der Erde.

§. 19. Quantitative Vertheilung der starren und flüssigen Erdrinde. — Von den neun und einer viertel Million deutschen Geviertmeilen, welche den ganzen Flächeninhalt der Erdoberfläche bilden, kommen nur drittehalb Millionen auf das feste Land, so daß sich die oceanische Wasserfläche über fast sieben Millionen Geviertmeilen ausbreitet. Nur also etwa ein Drittheil der ganzen Erdoberfläche ist trocknes, pflanzenfähiges, bewohnbares Land, und zwei Drittheile derselben besitzt das unerndtbare Meer. Diese Berechnung läßt sich aber noch genauer fassen.

§. 20. Wenn auf dem Planiglobium die Hemisphären der Erdkugel vorliegen, so sieht man die verbundenen Landmassen der Kontinente, und neben ihnen die isolirten Parthien der Inseln. Auf der östlichen Hemisphäre zeigt sich das größte Vestland der Erde nördlich vom Aequator, und ein kleines Vestland, im südöstlichen Theile beide durch eine vielfältige Inselgruppe verbunden. Aber nur ein Vestland zeigt die westliche Hemispäre und im südwestlichsten Theil um den südlichen Wendekreis verschiedene Inselgruppen. So hat man, nach dem Meridian von Ferro sich richtend, eine *Ostveste, östliches Vestland, alte Welt*, und eine *Westveste, westliches Vestland, neue Welt*, den Völkern der ersten nur erst seit viertehalb Jahrhunderten bekannt. Weiter zeigt sich eine innere natürliche Hauptabtheilung der alten Welt in ihre drei Erdtheile: das westlich am weitesten vorgeschobene gesonderte *Afrika*, und von ihm durch ein Binnenmeer gesondert, nördlich, mit besonderer Bildung *Europa*. (Ereb. Westseite) Oestlich von beiden in der größten Erstreckung *Asien*, (Asi, Morgenseite) welches seine Spitzen am weitesten nach Norden sendet, und am nordöstlichsten Ende mit einer Halbinsel in die Nähe der Westveste hinüberreicht. Diese letztere, *Amerika*, erstreckt sich als vierter Welttheil durch die westliche Hemisphäre, und die südwestlichen Inselgruppen derselben, vereint mit dem kleinen Vestland im südöstlichen Theil der östlichen Hemisphäre, bilden den fünften Erdtheil, *Australien*.

§. 21. *Quantitative Verhältnisse der Erdtheile.* — Die Größe der Welttheile ist so gemessen:

Afrika	hat	einen	Flächenraum	von	544700	deut.	□M.
Europa	„	„	„	„	168800	„	„
Asien	„	„	„	„	882600	„	„
Amerika	„	„	„	„	667600	„	„
Australien	„	„	„	„	160000	„	„

So ist Asien der größte, Australien der kleinste Welttheil, welcher letztere jedoch, wenn das kontinentale Australien und die Inseln zusammengenommen werden, von Europa nur um 9000 □M. übertroffen wird. Und wenn nun die zwei kleinen Welttheile mit den drei großen vergli-chen werden, so ist Asien 5mal größer als Europa, $6\frac{1}{2}$ mal größer als das kontinentale Australien; Afrika dreimal grö-ßer als Europa, viermal größer als das kontinent. Austra-lien, Amerika viermal größer als Europa. Afrika, Europa und ganz Australien zusammen sind noch um 9000 □M. kleiner als Asien, Europa und Amerika zusammen noch um 50000 M. kleiner als Asien. So groß ist Asien. — Und in Länge und Breite ist der Unterschied so: 560 M. erstreckt sich Australien in der Länge von Osten nach Westen, 420 in der Breite von Norden nach Süden. Europa von O. nach W. 750, von N. nach S. 520. Afrika von O. nach W. 1020, von N. nach S. 1070. Amerika von N. nach S. 2020, von W. nach O. 500. bis 600. Asien von O. nach W. 1300, von N. nach S. 1120 Meilen.

§. 22. Mit merkwürdiger Ungleichheit sind die Land-massen über die Hemisphären vertheilt. Zwei und ein halb-mal reicher an Land ist die östliche Hemisphäre gegen die westliche gehalten, dreimal reicher die nördliche gegen die südliche gehalten, so daß die größte Masse des starren Lan-des im Norden und Osten ruht, die größte Masse des Was-sers im Süden und Westen. Daraus bildet sich denn eine nordöstliche Landhemispäre und eine südwestliche Was-serhemisphäre.

Vierter Abschnitt.

Umrisse der Oceanographie.

§. 23. Allgemeine Ansicht. Eintheilung des Oceans. — Nur einen Ocean hat man sich zu denken, welcher als eine große tropfbarflüssige zusammen-hängende Masse über die ganze Erdkugel so verbreitet ist, daß er das feste Land allenthalben umgiebt, wie einst in der Vorstellung der Griechen der Weltstrom die Erdscheibe, wo-rin also doch eine gewisse Ahndung der Wahrheit lag. Ob nun aber gleich alle kleinere Meere innerhalb des Landes, alle Busen und Baien nur abgesonderte nicht abgetrennte Glieder dieser einen großen Masse des Oceans sind, so läßt sich doch dieser letztere nach seiner Vertheilung zwischen die fünf großen Massen des Landes ebenfalls in fünf große Haupttheile zerlegen, welche ihrer Lage nach gleichsam ein Ganzes für sich bilden, und von denen zwei vorzugsweise den Nahmen Ocean führen. Diese fünf Hauptabtheilungen des Oceans heißen:

1) Das Arktische Polarmeer oder das nördliche Eismeer.
2) Das Antarktische Polarmeer oder das südliche Eismeer.
3) Der atlantische Ocean.
4) Der stille oder große Ocean.
5) Das indische Meer.

Theils durch bestimmte sichtbare theils durch eingebildete Gränzen werden diese fünf Hauptglieder des Oceans folgenderweise gesondert und nebeneinandrr gestellt.

§. 24. Lage und Gränzen der Ocean-Glieder. — Das nördliche Eismeer liegt in der nördlichen kalten Zone um den Nordpol her so ausgebreitet, daß es die nördlichen theils bekannten theils noch unbekannten Küsten der beiden großen Landvesten, und wo diese nicht sind, den Polarkreis zur Gränze hat, wo sich auch die Verbindung mit den andern Meerestheilen gleichsam in zwei Straßen zeigt, deren eine, gewaltig breite, durch die Insel Island wieder in zwei engere getheilt wird. Nur um den Nordpol her ist es mit ewigem Eis, in den südlicheren Regionen nur den größten Theil des Jahres mit Eis bedeckt. — Entgegengesetzt um den südlichen Pol her, liegt ohne alle Landgränzen, nur von der eingebildeten Linie des südlichen Polarkreises begränzt, das südliche Eismeer, welches wegen Mangel des Landes noch viel größere Kälte hegt, und die wechselnden Ränder seiner Eismassen oft über den Polarkreis bis zu 60° zuweilen noch 10° weiter ausbreitet. — Nun erblickt man vom Aequator aus die Lage des atlantischen Oceans zwischen beiden Welten, und seine Begränzung. Nördlich und südlich reicht er bis an die Polarkreise, im Osten und Westen bilden die Küsten der beiden Welten seine östlichen und westlichen Gränzen, die am südlichen Ende durch verlängerte Meridiane zu ergänzen sind, im Osten vom afrikanischen Kap der guten Hoffnung bis zum Polarkreis, im Westen von dem amerikanischen Kap

Hoorn bis dahin. — Nach seiner Ausbreitung über die drei mittleren Zonen hin hat dieser Ocean drei Theile: der nördliche atlantische Ocean, der Mittel- oder äquinoxiale, und der südatlantische Ocean. Wieder auf der entgegengesetzten Seite zwischen den beiden Welten liegt der große Ocean oder das stille Weltmeer, dessen gewaltige Ausbreitung und Umgränzung man übersieht, wenn man sich auf die Mitte des ihn durchschneidenden Aequators stellt. Nach Norden hin verengert er sich in der Nähe des Polarkreises zu der neun Meilen breiten Beeringsstraße, nach Osten und Westen hin wird er von den Küstenrändern der beiden Welten umsäumt, die aber südlich hin auch durch verlängerte Meridiane zu ergänzen sind, vom Kap Hoorn und vom Kap Leeuwin aus, bis znm südlichen Polarkreis, welcher die Südgränze bildet. Auch ihn zerlegen die drei Zonen, durch welche er sich ausbreitet, wieder in drei Theile. — Endlich hat das indische Meer seine Ausbreitung im Süden der alten Welt so, daß die Südküsten Asiens, die Ostküsten Afrikas und die Westküsten Australiens seine nordöstliche nördliche und nordwestliche sichtbare Begränzung bilden, während es sich im Süden bis zum südlichen Polarkreis ausbreitet, bis wohin wieder die Ost- und Westgränzen durch Meridians-Verlängerung vom afrikanischen Kap und von Kap Leeuwin aus zu ergänzen sind. Den größten Theil dieses Meeres bedeckt die heiße Zone und die südlich gemäßigte; nur einen geringen Theil der nördlich gemäßigten erfüllen seine nördlichen Theile. — So ist die Ausbreitung und Begränzung der fünf großen Oceanglieder.

§. 25. Theile der Ocean-Glieder. Gliederung des nördlichen Polarmeeres. Das südliche Polarmeer. — Da nun diese fünf großen Oceanglieder bei ihrem Zusammenstoßen mit den Küsten der großen Vestländer ihre Gewässer auf mannigfaltige Weise in dieselben hineinschieben, wodurch eine große Mannigfaltigkeit einzelner Landbildungen und von Bildungen einzelner Gewässer entsteht, so sind diese umgränzenden Regionen der Ocean-Glieder besonders zu betrachten, und diese ihre vielfältige Gliederung ist wohl in das Auge zu fassen. Man übersieht sie am nördlichen Eismeer am leichtesten, indem man vom Nord-Kap, der nördlichsten Spitze Europas, welche noch 5° über den Polarkreis hinausreicht, einen Umgang an den Küsten hin nach Osten macht. Vom Nord-Kap östlich bildet das Eismeer den großen Busen des weißen Meeres, der tief in das europäische Land und in die gemäßigte Zone eindringend, in seinem Hintergrunde noch drei Buchten bildet, und an seinem Ausgang nach Norden von zwei Vorgebirgen begränzt ist. Weiter östlich über die tscheskische Bucht hinweg gelangt man zu dem karischen Meer, dessen südliche Bucht, der karische Golf, den Gränzfluß zwischen Europa und Asien, den Kar, aufnimmt, und vor dessen nördlichem Ausgang die Inseln Wajatsch und Nowaja Semlja liegen, zwischen welchen die Wajatschstraße hindurchführt. An der weiterlaufenden nun asiatischen Küste zeigt sich auch zuerst wieder die größte Eindringung des Eismeers in dem obischen Busen, der dem weißen Meere gleichkommt, nach welchem sich nordöstlich hin schmalere Buchten und flachere Einbiegungen zeigen, bis zum nördlichsten Vorgebirge Taimur, unter welchem der Taimur-Golf als das nördlichste Glied des nördlichen Polarmeeres liegt. Dieser ersten Abtheilung der asiatischen Polargewässer folgt eine zweite mit flacheren Einbiegungen bis zum Koluma Busen und dem Kap Schelagskoy, von welchem aus in einer dritten die asiatischen Küsten bis zu ihrem Ende am Ost-Kap und an der Beeringsstraße, außer kleinen Buchten und Flußmündungen die Einbiegungen des Polarmeeres immer mehr verlieren, und sich beinahe flach zeigen. Nun über die Beeringsstraße zu den Nordküsten der neuen Welt hinübergehend sieht man zuerst das neuerforschte westlichste Stück derselben bis zum Vorgebirge Turnagain (Kehre um), und zwei Buchten den Kotzebue's Sund und den Georg IV. Krönungs Golf; an den völlig unbekannten östlichen Theil dieser Küste sieht man endlich östlich wieder die Barrowstraße, welche in die große Baffins Bai führt, die nicht von Norden her eindringt, sondern dorthinwärts geschlossen nach Süden hin durch die Davisstraße mit dem atlant. Ocean in Verbindung steht, und östlich durch die Halbinsel Grönland geschlossen wird, an deren Ostküste noch das Grönländische Meer zu den Gewässern des Polarmeeres zu rechnen ist. Sonst haben alle diesem Meere angehörigen Gewässer eine südliche Richtung, mit welcher sie in das Land eindringen. — Da das südliche Polarmeer keine sichtbaren und festen Landküsten, sondern nur die eingebildete Linie des Polarkreises zur Begränzung hat, so fließt es allenthalben mit den angränzenden Oceangliedern zusammen, ohne sich selbst noch weiter zu gliedern.

§. 26. Gliederung des atlantischen Oceans. Am allerreichsten und mannigfaltigsten ist die Gliederung des atlantischen Oceans, so daß die Region, wo er mit seinem Gewässer in die beiden ihn umsäumenden Welten eindringt, eine große Menge einzelner umgränzter Gewässer in vielen Binnenmeeren, Meerbusen und Buchten auseinander legt. Kein tieferes Eindringen der oceanischen Fläche in reicher Vielgestaltigkeit giebt es auf der ganzen Erdfläche, als die doppelte Reihe zusammenhängender Binnenmeere und Golfe, welche die Länderbildung von Europa so sehr vermannigfaltigt. Zuerst nämlich ist die Nordsee zwischen England und dem europ. Festlande als ein Glied des atlantischen Oceans anzusehen, an welches sich nach Osten und Westen hin viele andere anreihen. Von der nordöstlichen Seite dieses großen, nur nach Norden offenen, Binnenmeeres aus biegen sich die Wasser des Oceans erst nordöstlich im Skagerack, dann südöstlich im Kattegat, bis sich durch die entgegengebreiteten dänischen Inseln hindurch drei Straßen bilden, der Sund und der große und kleine Belt. Nun wieder ausgebreiteter zieht sich im Innern des europäischen Nordens die Wasserfläche der Ostsee von Südwesten nach Nordosten, und so nach dem Norden Europa's bis in die Nähe des weißen Meeres hinein, daß sie sich nach Norden hin immer mehr schmälert, und wie der nördlichste schmalste Theil durch die Alands Inseln als Bothnischer Meerbusen abgetrennt wird, so zeigen sich an den Ost- und Südküsten dieses Meeres von dem Finnischen Meerbusen im Norden an bis in die dänischen Gegenden hin noch eine Reihe von Einbuchtungen und gesonderten Gewässern, wie die rigaische Bucht, durch die vorliegende Inselgruppe Dagö-Oesel gesondert, die memelsche Bucht, durch die curische Nehrung vom curischen Haff getrennt, die danziger Bucht und in ihrem Hintergrunde das frische Haff, durch die frische Nehnung vom Meere getrennt, endlich die pommersche Bucht mit dem großen und kleinen Haff, hinter den Inseln Wollin und Usedom, und zuletzt die mecklenburger Bucht als letztes Glied der Ostsee im Süden, wozu noch im Westen der Sund bei Kalmar und die Bucht von Aahus zu halten sind. So vielfältig ist wieder die Gliederung dieses einzelnen atlantischen Meeresgliedes, der Ostsee. Und wie sie von der Nordsee als einem Mittelgliede aus als die letzte Einströmung der atlantischen Gewässer nach Osten hin erscheint, so schließen sich der Nordsee im Süden und Westen noch andere Glieder an. An ihrer Südküste den Dollart und die Zuyder See, vor welcher eine Inselpruppe hinzieht, tief einbiegend, dagegen an der westlichen englischen Küste, außer bei den Pentland Frith nur wenig durch Ausrundungen gegliedert, führt sie endlich in ihrer Südwestecke durch das Pas de Calais in den Kanal (La Manche, Aermelsund) hinaus, welcher zwischen Frankreich und Endland, besonders bei der normandischen Bucht ziemlich ausgebreitet, dann bei seinem westlichen Ende das offene atlantische Meer erreicht, sich zugleich aber auch nach Norden hin an den St. Georgs Kanal oder die irische See anschließt, die nordwärts sich verschmälernd England von Irland trennt, und an ihren östlichen englischen Küsten eine reiche Gliederung zeigt, worunter der Bristol Kanal, die Cardigan Bucht, die Solvai Bai bis endlich der Nord Kanal die irische See mit dem offenen atlantischen Ocean verbindet, in welcher Gegend auch der Minsh die Orkney Inseln von Großbrittanien scheidet. Das ist demnach eine ganze Reihe von Gewässern, welche von der Nordsee aus als ihrer Mitte nach Osten und Westen hin die nördlichen Gegenden Europas durchdringen, und so das erste große Eindringen des atlant. Oceans in diesen Welttheil bezeichnen. Der östlichste Punkt dieser ganzen Ausbreitung ist der finnische Meerbusen, der westlichste der Nordkanal.

Wenn dann nach Süden herab das atlantische Gewässer die einfache aber große Einbiegung des biskaischen Meers bei Frankreich und Spanien gemacht hat, so zeigt sich nun wieder südlich zwischen Afrika und Europa von der Straße von Gibraltar an bis weit nach Osten hin das große mittelländische Meer mit seiner schönen vielfältigen Gliederung an der europäischen Seite. Seine westliche Hauptmasse bildet im Norden die beiden tief eingebogenen Golfe von Lyon und Genua, und zwischen Italien und seinen westlich benachbarten großen Inseln breitet sich das tyrrhenische oder toskanische Meer aus, welches an den Westküsten Italiens geräumige Golfe einbiegt, wie die von Neapel und Salerno, und durch die Straße von Bonifacio zwischen Korsika und Sardinien in die westliche Hauptmasse, durch die Straße von Messina, Faro, in die östliche Hauptmasse des mittelländ. Meeres hinausführt. Diese letztere als die größere zeigt nun auch noch größere Nebenglieder, und zwar zuerst vom Faro aus nordostwärts das jonische Meer zwischen der südöstlichen Seite Italiens und der türkischen Westseite, an jener den großen Meerbusen von Taranto und den von Squillace, an der letztern eine Reihe von Einbuchtungen von dem südlichsten Golf von Kolokythia bis zu dem nördlichsten Golf von Arta als Nebenglieder einbiegend. Nördlich führt die Straße von Otranto in das adriatische Meer oder den Golf von Venedig, welcher sich am tiefsten nach Nordwesten in den europäischen Welttheil hineinzieht, und die Golfe von Triest, von Quarnero und Manfredonia als Nebenglieder einbiegt. Von dem Golf von Kolokythia, der am südlichsten gelegenen Bucht des jonischen Meers aus verbreitet sich gegen Osten und Nordosten das ägäische Meer mit seinen vielen Inseln, auch deshalb Archipelagus genannt. Die große vorliegende Insel Candia scheidet im Süden dieses Meer von der östlichen Hauptmasse das mittel. Meeres, im Norden aber bildet sich von dem ägäischen Meere aus noch ein weiter Zusammenhang von Gewässern in nordöstlicher Richtung zwischen Europa und Asien hinein. Der Hellespont oder die Straße der Dardanellen führt aus dem ägäischen in das Marmora Meer, und aus diesem der Bosporus, die Straße von Konstantinopel in das schwarze Meer, welches sich mächtig ausbreitet, und im Nordosten noch das asoffsche Meer, in dreieckiger Gestalt, als ein bedeutendes Nebenglied, nach Rußland hineinschiebt. Hier ist der nordöstlichste Punkt der mittelländischen europäischen Gewässerbildung, wie die Straße von Gibraltar den südwestlichsten bildet. Und bemerkenswerth ist es, daß eben nur an den europäischen Küsten hin das mittelländische Meer einen so großen Reichthum einzelner Gewässer ausbreitet, dagegen an den asiatischen und an den afrikanischen Nordküsten an solchen Gewässerbildungen so arm erscheint. Nur zwei Meerbusen, der von Satalia und von Skanderum liegen auf der asiatischen Seite des mittelländ. Meeres, und an dem südlichen, nur flache Einbiegungen zeigenden afrikanischen Küstensaum treten auch nur zwei größere Gewässer hervor, der Meerbusen von Sidra und der Golf von Cabes, oder die kleine Syrte. So also übersieht man die große Meeres-Gestalt des mittelländischen Meeres mit ihrer bedeutend einseitigen Gliederung nach Norden, und sie zeigt das zweite noch größere Eindringen der atlantischen Gewässer in den europäischen Süden.

Wirft man nun wieder den Blick auf die ganze Gestalt des atlantischen Oceans, und faßt dabei seine ganze östliche Umsäumung in das Auge, so zeigt sich auch sogleich ein bemerkenswerther Unterschied zwischen dem nördlichen europäischen und südlichen afrikanischen Theil dieser letzteren, daß dort die Gliederung und eindringende Gewässerbildung so mannigfaltig, hier aber so arm ist. Denn an dem gediegen und zusammenhängend fortlaufenden Küstenzug von Afrika hin zeigt sich nur der große Golf von Guinea mit zwei Buchten, der Bai von Benin und von Biafra, und im südatlantischen Ocean die Tafelbai beim Kap der guten Hoffnung.

Dieser östlichen Umsäumung des atlantischen Oceans, in ihrer nördlichen und südlichen Verschiedenheit entspricht auch dessen westlicher Saum, mit den Küstenrändern der neuen Welt, wo sich auch der Norden vom Süden durch einen besonderen Reichthum von Gewässerbildungen unterscheidet. Weit nach Norden hin erscheint zuerst die eingeschlossene Hudsons Bai als das nördlichste Glied des atlantischen Gewässers: in mächtiger Ausbreitung nach allen Seiten, mit mehreren Buchten an der Nordwestseite ist sie dem baltischen Binnenmeere auf der europäischen Seite zu vergleichen, und hat wie dieses einen dreifachen Ausgang zu dem offenen atlant. Meere, die Cumberlands, die Frobishers, die Hudsons Straße. — Südlicher folgt der St. Lorenz Meerbusen, zu welchem sich die große Mündung dieses Flusses erweitert, und welche im Osten von Inseln, Neufoundland, Breton umlagert ist, durch welche die Straße von Belle Isle hinausführt. Von da an dem südwestlichen Küstenzug Nordamerikas herab bildet das atlantische Gewässer eine reiche Reihe kleinerer Einbuchtungen, von der Fundy Bai über Massachusets Bai, Delaware Bai und Chesapeakes Bai bis zum Pamtico Sund. Von da folgt dann noch ein gutes Stück zusammenhängender unzerschnittener Küste, bis sich südlich von der Halbininsel Florida die reichste amerikanische Gewässerbildung ausbreitet. Durch den Kanal von Florida gelangt man nun in den Meerbusen von Mexiko, der sich als ein großes und weites Rund in den Welttheil hineinverbreitet und bei ziemlich geregelter Küstenumsäumung im Süden die Bai von Vera Cruz mit der Campeche Bucht und im Nordosten die Apalachen Bai einbiegt. Diesen großen weit ausgerundeten Meerbusen scheidet im Südosten die weithervorspringende Halbinsel Jucatan von der kleineren Honduras Bai, welche südöstlich wieder in ein großes Gewässer hinausführt, in das Caribische- oder Antillen Meer, dem größten amerikanischen Gliede des atlantischen Oceans, und von gar bemerkenswerther Umgebung. Südlich bildet es vielfach gebogen die Golfe von Guatemala, von Darien, von Maracaybo und von Paria, gegen Osten und Norden führen zahlreiche Straßen durch die vorliegenden Inselgruppen, welche den allgemeinen Namen Westindien tragen, so führt der Drachenschlund westlich in den Golf von Mexiko und die Schlangen Einfahrt östlich in das offene atlantische Meer. So bilden ferner das Caribische Meer, die Honduras Bai und der Golf von Mexiko ein zusammenhängendes Ganzes, welches an Ausdehnung und Richtung dem mittelländ. Meere auf europäischer Seite zu vergleichen ist. Zugleich zeigen diese Gewässer die letzte große Gliederung des atlant. Oceans an seiner amerikanischen Umsäumung, denn von da aus zeigen die geradelaufenden Küsten von Südamerika nur noch die Allerheiligen Bucht und die Bucht von Rio Janeiro als bemerkenswerthe Einbiegungen, und es ergiebt sich also immer wieder aus dem allgemeinen Blick auf die umsäumende Region des atlantischen Oceans der die Hemisphären trennende Unterschied desselben, daß er nämlich der nördlichen Hemisphäre einen großen Reichthum einzelner Gewässerbildungen an den Küsten der beiden Welten verleiht, während er dieselben in der südlichen Hemisphäre in gediegener Ganzheit läßt, und so hier an einzelnen Gewässern arm erscheint.

§. 27. Gliederung des großen Oceans. — Anders verhält es sich an den umsäumenden Regionen des großen Oceans zwischen Vielfältigkeit und Einfachheit der Gewässerbildungen, da hier der östliche amerikanische Küstensaum nur wenig, andrerseits aber der westliche asiatische gar mannigfaltig von Gewässern durchbrochen ist. Die Westküsten von Südamerika zeigen in ihrem geraden nördlichen Zug nur wenige Einbiegungen, bis da, wo sie sich bei der Verengung des Welttheiles den atlantischen Gewässern nähern, die Baien von Choco und von Panama zuerst eine größere Tiefe zeigen. Nördlicher, nach einigen andern geringen Buchten folgt dann das Meer von Californien, nicht als ein tief eindringender Meerbusen, sondern als ein schmaler zwischen den Küsten und der Halbinsel gleiches Namens hinlaufender Gewässerstrich. Von hieraus zeigen die Westküsten von Nordamerika erst in ihrer südlichen Hälfte wieder einen gediegenen Zusammenhang bis auf einmal etwas nördlicher das Gegentheil auftritt, wo hinter vorliegenden größern und kleinern Inseln eine reiche Menge zwar kleiner doch eingeschnittener Sunde erscheint, zu welchen der Nutka Sund, und am nördlichsten der Prinz Williams Sund gehören. Von da aus aber zieht sich eine Inselkette, die Aleuten genannt, von den amerikanischen zu den asiatischen Küsten hinüber, und nördlich innerhalb derselben breitet sich das Beerings Meer aus, das nördlichste Asien und Amerika zugleich angehörende Gewässer des großen Oceans, welches durch die Beeringsstraße in das nördliche Polarmeer hinausleitet, und welches an seiner inneren Umsäumung noch mehrere amerikanische und asiatische Buchten zeigt. Von dem Beeringsmeere aus verfolgt man nun an der asiatischen Ostküste südlich herab die großen Gewässerbildungen, welche hier der stille Ocean in diesen Welttheil einbiegt. Von der Halbinsel Kamtschatka, der westlichen Begränzung des Beeringsmeeres verbreitet sich südwestlich das ochotskische oder lamutische Meer, welches durch vorliegende Inseln, die Kurilen im Osten und die langgestreckte Insel Tarrakai im Südwesten gänzlich umschlossen, sich mit mehreren Buchten nach Nordosten hineintieft. Südlich führt aus demselben die Straße von La Pérouse in das eyrunde nach Norden zugespitzte Japanische Meer, welches wiederum im Osten und Südosten durch die Japanischen Inseln umschlossen wird. Wieder südlich zwischen den japanischen Inseln und der Halbinsel Korea hindurch, führt die Straße von Korea in das chinesische Meer, ebenfalls nach Osten von Inseln umschlossen, dessen nördlicher Theil als gelbes Meer sich busenförmig nach Nordwesten einbiegt. So kehrt dieselbe Bildung großer eingebogener und von Inseln umschlossener Meere an diesen Küsten immer wieder. Und auch die Gewässerbildungen an der Ost- und Südküste des festen Australiens sind noch als Glieder des großen Oceans anzusehen, so das Korallenmeer an der Ostküste dieses Kontinents und südlich des insularen Australiens, mit der Botany Bai, aus welchem in Süden die Baß' Straße zwischen Australien und Van Diemens Land hindurch führt, worauf man an der Südseite des australischen Kontinents noch den St. Vincents Golf und den Spencers Busen findet. — So ist nun wieder die ganze Gewässerumsäumung des stillen Oceans, an der östlichen amerikanischen Seite einfach mit geringer Durchbrechung des Landes, an der westlichen asiatischen hierin desto reicher und mannigfaltiger.

§. 28. Glieder des indischen Meeres. — Das indische Meer, welches nach Süden hin mit dem südlichen Polarmeere zusammenfließt, hat dagegen an seinen übrigen Seiten noch gar mannigfaltige Gewässereinbiegungen, welche seine Umsäumung sehr vielfältig durchbrechen. Die westliche afrikanische Küste ist auch hier nur wenig eingebogen, zeigt aber hinter der vorgelagerten großen Insel Madagascar, den breiten Kanal von Mozambique und an

dessen

dessen Westseite die Bucht von Sofala. — Nördlich davon breitet sich in nordöstlicher Einbiegung das persische Meer von dem afrikanischen Vorgebirge Guardafui bis zum asiatischen Kap Comorin, und ergießt zwei Nebengewässer nordöstlich tief in das Land hinein: den arabischen Meerbusen, welcher durch die Straße von Bab-el-Mandeb hinein als ein langes schmales Gewässer zwischen Asien und Afrika bis zu dem Punkte hingeht, wo diese beiden Welttheile durch die Landenge von Suez verbunden sind, so daß sich hier das Gewässer des indischen Oceans dem des atlantischen um 15 Meilen nähert, wo auch die Golfe von Suez und Acaba als Nebenglieder erscheinen. Und weiter östlich dringt durch die Straße von Ormus der persische Meerbusen ebenfalls nordwestlich hinein, mit größerer gerundeter Ausdehnung, in welcher der Golf von Cutsch und der Golf von Cambay als Nebengewässer vorkommen. Das ist das persische Meer mit seinen kleineren Theilen. — Oestlich davon gelangt man durch den Manaar Golf und die Palksstraße zwischen der vorderindischen Halbinsel und der Insel Ceylon in den großen bengalischen Meerbusen, der den Nordsaum des indischen Meeres in Osten tief hineinbiegt, und an seiner Ostküste wieder den gleichgebildeten Golf von Martaban zum Nebengewässer hat. Südöstlich wird der bengalische Busen durch die Insel Sumatra begränzt, zwischen welcher und der Halbinsel Malaka nun die Straße von Malaka in die letzte große Region des indischen Oceans hineinführt, nämlich in das östliche Meer. Diese weitverbreitete Meeresgegend, die in ihrem Osten wieder in den großen Ocean übergeht ist durch die Sunda Inseln und durch viele andere Inselgruppen in zahlreiche einzelne Gewässer zerlegt, die See von Celebes, das Sunda Meer, das Molucken Meer, die durch Meeresstraßen verbunden sind, unter welchen die Sundastraße aus der Hauptmasse des indischen Oceans in dieses östliche Meer führt, und eine Reihe von Straßen, wie die Straße von Formosa, der Kanal St. Bernhardino und die Molucken Passage führen östlich in den großen Ocean hinaus. Nordwestlich aber führen andere Seepässe in ein größeres Nebengewässer des östlichen Meeres, in das Südchinesische Meer, welches bei großer Ausbreitung die Golfe von Siam und Tonkin zu Nebengewässern hat. — So ist die Umsäumung des indischen Oceans. —

§. 29. Größen-Verhältnisse der Oceanischen Hauptglieder und die kleineren Gewässer in ihrer gegliederten Umsäumung. Ein genaueres vergleichendes Maas der vier großen Theile des allgemeinen Oceans wird nicht gegeben, man sieht aber leicht, daß der stille Ocean der größte ist. Seine größte Erstreckung geht von Osten nach Westen 2250 deutsche Meilen weit, und von Norden nach Süden hat er eine Ausdehnung von 2000 d. Meilen. Dagegen hat der atlantische Ocean seine Länge von Norden nach Süden 1950 d. M. weit, und seine größte Breite von Osten nach Westen beträgt 915 d. M. Die größte Breite des indischen Meeres von Westen nach Osten beträgt 1410 d. M. — Für die Größe der einzelnen Gewässer, der Binnenmeere und Busen sind folgende Maaße aus dem europäischen Theil der atlantischen Gliederung aufgestellt, mit denen man andere vergleichen kann. Zuerst hat das mittelländische Meer einen Flächenraum von 47500 d. □Meilen, die Nordsee hat deren 12930, das baltische Meer 6370, das schwarze Meer 8550. So ist das mittelländische Meer viermal größer als die Nordsee, achtmal größer als das baltische Meer, und sechsmal größer als das schwarze Meer. —

Fünfter Abschnitt.

Von der Gestaltung und Größe der Vestländer nach wagerechter Ausdehnung, und von der Verbreitung der Eilandfluren.

§. 30. Theilung der Ostveste in zwei Kontinenthalben. Afrika die südwestliche Kontinenthalbe der alten Welt. — Von der Erdenge von Suez aus in nordwestlicher und südöstlicher Richtung sieht man Meeresglieder des atlantischen und des indischen Oceans, das mittelländische Meer und den arabischen Meerbusen, als scheidende Meeresarme, so die ganze Ostveste in zwei Theile zerlegen, daß in ihr zwei Kontinenthalben der alten Welt entstehen, eine südwestliche kleine, die afrikanische (Afrika) eine nordöstliche noch einmal so große, die europäisch-asiatische (Europa und Asien).

Afrika, nur durch den schmalen Isthmus von Suez mit der Ostveste verbunden, östlich und südlich vom indischen Meere, westlich vom atlantischen, nördlich vom mittelländischen umflossen, ist so am meisten der Insel genähert und von der übrigen Kontinentalmasse der alten Welt gesondert. Mit seiner dem Eirunde genäherten Gestalt ist es gleichsam ein Stamm ohne Aeste, eine Landmasse ohne eindringende Meeresbuchten, weil der Golf von Guinea nur einen Theil der eirunden Gestalt ausschneidet. So hat auch dieser Welttheil eine nur sehr einförmige Küstenbegränzung von 3500 □Meilen und eine so geringe Küstenentwickelung, daß an ihm auf 150 □M. Flächenraum nur 1 Längenmeile Küstenerstreckung kommt, daß also die Landmasse Afrikas nur in geringer Berührung mit dem Ocean steht, und demselben gleichsam verschlossen ist. Dazu liegt es mit dem größten Theil seiner Ausbreitung, mit 409900 □M., also mit mehr als drei Viertheilen innerhalb der Tropen, in der heißen Zone; von dem übrigen Viertheil liegt der größte Theil 92700 □M. in der nördlich gemäßigten, der kleinere 31600 □M. in der südlich gemäßigten Zone. — Von seinem nördlichsten Punkt dem Kap Blanco (37° 19′ 40″ N. 27° 27′ 50″ O. Fro.) bis zum südlichsten Kap Agulhas (Nadel Vorgebirge) (34° 51′ 15″ S. 37° 36′ 15″ O. Fro.) mißt man 1070 d. Meilen, von dem westlichsten Kap Verde (14° 43′ 5″ N. 0° 6′ 53″ O. Fro.) bis zum östlichsten Kap Guardafui (11° 41′ 25″ N. 68° 52′ 10″ O. Fro.) 1020 d. M., so daß sich hieraus eine große Regelmäßigkeit seiner Gestalt ergiebt.

§. 31. Die nordöstliche oder europäisch-asiatische Kontinenthalbe der alten Welt. — Gar sehr unterscheidet sich von dieser einförmig regelmäßigen Gestalt Afrikas die unregelmäßig mannigfaltige Gestalt der großen nordöstlichen Kontinenthalbe. Gleichfalls an allen Seiten von Meeren umflossen, nördlich vom arktischen Polarmeer, östlich vom großen Ocean, südlich vom indischen und mittelländischen, westlich vom atlantischen Meer, theilt sie mit Afrika nur die Landenge von Suez, und obgleich ebenfalls eine gewaltige zusammenhängende Landmasse, deren Längen- und Breiten-Ausdehnung tausende und hunderte von d. Meilen mißt, zeigt sie doch nicht einen so zugerundeten Stamm, wie Afrika, sondern einen Stamm, der nach allen Weltgegenden hin eine große Menge von Gliedern und gewaltigen Aesten in die oceanische Fluth hinaussendet. Dadurch gewinnt diese Kontinenthalbe eine überaus reiche Küstenentwickelung, indem ihr Küstenumfang 12000 d. Meilen beträgt, daß hier schon auf 80 □M. Flächenraum 1 Längenmeile Küstenerstreckung zu rechnen ist. So ist das europäisch-asiatische Vestland im Gegensatz gegen Afrika dem Meere erschlossen, bei doppelter Größe ist doch auch seine Berührung mit dem Ocean um das doppelte größer. Dazu breitet es sich nur auf der nördlichen Halbkugel aus, und zwar so, daß acht Zehntheile seiner Ausbreitung innerhalb der gemäßigten Zone liegen, nur ein Zehntel erstreckt sich in den heißen Erdgürtel, auch nur ein Zehntel in die kalte Zone. Von ihrem nördlichsten Landpunkt dem Kap Siewerowostotschüi am Taimur Golf (78° N. 122° O. Fro) bis zu dem südlichsten dem Tanjong an der Straße von Sincapore (1° 15′ N. 121° 5′ O. Fro.) mißt man 1150 d. Meilen; von dem westlichsten Landpunkt dem Kap La Roca (38° 46′ 30″ N. 8° 9′ 40″ O. Fro.) bis zum östlichsten, dem Ostkap an der Behringsstraße (66° 6′ N. 208° 2′ O. Fro.) mißt man 1600 d. Meilen. Wegen ihrer zwei Welttheile hat diese Kontinenthalbe eine Westregion, Europa, und eine Ostregion, Asien.

§. 32. **Europa, die Westregion, ihre Ausdehnung. Wagerechter Gliederbau von Europa. Die polarischen und oceanischen Glieder.** — Von der durch abgesonderte Landtheile charakterisirten Form dieser Kontinenthalbe besitzt wieder die Westregion die höchste Entwickelung. Der Stamm Europas, der innere Raum, zwischen dem karischen Golf, dem Hintergrunde des asoffschen Meeres und dem Hintergrunde des biskaischen Meeres wie ein Dreieck gestaltet, welches einen Flächenraum von beiläufig 75000 □M. einnimmt, ist mit einer Reihe von Halbinsel-Gliedern umgeben, deren gesammter Flächeninhalt 85000 □M. beträgt, so daß die gesonderten Glieder den zusammenhängenden Körper um 10000 d. Meilen überwiegen. Bei dieser höchst entwickelten Gliederung hat Europa einen Küstenumring von 4300 M. also 1 Längenmeile Küstenausdehnung auf 37 □M. Flächenraum, daß demnach seine vorzüglich nach Westen und Süden gerichtete Berührung mit dem Ocean um 4mal größer ist, als die von Afrika, obgleich dieser Welttheil $3\frac{1}{8}$ mal größer ist, als Europa. So ist Afrika von der maritimen oder Außenseite ein verschlossener, Europa ein aufgeschlossener Erdtheil. — Nach drei Seiten hin entwickelt sich der wagerechte Gliederbau Europas: nach Norden hin, in das arktische Polarmeer hinaus erstreckt sich die Halbinsel Kanin, zwischen der tscheskischen Bucht im O. und dem weißen Meer im W. in nördlicher Haupterstreckung, eine große Landzunge von 160 d. □M. deren nördlichstes Vorgebirge Kanin Noß ist (68° 37′ 47″ N. 60° 59′ 15″ O. Fro.) und westlich davon die lappische Halbinsel, nördlich vom weißen Meer in östlicher Hauptrichtung, von größerem Umfang, etwa 1800 □M. mit dem Kap Orloff, als östlichstem Punkt (67° 11′ 0″ N. 59° 4′ 15″ O. Fro.) Das sind die Glieder gegen Norden, die polarischen. — Gegen Westen, dem atlantischen Meere angehörig, liegen die oceanischen Glieder; zuerst das skandinavische Halbinselland, westlich vom lappischen und mit ihm zusammenhängend, zwischen dem nordatlantischen Ocean und dessen Unterglied der Nordsee im W. und dem baltischen Meere im O., welches letztere es bogenförmig umlagert, erstreckt es sich mit einer Länge von 250 d. M. und einer durchschnittlichen Breite von 60 bis 70 d. M. und also mit 16000 □M. Flächeninhalt, in einer Hauptrichtung von Norden nach Süden, bis an seiner Südseite das tiefeindringende Skagerak einen nordwestlichen und südöstlichen Theil abtrennt, welcher letztere in seinem unteren Abschnitt „Schonen“ heißt. Bei einem Küstenumfang von 620 d. M. hat es 1 Längenmeile Küstensaum auf 25 M. Flächenraum. Als äußersten Punkte hat es im Norden das Nord-Kap, auf Mageröe, ein dreiköpfiger Fels „Stapperne“ (71° 10′ 0″

43° 40′ 30″ O. Fro.), im Süden Lindesnäß für den nordwestlichen Abschnitt (57° 58′ 0″ N. 24° 43′ 0″ O. Fro.) und die Landspitze Falsterbo für den südöstlichen (55° 23′ 8″ N. 30° 29′ 2″ O. Fro.) — Ausgezeichnet ist seine Küstenbildung: die Nord- und Westküste steigt aus dem Meer unmittelbar und hoch zur Steilküste empor, ist durch viele schmale Buchten, Fiorde, zerschnitten und mit einer Menge kleiner felsigen Inseln, Öen, umlagert. Unter den Fiorden, von N. nach S. sind: Waranger Fiord, Parsanger F., Drontheims F. 20 d. M. lang, Hardanger F., Christiania F. — Unter den Inseln: Mageröe, Soröe, Qualöe, die Lofodden. — Geringere Busenbildung hat die skandinavische Ostseite, wo nur der Mälar See 20 d. M. eindringt, doch hat die baltische Küste eine große Menge kleiner Eilande, lange Riffe und einzelne Klippen, bis in den äußersten Norden des bothnischen Meerbusens, Scheeren (Skären) genannt. — Südlich vom skandinavischen erstreckt sich das jütische Halbinselland, im Süden am Westland hängend, wie ersteres im Norden, beinahe in Meridianrichtung nördlich, mit einer Länge von 55 d. M. einer mittleren Breite von 14 — 15 d. M. mit einem Flächeninhalt von 590 □M. zwischen der Nordsee im W. dem Kattegat, dem kleinen Belt und der Ostsee im O. zum Skagerak im N. südlich Schleswig, nördlich Jütland genannt, mit seiner nördlichsten Spitze Skagens Horn (57° 43′ N. 28° 21′ O. Fro.) das Skagerak vom Kattegat scheidend. Im Gegensatz gegen das skandinavische hat das jütische Halbinselland seine Busenbildung an der Ostseite, ebenfalls eine Reihe von Fiorden: südlich der Sley, 5 Meilen lang, der Randers F., Marianger F. vorzüglich am nördlichsten der Lüm Fiorden, 21 M. lang nach Westen hineindringend, in mehrere Buchten und Seen mit Inseln zerspalten, bis zu einer schmalen Landenge von 3 M., durch welche ein Kanal ihn mit der Nordsee verbindet. An der jütischen Westseite sind der Nisum- und Ringkiöbing Fiord den Hafen der südbaltischen Küste zu vergleichen, ebenfalls mit vorliegender Landzunge (Nehrung) und südlich davon ein See-Einschnitt, mit den schleswigischen Inseln (Romöe, Sylt u. s. w.) ausgefüllt. Ebenfalls im Gegensatz gegen die skandinavischen Steilküsten sind die jütischen Küsten flach und niedrig, und reich an Bänken und Untiefen. Durch die Eyder und den holsteinschen Kanal wäre diese Halbinsel für völlige Insel zu halten. — Von geringerer Größe und Hinausragung in das Meer, inniger mit dem Vestlande verwurzelt, daher von minderem Einfluß auf den Körperbau Europas sind noch drei Halbinseln an dieser oceanischen Seite des Europäischen Kontinent-Dreieckes: die Halbinsel Nordholland zwischen Zuyder See und Nordsee, von 30 □M. Die Halbinsel Cotantin im Kanal von 40 □M. und endlich südwestlich die Halbinsel Bretagne, zwischen dem Kanal und der französischen Bucht von 350 □Meilen.

§. 33. Gliederbau von Europa. Fortsetzung. Die hesperische Halbinsel, das oceanisch-mediterraneische Glied. — Mit vierkantiger Gestalt, gegen den Ocean und gegen das mittelländische Meer zugleich gerichtet bildet die hesperische Halbinsel den Uebergang von den westlichen Halbinsel-Gliedern Europas zu den südlichen. Nördlich, wo im O. das Vestland einen Theil der Gränze bildet, vom biscayischen Meer umflossen, westlich vom offenen nordatlantischen Ocean, südlich und östlich vom Mittelmeer, zeigt sie eine größere Reihe bemerkenswerther Endpunkte: an der Nordseite ist Fuentarabia der östlichste Punkt (43° 21′ 20″ N. 15° 48′ 33″ O. Fro.), der westlichste Kap Ortegal (43° 46′ 40″ N. 9° 42′ 16″ O. Fro.); an der Westseite Kap Finisterre, nördlichster Punkt (42° 56′ 30″ N. 8° 17′ 42″ O. Fro.) Kap la Roca, in der südlichen Hälfte (38° 46′ 30″ N. 8° 9′ 40″ O. Fro.) und Kap San Vincente, südlichster Punkt (37° 2′ 54″ N. 8° 40′ 25″ O. Fro.), an der Südseite Tarifa, in der Gibraltarstraße (36° 0′ 40″ N. 12° 2′ 25″ O. Fro.), Kap de Gata, östlichster Punkt (36° 43′ 30″ N. 15° 32′ 4″ O. Fro.), an der Ostküste Kap de Nau (38° 45′ 0″ N. 17° 51′ 18″ O. Fro.) und Kap Creuz, nördlichster Punkt (42° 19′ 35″ N. 20° 59′ 56″ O. Fro.) Zwischen diesen Punkten erstreckt sich diese Halbinsel, mit seiner größten Ausdehnung von NO. nach SW. zu einem Flächeninhalt von 10600 □M. und bei einem Küstensaum von 420 d. M. gewinnt es auf 25 M. Fläche 1 Längenmeile Küste. Hohe Steilküsten mit tiefem Wasserstand ohne Bänke bieten ringsumher gute Hafenstellen; nur an der Nordwestseite schneiden tiefe Buchten, Rias, ein, die Ria von Ferrol, von Corunna und andere; sonst flache Buchten, die Bai von Setubal westlich, die Bai von Cadiz; am Mittelmeer der Golf von Algesiras, von Almeria, von Valenzia.

§. 34. Gliederbau von Europa. Fortsetzung. Glieder gegen Süden, die mediterraneischen. — Ganz dem Mittelmeere angehörig, zwischen dessen Untergliedern, dem Meerbusen von Genua, dem toskanischen Meere, und dem Faro in Westen, dem jonischen und Adria Meer in O. nördlich auf 35 d. M. weit mit dem Vestland zusammenhängend, südlich durch den halbkreisförmigen Golf von Taranto in die großen Landzungen Calabrien und Apulien gesondert, erstreckt sich, östlich von der hesperischen, die italische Halbinsel in südöstlicher Richtung 135 d. M. weit bei mittlerer Breite von 25 d. M., so daß sie einen Flächenraum von 2925 d. □M. gewinnt und schon auf 8 M. desselben 1 M. Küstensaum hat. Bogenförmige Busen im Gegensatz der stromähnlichen skandinavischen, schneiden ihre Küsten aus, welche bei allgemeiner Abwechselung von Steilheit und Flachheit in den übrigen Gegenden, nur an dem adriatischen Meere, Gargano ausgenommen, ganz flach sind; als ihre äußersten Punkte zeigen sich Kap Spartivento, südlichste Spitze Kalabriens (37° 56′ 0″ N. 33° 41′ 30″ O. Fro.), Kap Leuca, südlichste Spitze Apuliens (39° 47′ 10″ N. 36° 4′ 0″ O. Fro.) und Torre della Testa, der östlichste Punkt von Gargano (41° 48′ 20″ N. 33° 52′ 12″ O. Fro.). — Wie sich dann die Halbinsel Istrien in der nördlichen Gegend des adriatischen Meeres zwischen den Busen von Triest in W. und von Quarnero in O., nur als eine schmale dreieckige Landzunge mit 35 □M. Umfang ohne Einfluß auf das Ganze des Erdtheiles zeigt, so tritt dagegen in östlicher Folge das griechische Halbinselland desto wichtiger auf: westlich vom adriatischen und jonischen Meere bespült, südlich vom ägeischen und Marmormeer, östlich vom schwarzen Meere hat es im Norden einen Landzusammenhang von 150 d. M. an den Flüssen Kulpa, Sau und Donau hin, wobei es ein großes Dreieck von 6300 d. □M. mit einem Küstenumfang von 560 d. M. bildet, so daß hier auf 11 □M. Flächenraum 1 Meile der Küste kommt. — Und seine an dem Meere liegenden

Seiten sind durch eine große Menge von Aus- und Einbiegungen, Meeresarmen, Vorsprüngen, Landzungen und Halbinseln reich gegliedert, daß man, besonders nach dem Archipelagus zu, wieder hervortretende Unterglieder herausheben kann, die Halbinsel Morea, die chalcydische Halbinsel, den thrakischen Chersones. Ungemein steile Küsten, zwischen welchen nur an wenigen Stellen, wie am adriatischen Meere ein flacher Küstensaum liegt, sind ringsumher von Buchten, an die skandinavischen Fiorden erinnernd, durchschnitten, und ebenfalls wie die skandinavischen Küsten mit vielen Inseln umlagert, wie an der Westseite die dalmatischen, unter welchen Cherso und Papo, die jonischen Inseln, Corfu, Ithaka, Zante, Cephalonia; östlich die Inseln Aegina und Negroponte, und viele andere im Archipelagus. Als äußerste Landspitzen nennt man westlich Kap Linguetta (40° 26′ 30″ N. 37° 55′ 50″ O. Fro.), südlich Kap Martapan (36° 22′ 35″ N. 40° 7′ 30″ O. Fro.), Konstantinopel, die südöstlichste Landecke (41° 0′ 12″ N. 46° 38′ 47″ O. Fro.) Endlich im fernsten Osten der europäischen Südseite, bildet die Halbinsel Taurien oder die Krym, im schwarzen Meere, noch ein Glied des europäischen Vestlandes, von demselben durch den Isthmus von Perekop, welcher nur 1 Meile breit ist, abgesondert. An drei Seiten vom schwarzen Meer umgeben, nur im Nordosten von der Straße von Jenikale und dem asoffschen Meer, bei einem Flächenraum von 360 d. □M. und einer Küstenlänge von 140 d. M. hat es im Süden hohe und steile, auf allen übrigen Seiten flache und niedrige Küsten, und hat Kap Chersonneß zur südwestlichsten Spitze (44° 34′ 25″ N. 51° 10′ 30″ O. Fro.).

§ 35. **Gliederbau von Europa. Schluß. — Komparative Uebersicht. Eintheilung.** — Alle die bisher beschriebenen Halbinsel-Glieder überblickend, unterscheidet man die, deren Einfluß auf die Bildung und Beschaffenheit des Welttheiles verschwindet, Kanin und Lappland wegen ihrer Lage in der kalten Zone, Nordholland, Cotantin, Bretagne, Istrien und Taurien wegen ihres geringen Umfangs. Die übrigen aber, die skandinavische und jütische, die hesperische, italische und griechische können in ihrer Ausbreitung, in ihrer Küstenlänge, in dem Verhältniß ihrer Größe zu dem Ganzen Europas und zu seinen Kontinentalstamm verglichen werden, welche Vergleichung selbst für den Kulturcharakter der europäischen Völker von Wichtigkeit ist. — Zuletzt giebt man auch dem Welttheile nach den vier Weltgegenden vier Haupttheile: Südeuropa, die griechische, italische und hesperische Halbinsel (19800 d. □M. groß); Nordeuropa, die skandinavische und lappische Halbinsel (19000 □M.); Westeuropa, bis zu einer Linie von der pommerschen Bucht zur Nordwestküste des schwarzen Meeres (34000 □M.); Osteuropa, jenseits dieser Linie, am größten (87200 □M.). —

§. 36. Asien, die Ostregion, (der Orient der alten Welt). Ausdehnung, wagerechter Gliederbau. — Auch Asiens Kontinentalstamm, ein längliches Viereck (Trapez), zwischen der Erdenge Suez SW. und dem karischen Golf NW. dem Kap Schelagskoy NO. und dem Hintergrund des Tonkin Golfs SO. auch dieser Stamm ist von großen Gliedern umgeben, die jedoch hier nicht überwiegend sind, wie in Enropa, da der Flächeninhalt des Stammes von 655000 □M. den Gliedern noch 155000 □M. übrig läßt, welches ohngefähr $\frac{1}{5}$ des ganzen Erdtheils beträgt. Daher ist auch hier die Küstenentwickelung nicht so bedeutend, denn bei den Küstenumfang von 7700 d. M. gewinnt ein Flächenraum von 105 □M. erst 1 Meile Küstenlänge; und zu dieser Verschiedenheit der Raumverhältnisse Asiens kommt seine Ausbreitung über drei Zonen der nördlichen Hemisphäre, welche so ist, daß $\frac{6}{8}$ des Ganzen der gemäßigten Zone angehören, $\frac{1}{8}$ der heißen, $\frac{1}{8}$ der kalten.

Asiens große Halbinsel-Glieder sind nach drei Seiten hin gerichtet: nach Westen zum mittelländ. Meere gerichtet liegt Kleinasien, Anatoli, vierkantig mit ringsum hohen und steilen Küsten von dem schwarzen und Marmora Meer im Norden, von dem östlichen Mittelmeer im Süden umflossen, mit der Westküste, Levante, am ägeischen Meere liegend. Drei große Halbinseln sind dem indischen Ocean, dem heißen Süden zugewandt: Arabien, mit flachen klippenreicher Westküste, nördlich die kleine Halbinsel Siam, und mit hoher und steiler Süd und Ostküste, westlich vom rothen Meer begränzt, südlich vom persisch-arabischen Meer, östlich vom persischen Golf, liegt mit seiner nördlichen Hälfte in der gemäßigten und reicht mit der südlichen in die heiße Zone. Vorderindien, das indische Halbinselland, die Halbinsel diesseits des Ganges, zwischen dem persisch-arabischen Meer im W. und dem Bengal Golf im O. liegt in dreieckiger Gestalt mit steilen Westküsten, welche nördlich noch die Halbinsel Guzerat darbieten, und mit flacher niedriger Ostküste schon zum größten Theil in der heißen Zone. — Hinterindien, die indochinesische Halbinsel, das Halbinselland jenseit des Ganges zwischen dem Bengal Golf und der Malakka Straße im W. und dem südchinesischen Meere im O, mit fast durchgängig hoher Küste, ringsum mit Klippen und kleinen Eilanden besetzt (wie der Mergui Archipel), mit sichern schwerzugänglichen Hafenstellen, gehört ganz der heißen Zone an; durch die Busen von Martaban und Siam in drei Zweige gespalten reicht der südlichste die Halbinsel Malakka bis in die Nähe des Gleichers $1\frac{1}{4}°$ N. So zeigen diese drei Glieder im Süden eine steigernde Annäherung zum Aequator. — Nach Osten, dem großen Ocean zugewandt sind: Korea zwischen dem ostchinesischen Meer im W. und dem japanischen Meer im O., ein längliches Viereck mit hohen Steilufern, mit vielen Eilanden und Klippen im W. Kamtschatka zwischen dem ochozkischen Meer und dessen Busen Penshinks im W., und dem Behringsmeer im O., spitzzulaufend zum südlichsten Vorgebirge Lopatka mit klippenfreien Steilküsten und guten Hafenstellen; Tschukotien zwischen dem Behringsmeer und dessen Anadyr Busen im S. und der Behringsstraße im O. und dem arktischen Eismeer, schon ganz der kalten Zone angehörig. Die Raum- und Küstenverhältnisse der asiatischen Halbinsel-Glieder sind auf folgender Tafel entworfen, welche der Vergleichung wegen auch die der europäischen vorangefügt wird.

Halbinseln Europas.	Areal in deut. Geviert-Meilen.	Verhältniß des Areals zum Areal von Europa: d. Ganzen.	Verhältniß des Areals zum Areal von Europa: dem kontinentalen Dreieck.	Küstenlänge in d. Meilen.	Verhältniß zwischen dem Areal der Halbinsel und ihrer Küstenlänge.	Verhältniß der Küstenl. der Halbinsel zur Küstenl. von ganz Europa.
Skandinavien	16000	1 : 10	1 : 5	620	1 : 25	1 : 7
Jütland	590	1 : 270	1 : 127	120	1 : 5	1 : 36
Hesperien	10600	1 : 15	1 : 7	420	1 : 25	1 : 10
Italien	2930	1 : 54	1 : 26	350	1 : 8	1 : 12
Griechenland	6300	1 : 25	1 : 12	560	1 : 11	1 : 8
Morea.	360	1 : 444	1 : 207	130	1 : 3	1 : 33

Halbinseln Asiens.	Areal in deut. Geviert-Meilen.	Verhältniß des Areals zum Areal von Asia. d. Ganzen.	dem kontinentalen Trapezium.	Küstenlänge in d. Meilen.	Verhältniß zwischen dem Areal der Halbinsel und ihrer Küstenlänge.	Verhältniß der Küstenl. der Halbinsel zum Küstensaum von ganz Asia.
Kleinasia	10000	1 : 81	1 : 65	440	1 : 23	1 : 18
Arabien	48000	1 : 17	1 : 13	900	1 : 53	1 : 9
Vorderindien	50000	1 : 16	1 : 13	720	1 : 70	1 : 10
Hinterindien	33000	1 : 25	1 : 19	100	1 : 30	1 : 7
Malakka	4400	1 : 184	1 : 148	470	1 : 9	1 : 16
Korea	7000	1 : 116	1 : 939	270	1 : 26	1 : 30
Kamtschatka	4000	1 : 202	1 : 16	440	1 : 9	1 : 18
Tschukotien	3000	1 : 207	1 : 204	360	1 : 8	1 : 21

§. 37. **Das kleine Vestland der östlichen Hemisphäre; Australia.** — Australien, das am meisten insularisch gebildete Kontinent der Erde, im N. und W. vom indischen Meer, im S. und O. vom großen Ocean umflossen, ganz auf der südlichen Halbkugel gelegen, mit der größeren Hälfte der heißen, mit der geringeren der südlich-gemäßigten Zone angehörig, hat die Gestalt eines ausgefüllten Hufeisens, die convexe Seite dem Norden, die unmerklich concave dem Süden zugewandt. Bei einem Flächenraum von 138000 d. □M. hat es einen Küstenumring von ungefähr 1900 Längemeilen, so daß auf 73 M. Flächenraum 1 Längenmeile der Küste zu rechnen. Eine einförmige der afrikanischen ähnliche Küstenumsäumung nur durch wenige Golfe unterbrochen, dazu die Beschaffenheit der fast ununterbrochen flachen Küsten mit vorliegenden Riffen, Klippen und kleinen Eilanden, machen diesen Kontinent zu einem dem Meere verschlossenen, und nur die südöstlich vorliegende **Insel Van Diemen** bildet einen geringen Anfang der sonst gänzlich fehlenden Gliederung, und unterbricht die große Einförmigkeit. Der Westen dieses Kontinents heißt **Neu Holland**, der Osten **Neu Süd Wales**, die Gränze ist der Meridian von 152° 40′ O. Fro.

§. 38. **Die Westveste; ihre Ausdehnung, ihre Theilung in zwei Kontinenthalben. Nordamerika, sein wagerechter Gliederbau. Südamerika.** — Amerika, die Westveste, indem sie mit der größten Längenerstreckung von N. nach S. 2020 M. weit über vier Erdgürtel, aus der kalten Zone über die nördlich gemäßigte und heiße bis in die südlich gemäßigte hineinreicht, breitet sich also auf beiden Halbkugeln weit aus, kommt aber im Norden dem Pole näher (70°) als im Süden (56°). Dieses Kontinent hat einen Flächenraum von 663000 d. □M., welcher durch den Isthmus von Panama, wo sich das Antillen Meer und der äquinoxiale große Ocean einander nähern, auch wieder in eine nördliche und südliche Kontinenthalbe zerlegt ist, entsprechend der Theilung der Ostveste durch die Erdenge von Suez; so entstehen Nordamerika und Südamerika, die abgesondert zu betrachten, und in ihrer gegliederten Entwickelung zu vergleichen sind. Das Dreieck Nordamerikas, welches sich südlich nach seiner Spitze hin zu einer Erdzunge umgestaltet, hat bei einem Flächeninhalt von 342000 d. □M. eine Küstenentwickelung von 6000 d. Längenmeilen, so daß das Verhältniß von 1 : 57 Statt findet. Am meisten tritt die Gliederung, durch die früher genannten großen Binnenmeere, an der Westseite dieser Kontinenthalbe hervor, obgleich bei einigen dieser Glieder der Zusammenhang mit dem Stamm noch unbekannt ist. So ist es mit Grönland, dem nordöstlichsten der nordamerikanischen Halbinselglieder, welches sich von unbekannter Stelle aus (vielleicht als völlige Insel), zwischen der Baffins Bai im W. und dem grönländischen Meer im O., südöstlich in das atlantische Meer mit hohen ewig beeisten Steilküsten bis zu seiner Südspitze Kap Farewell erstreckt; eben so, südwestlich folgend, Baffinsland, zwischen Baffins Bai und Davis Straße im O. und Hudsons Straße und Hudsons Bai im S. und W. mit zerrissenen ebenfalls mit ewigem Eise belegten Steilküsten. Sicherer kennt man die südlich folgenden: Labrador, vom Vestlande nordöstlich auslaufend, zwischen der Hudsons Bai und ihrer James Bucht im W. der Hudsons Straße im N. dem offenen atlant. Ocean im O., den Lorenz Busen im S. mit ringsum hoher Steilküste, in viele kleine Buchten zerschnitten, mit vorliegenden Eilanden und Klippen, welche die größte Hälfte des Jahres durch Eisschollen verbunden sind. Südlich davon ist Neuschottland oder Acadia inselartig getrennt, zwischen dem Lorenz Busen im N. der Fundy Bai im W. und NW. sonst überall an zerrissenen Klippenküsten mit vielen schwerzugänglichen Hafenstellen vom offenen Ocean umspült. Weiter hin westlich folgt Maryland-Delaware nach S. spitz gegen den Ocean, parallel mit den Küsten des Vestlandes auslaufend, zwischen der Delaware Bai im O. und der Chesapeake Bai im W. mit flachen niedrigen Küsten. Nun weit nach Süden die Halbinsel Florida, zwischen dem offenen Meere im O., dem Florida Kanal im S., dem Meerbusen von Mexiko im W. in südlicher Richtung ein 80 d. M. langes Viereck bildend mit niedrigen Küsten, die östlich Sandbänke und nur westlich Hafenstellen bieten; zuletzt als Vorsprung der großen südlichen Landzunge die Halbinsel Yucatan, gegen N. gerichtet, zwischen dem Meerbusen von Mexiko W. und N. und der Honduras Bucht im O. mit flachen ringsum von Sandbänken eingefaßten Küsten. — Diesen Gliedern der Ostseite Nordamerikas kommen die der Westseite nicht gleich: die Halbinsel Californien, in gleicher Breite mit Florida, ein schmaler mit der Küste des Vestlandes nach Süden gleichlaufender Landstrich von 180 d. M., 15—20 d. M. breit, zwischen dem Meerbusen von Californien im O. und dem großen Ocean in W., mit der Südspitze am nördlichen Wendekreis, mit hohen Küsten von Riffen und Eilanden umgeben, mit guten Hafenstellen. Dann hoch im Norden die Halbinsel der Tschugatschen zwischen Prinz Williams Sund im O. und Cooks Golf im W., südwestlich gerichtet mit hohen Steilküsten; zuletzt die Halbinsel Aliaska, südwestlich der vorigen, eine schmale Landzunge zwischen dem offenen großen Ocean in SO. und dem Behringsmeer im NW., mit hohen Steilküsten, mit vielen Inseln und Klippen umgeben. Diese nordamerikanischen Halbinselländer gehören größtentheils der gemäßigten Zone an, nur Grönland und Baffinsland der kalten, nur Yucatan der heißen. Noch sind die langen oft dreifachen Reihen von Eilanden an der Nordwestküste zu erwähnen. Größe und Küstenumfang der nordamerikanischen Halbinselglieder sind wieder auf folgender Tafel zusammengestellt.

Halbinsel.	Areal in d. Quadrat-Meilen.	Verhältniß des Areals d. Halbinsel z. Areal von ganz N. Amerika.	Küstenlänge in d. Meilen.	Verhältniß zwischen dem Küstensaum der Halbinsel u. ihrem Areal.	Verhältniß der Küstenlänge der Halbinsel zur Küstenlänge von ganz Nordamerika.
Labrador	24000	1 : 17	690	1 : 35	1 : 8
Neuschottland	650	1 : 526	150	1 : 4	1 : 40
Maryland-Delaware	285	1 : 1200	90	1 : 4	1 : 66
Florida	1100	1 : 310	180	1 : 6	1 : 33
Yucatan	2200	1 : 155	210	1 : 10	1 : 28
Californien	2600	1 : 131	390	1 : 6	1 : 15
Tschugatschien	230	1 : 1500	70	1 : 3	1 : 86
Aliaska	400	1 : 855	50	1 : 3	1 : 40

Südamerika, bei noch deutlicherer Gestalt des Dreiecks, nur mit einem kleinen Theil $\frac{1}{6}$ auf der nördlichen größtentheils $\frac{5}{6}$ auf der südlichen Halbkugel ausgebreitet, mit $\frac{4}{5}$ seines Ganzen in der heißen, mit $\frac{1}{5}$ in der gemäßigten gelegen, hat einen Flächeninhalt von 321000 d. □M. und eine Küstenentwickelung von 3400 d. M., daß das Verhältniß der Küste zum Flächenraum wie 1 : 91 ist. Auch hier ist die atlant. Küste beinahe doppelt so reich als die westliche am großen Ocean, welche letztere wieder eine Reihe größerer und kleinerer Inseln besitzt. Uebrigens ist Südamerika ein Stamm ohne Aeste, das südliche nur durch einen Landstrom getrennte Feuerland ausgenommen, darin mit Afrika zu vergleichen, und der nördlichen Kontinenthalbe der neuen Welt wie der europäisch-asiatischen der alten Welt entgegengesetzt. —

§. 39. **Verbreitung der Inseln. Inseln im arktischen und antarktischen Polarmeer.** — Neben und zwischen den beschriebenen großen Massen des Vestlandes liegen die zahlreichen weitverbreiteten Inselfluren, doch nur etwa den 23sten Theil der starren Erdhülle einnehmend, entweder die Vestländer an ihren Küsten begleitend, isolirt und in Gruppen, oder isolirt und als Archipelage im offenen Ocean, und zwar in allen fünf Haupttheilen desselben. — Im arktischen Polarmeer ist der Archipelagus von Spitzbergen, drei große Inseln von vielen kleinen umgeben, unter 76° bis 81° N Br., 80 d. M. von der europäischen Nordspitze, das nördlichste Land der Erde. Die Doppelinsel Nowaja-Semlja, 2000 d. □M. groß vor dem karischen Meer, weiter östlich die Inselgruppe Neusibirien am asiatischen Indigirka Busen, liegen im Osten den Küsten der alten Welt näher, im westlichen Theil dieses Meeres an den Küsten der neuen Welt sind Banksland, die nördlichen Georgs Inseln, Nord Somersett und Nord Devon, von W. nach O. gelegen, nur wenig bekannt. — Nur zwei Eilande kennt man im antarktischen Polarmeer, die Inseln Peters I. und Alexanders I. der Südspitze Amerikas südwestlich, doch nicht so nah dem Südpol als Spitzbergen dem Nordpol.

§. 40. Inseln im atlantischen Ocean. Vertheilung. Isolirte Inseln und Inselgruppen. Entweder weit in das hohe Meer hinausgelegen, oder den Küsten der drei umgebenden Welttheile genähert zeigen sich die Inseln des atlant. Oceans. Ersteren gehört Island an, in genauer Mitte zwischen den Vesten der Erde, mit der Nordspitze den arktischen Polarkreis berührend, von dem Meridian von Ferro in genauer Mitte durchschnitten, von zugerundeter Gestalt mit vielen Landzungen und Meeresbuchten, 1800 d. □M. groß. Und nach diesen großen, in südlichen weiten Entfernungen, folgen kleinere, in Gruppen und einzeln: die Azoren, neun kleine Inseln (Terceira, St. Miguel, Pico u. s. w.), 220 M. westlich der hesperischen Halbinsel, schon der westlichen Hemisphäre angehörig. Von ihnen noch 500 d. M. südwestlich, schon der neuen Welt näher, liegt die Gruppe der Bermudas, an vierhundert sehr kleiner Eilande und Klippen. — Sie liegen, wie die vorigen, im nordutlant. Ocean. Der mittelatlant. Ocean zeigt zwei einzelne Inseln, Ascension, 380 d. M. südlich vom grünen Vorgebirge, noch auf der östlichen Halbkugel, St. Helena 150 d. M. weiter südöstlich und Trinidad, wieder 270 d. M. südwestlich auf der westlichen Halbkugel. — Dagegen hat wieder der südatlant. Ocean eine Reihe kleinerer Inselgruppen, deren nächste schon 400

d. M. von Helena entfernt ist, und die sämmtlich in der westlichen Halbkugel nach Südamerika hin liegen: die Inseln Tristan da Cunha, Neu Georgien, Sandwichsland, die südlichen Orkneys, Süd Schetland. Dieser letzten Inselreihe südlich liegt Trinity Land, eine noch unerforschte Insel, dem südlichen Polarkreis am nächsten, 64° S. Breite.

§. 41. Inseln im atlant. Ocean bei Europa. Wie der atlant. Ocean den europäischen Welttheil am reichsten mit seinen Gewässerbildungen durchbricht, so hat er demselben auch einen großen und mannigfaltigen Reichthum von Inseln vorgelagert, welche in ihrer Vertheilung folgenderweise zu übersehen sind. Vor allen treten die britischen Inseln hervor, als die größten, dem Westen des europ. Vestlandes gegenüber, zwei große Inseln mit mehreren Gruppen und einzelnen Eilanden umgeben. Großbrittanien, die östliche größte Hauptinsel, mit zwei Ländern, England südlich, Schottland nördlich, 120 d. M. lang, 3900 d. □M. groß mit einem Küstenumfang von 620 d. M., daß ein Flächen- und Küstenverhältniß von 6.1 herauskommt, ist auch in seiner Küstenbeschaffenheit ausgezeichnet. Vorzüglich die Westküsten und die ganzen Küsten Schottlands erinnern mit Buchtenbildungen, Steilküsten und Inselketten an die skandinavische Westküste; flach mit Untiefen und Bänken sind die östlichen, abwechselnd hoch und niedrig die südlichen englischen Küsten. Und an diesen Küsten verfolgt man die Nachbarinseln Großbrittaniens: an der Südküste im Kanal, der sie begränzt, die Insel Wight am nächsten liegend; den südwestlichen Enden Großbrittaniens Landsend und Lezard gegenüber eine kleine Gruppe sehr vieler Eilande und Klippen, die Scilly Inseln oder Sorlingues. An dem südlichen Theil der englischen Westseite liegen Anglesea und Man in genauer Mitte der Irischen See. Aber an der Westseite Schottlands, den zerschnittenen Felsenküsten gegenüber erstrecken sich in langer Reihe die hohen Felseninseln der Hebriden, unter welchen Skye und Lewis die größten. Und den Schottischen Küsten nordöstlich liegen zuerst die Orkaden oder Orkneys, eine Gruppe von 67 hohen Felseninseln, in der Mitte die größte, Pomona, und noch weiter in dieser

Richtung entfernt, die Shetlands Inseln, 86 hohe felsige Eilande, mit der Hauptinsel Mainland. Diese schottischen Inselgruppen gehören im Norden und Nordwesten Großbrittaniens dem offenen atlant. Ocean an; ohne Inseln zeigt sich die von der Nordseite umgebene Ostseite Großbrittaniens. Irland, die Schwesterinsel, ebenfalls von länglicher Gestalt, 55 bis 60 d. Meilen lang, 1400 d. □M. groß, mit einem Küsten- und Flächenverhältniß von 1.5, wird östlich von Großbrittanien durch die irische See mit dem Georgs- und Nord Kanal getrennt, an den anderen Seiten von dem offenen atlant. Ocean umgeben. Auch hier erscheint der Gegensatz zwischen den Küsten. Flach und wenig eingebogen, mit vielen Sandbänken sieht man die Ostküsten, an allen übrigen Seiten sind sie äußerst zerrissen und ausgezackt in Busen und Buchten. — Und den britischen Nachbarinseln kommen in den europäischen Gewässern des nordatlant. Oceans noch hinzu: nördlich die Färöer Inseln, 25 Felseneilande, nach Island hin; südlich in der normandischen Bucht, an der Westküste der Halbinsel Cotantin: die normandischen Inseln, Jersey, Guernsey u. s. w. noch im Kanal und von diesen auf der einen Seite nach Südwesten hin die Insel Ouessant, vor der Spitze von Bretagne, dann die französischen Inseln, Ile de Ré, Oleron u. s. w., dicht am Lande, endlich das Eiland Berlenga, 3 M. westlich der hesperischen Halbinsel. Auf der östlichen Seite des Kanals folgen die Nordseeinseln in der südöstlichen Ecke dieses Gewässers, zwei lange Reihen an der Küste des Vestlandes hinlaufend, die westliche Reihe, die holländische, Texel, Blieland, Ter Schelling u. s. w., die östliche die deutsche Reihe Borkum, Norderney, Wangeroge u. s. w. Diese ganze Inselverbreitung des nordatlant. Oceans läßt sich mit den britischen Inseln zusammendenken.

§. 42. Der dänische Archipelagus. Die Inseln in der Ostsee. — Besonders geordnet erscheint wieder der dänische Archipelagus, südlich von Skandinavien: wo Nord- und Ostsee durch das Kattegat zusammenfließen, verbreitet sich diese ansehnliche Gruppe, aus zehn großen und vielen kleinen Eilanden bestehend, durch den großen Belt wieder in die östliche und westliche Gruppe getheilt, in größter Erstreckung von N. nach S. 28 M., von O. nach W. 24 d. M. mit einem Flächeninhalt von 235 d. □M. — Seeland, die Hauptinsel 127 □M. groß, mit Möen, Falster, Laaland, Femern, also fünf Inseln, bilden die östliche Gruppe; westlich des großen Beltes wieder fünf, Langeland, Fünen, Alsen u. s. w. die westliche Gruppe. Eine sehr ungeregelte Gestalt charakterisirt diese sämmtlich niedrigen mit flachen Küsten umgebenen Inseln, denen noch kleine Eilande im Kattegat (Anholt u. s. w.) und im Sund (Saltholm u. s. w.) hinzuzufügen sind. — Nun östlich von diesem Archipelagus schon ganz der Ostsee angehörig am südwestlichsten Ende derselben liegt an der Küste die Insel Rügen, durch viele Meeresarme (Bodden und Wyke) in Landzungen und Halbinseln (Wittow, Jasmund) zerspalten, zu sehr unregelmäßiger Gestalt, noch mit kleinen Nebeninseln, Hiddensöe, mit einem Flächeninhalt von 16 d. □M., mit flachen nur an einzelnen Punkten steil erhobenen Küsten. Davon südöstlich, im Hintergrunde der swinemünder Bucht, zwischen ihr und dem Haff, das Inselpaar Usedom und Wollin, durch Mündungsarme getrennt, ebenfalls ganz flach. Nun wieder tiefer in die Ostsee hineln nach Skandinavien hin erscheinen das rundlichgestaltete Bornholm mit vielen gefahrvollen Klippenküsten, und ziemlich hoch, weiter nördlich das langgezogene Oeland durch den Kalmarschen Sund von Skandinavien getrennt, gegen die See hin flach, gegen den Sund erhaben; nordöstlich weiter das länglich gestaltete Gothland, mit Riffen, Untiefen und Klippen rings umgeben, und noch weiter nordöstlich von der rigaischen Bucht die Inselgruppe Dagö Oesel, zwei große und vier kleine Inseln, niedrig mit Sandbänken und Riffen umgeben. Zuletzt nördlich, am Eingang in den bothnischen Busen, erheben sich die Alandischen Scheeren, eine Gruppe zahlloser Eilande mit Riffen und Untiefen umgeben, die Hauptinsel Aland, von wo aus sich die Scheerenbildung an der Nordküste des finnischen und an den Küsten des bothnischen Meerbusens zusammenhängend weiter verbreitet. —

§. 43. Inseln im westlichen Mittelmeer. — Innerhalb der Straße von Gibraltar beginnt die reiche Inselreihe des Mittelmeers mit dem kleinen Felseneiland El Boran, welches ganz vereinsamt liegt, und noch in weiter Entfernung von der ersten größeren Inselverbreitung nahe der hesperischen Ostküste. Fünf Inseln liegen hier in zwei Gruppen, die westlichen Pythyusen (Ibiza, Formentera), die östlichen Balearen (Mallorca, Menorca, Cabrera) mit einem Flächenraum von 82 d. □M. — Diesen beiden Gruppen folgen östlich zwei große Inseln, anders geordnet, von Norden nach Süden: Corsica, mit seiner nördlichsten Spitze 20. M. vom europäischen Vestland entfernt, wie Sardinien mit seiner südlichsten von dem afrikanischen, letzteres wieder eben so weit von den spanischen, als von den italiänischen Küsten entfernt. Corsica, bei 24 d. M. Länge, 178 d. □M. Größe, zeigt die flache Ostküste beinahe als gerade platte Linie, dagegen die steile und hohe Westküste vielfach zerschnitten und ausgezackt; und Sardinien, 35 d. M. lang, 430 d. □M. groß, mit fast durchgängig hohen, steilen und zerrissenen Küsten, ist noch mit einer großen Menge von Eilanden und Klippen von jeder Gestalt und Größe umgeben, mit zahlreichen Buchten und vortrefflichen Hafenstellen. — Und diesen beiden folgt nun in größter Nähe der italiänischen Küsten, durch den nur 1 M. breiten Faro von ihnen getrennt, die größte Insel des Mittelmeeres, das dreieckig gestaltete Sicilien. Bei einer Größe von 590 d. □M. hat es 105 M. Küstenumfang, und auf 6 M. Fläche 1 M. Küste, ohngefähr wie bei Irland. Größtentheils von steilen Küsten umgeben, nur an der Südostseite flach hat es dagegen sanft ausgerundete Busen, und plattlinige Küstensäume. Und Nachbargruppen sind nördlich die kegelförmigen vulkanischen Liparen (Ustica, Stramboli), westlich die kleinen Aegaden und weiter entfernt die Malta-Gruppe, mit der Hauptinsel Malta, mit der Südseite senkrecht aus dem Wasserspiegel emporsteigend, die Nordseite in mehr als zehn Buchten mit den sichersten Hafenstellen auseinandergelegt. Noch sind hier auch der Inseln und Gruppen an der Westküste Italiens zu erwähnen, die schöngelegenen Ischia und Capri, die pomtinischen Inseln, Panna, die toskanischen Inseln, Elba.

§. 44. Inseln im östlichen Mittelmeer. —

Die dalmatischen und ionischen Inseln, unter letzteren Corfu und Cerigo, sämmtlich hohe Inseln mit schönen Häfen, beginnen die östliche Region des Mittelmeers. An sie, wie an die kleineren, der Halbinsel Morea vorliegenden Eilande schließt sich jenseits Cerigo der reiche griechische Archipelagus, in drei Theile auseinander gelegt, die Cykladen im Westen, die Sporaden im Osten, Candia im Süden. Die Cykladen von der langen Küsteninsel Negroponte aus südöstlich hin verbreitet, ordnen sich in sechs Reihen, drei nach Südosten, drei nach Südwesten einander gleichlaufend, mit der Hauptinsel Naxia, 5 d. □M. groß. Das berühmte Delos, Andro, Tine u. s. w. alle hoch und steil mit guten Häfen. — So beschaffen sind auch die Sporaden, im Osten des ägäischen Meeres, unregelmäßig an den Küsten von Kleinasien hin verstreut, in einer Erstreckung von 75 M. zu den nördlichen gehören, Samotraki, Lemno, Skyro; südlich Samos in der Mitte, und südlich die größte der Sporaden, Rhodos, 21 □M. groß. Eine kleine Inselreihe südlich der chalcydischen Halbinsel, worunter Skiatho, Skopelo, schließt sich den Sporaden an. Südlich aber schließt Kandia, das alte Kreta, mit seiner Länge von 33 d. M., 190 □M. groß, den Archipelagus und zeigt wie Malta seine südliche Seite als unzugängliche Felsenküste, die nördliche in sichere Buchten und Hafenstellen zerlegt. Und von ähnlicher Bildung ist zuletzt die östlichste Insel Cypern, 10 M. von der südlichen Küste Kleinasiens, 250 d. □M. groß. — Die Prinzen Inseln im Marmora Meer, die Insel Marmora selbst, sind hier auch zu erwähnen.

§. 45. Inseln im atlant. Ocean bei Afrika. Aermer ist an den afrikanischen Küsten des atlant. Oceans auch wieder die Inselumgebung, daß hier nur wenige Gruppen, nur kleinere Inseln zu nennen sind. Die kleine Madeira Gruppe, mit der Hauptinsel Madeira, beginnt hier, 90 d. M. südöstlich den Azoren, die Reihe, noch auf der östlichen Halbkugel. Auf ihr liegt auch noch der Archipelagus der Canarischen Inseln, 70 d. M. weiter nach SW., 20 größere und kleinere Inseln, hoch und steil, Teneriffa, Ferro (mit dem die Hemisphären scheidenden Meridian), die ganze Gruppe von etwa 150 d. M. Flächeninhalt, reihenförmig geordnet. Dagegen gruppenförmig geordnet sind die Capverdischen Inseln, wieder eben so weit nach SW. schon auf der westlichen Hemisphäre, zehn sehr hohe mit mehreren kleinen Eilanden (Buenavista, Mayo, St. Yago). Ganz unbedeutend sind dann die kleinen flachen Bijugas, unmittelbar vor der Küste Afrikas, und wieder größer die Guinea Inseln in der Bai von Biafra, vier hohe Inseln in gleicher Entfernung, Fernao do Po, Prinzen Insel, St. Thomas, Annabon; letzteres schon südlich vom Gleicher.

§. 46. Inseln im atlantischen Meer bei Amerika. — In gleichförmiger Anordnung sieht man die atlant. Inseln Amerikas verbreitet: in der Mitte dieses ganzen Küstensaumes, innerhalb des amerikanischen Mittelmeeres der heißen Zone angehörig, liegt die große Eilandflur Westindien und in weiter Entfernung nach beiden Seiten isolirte Inseln von Nordamerika und Südamerika. — Nordwärts vor dem Meerbusen des St. Lorenz liegt gar bedeutend Neu Foundland, 1650 d. □M. groß, mit steilen durch Meeresarme zerspaltenen Klippenküsten (wie Rügen). Noch andere bedeutende Inseln liegen im St. Lorenz Busen selbst, neben der Magdalenen Gruppe, einem Klippenhaufen von geringem Umfang, doch auch die Insel Kap Breton, 112 d. □M. groß. Und im Ocean selbst Nantucket und Long Island, und in der Hudsons Bai Southampton, 70 d. M. lang. So liegen in weiter Entfernung von jener Mitte diese nordamerikanischen Inseln, und dazwischen ist alles leer. Eben in der tropischen Mitte aber liegt die westindische Eilandflur nicht gruppenförmig sondern reihenförmig ausgebreitet. Eine große Reihe zieht von dem Florida Kanal an, erst in östlicher, dann in südlicher Richtung zwischen dem caribischen Meer und dem offenen Ocean bis zum Golf von Paria an der Küste Südamerikas, 380 d. M. weit, die Antillen. Die westliche östlich laufende Reihe, die großen Antillen, enthält vier große mit kleinen Eilanden umgebene Inseln, alle länglich hingedehnt; Westlich beginnt Cuba diese Reihe, 180 d. M. lang, 1980 □M. groß, mit flachen niedrigen Küsten, mit Klippenflächen umgeben, mit der Havanna, einem wichtigen Hafen; östlicher Haïti (St. Domingo) mit ringsum hohen Steilküsten, 70 d. M. lang, dann wieder Jamaica, 32 d. M. lang, mit flachen niedrigen Küsten, mit vielen Bänken und Riffen umgeben, und endlich Porto Rico, 24 d. M. lang, wieder mit hohen Steilküsten; die vier großen Antillen haben einen Flächenraum von 3750 d. □M. Und noch in derselben Normalrichtung schließen sich östlich an sie die Virginien oder Jungfern Inseln, acht größere und eine große Menge kleinerer Inseln, die größte am südlichsten gelegen St. Croix, 5 d. □M. groß. — Von hier laufen die kleinen Antillen, zwei Parallelreihen, nach Süden hin: die östliche mit gleichen Zwischenräumen beträchtlich hoch, die westliche mehr getrennt und niedrig, dort St. Christoph, Martinique u. s. w. hier Marie Galante, Tabago u. s. w. beide mit den Reihen der caribischen Inseln zusammen 139 □M. betragend. Zu diesen drei Reihen der Antillen, zwischen welchen die Virginien als Verbindungsglied erscheinen, lagert sich nördlich von Cuba und St. Domingo die merkwürdige Reihe der Bahama Inseln. Eine große Untiefe des Meeres, die Bank von Bahama genannt, verbreitet sich nördlich von Cuba, nur durch die schmale Bahamastraße davon getrennt, und am östlichen dem offenen Ocean zugewandten Rande dieser Untiefe, tritt die Reihe der Bahama oder lukayischen Inseln hervor, zwanzig größere, Bahama Grande, 32 □M. groß, Salvador oder Guanahani, die kleineren Riffe und Klippen, zwischen fünf- und siebenhundert. Und auch im Süden der Antillen liegt noch eine östlich laufende Reihe, von dem Golf von Maracaibo an, Curassao, Trinidad u. s. w. die Parallreihe der kleinen Antillen zu nennen, sämmtlich hoch und steil. Denkt man sich endlich noch im Hintergrunde der Honduras Bai und des Nicaragua Golfs eine Menge kleiner Eilande, und überall im Antillen Meer Klippen und Untiefen, so ist dieses die vollständige Vorstellung der ganzen westindischen Eilandflur in ihrer weiten Verbreitung. — Und in weiter südlicher Entfernung von ihr liegen, entsprechend den nordamerikanischen Inseln, an der Südspitze Amerikas Feuerland, Insel oder Inselgruppe, 1500 d. □M. groß mit Kap Hoorn, zwei hohe Bergspitzen, dem europ. Nord Kap ähnlich, hohe Felsenküsten mit grausiger Oede und Erstorbenheit der Natur; Staaten Insel ist noch ein Theil dieser Gruppe, und nordöstlich vom Eingang der Magelhaens Straße liegen die Molouinen oder Falklands Inseln von mäßiger Höhe. — So ist die atlantische Inselverbreitung an den Küsten Amerikas.

§. 47. Der asiatische Archipelagus. — Der asiatische Archipelagus oder die ostindische Inselwelt erfüllt das östliche Meer, den Uebergang aus dem indischen in den großen Ocean. Der dreieckigen Gestalt dieses Meeres entspricht auch der Umriß des Archipelagus, der mit zwei Reihen und einer dazwischen liegenden Gruppe sich ebenfalls zu einem großen Dreieck ausbreitet, welches einen Flächenraum von 34000 □M. einnimmt. Diese gewaltig große Inselverbreitung liegt an beiden Seiten des Aequators beinahe ganz in der heißen Zone, so daß nur ein kleines nördliches Stück der östlichen Inselreihe der nördlichen gemäßigten Zone angehört. Die Reihe der Sunda Inseln im Westen und Süden der großen Ausbreitung zwischen dem indischen Ocean und dem Sunda und Molukken Meer 800 d. M. weit fortlaufend, kann auf 10700 d. □M. Flächenraum enthalten. Sie umfaßt mit ihrem Bogen die Halbinsel Malakka, welcher gegenüber im NW. sie mit den kleinen Andaman und Nicobaren Inseln beginnt, und die innere große Inselgruppe, und endigt im Osten wieder mit einer Menge kleinerer Inseln. Ihre Mitte aber enthält die zwei großen Sunda Inseln: Sumatra, die größte der ganzen Reihe, 6500 d. □M. groß, in länglicher Erstreckung mit ringsum gefahrvollen Klippenküsten und fast ganz mit kleinen Eilanden umlagert, und östlich jenseit der Sunda Straße Java, 2300 d. □M. groß, mit ungemein steiler Süd-, und flacher klippenreicher Nordküste. Alle übrigen Inseln im östlichen Theil der Reihe, in welcher vorherrschend langgestreckte Eilande durch schmale Straßen getrennt werden, heißen die kleinen Sunda Inseln. Ganz anders zeigt sich die nordöstliche Molukken- und Philippinen-Reihe, vom Ostende der Sunda-Reihe nördlich fortlaufend: den südlichen Theil derselben bilden die Molukken mit den südlich gelegenen Banda Inseln und der Amboina Gruppe, und den nördlichen Theil durch zwei Ketten sehr kleiner Inseln mit dem südlichen verbunden, bilden die Philippinen, ein Archipelagus von zehn großen und sehr viel kleinen Inseln, in sehr zerrissener Gestalt, einen Flächenraum von 7000 □M. einnehmend: die größten sind Magindanao 1175 □M. groß und Luzon 2500 □M. groß. — Und zwischen diesen beiden Reihen liegt die ostindische Central-Inselgruppe, zwei große und eine unzählige Menge kleiner Inseln und Eilande, das Ganze einen Flächenraum von etwa 14000 □M. einnehmend. Die beiden großen sind Borneo, eine der größten Insel der Erde 9900 □M. groß, niedrig und flach, und im Gegensatz das unregelmäßig gestaltete Celebes, 2600 □M. groß, sehr hoch. Zu den übrigen kleinen Inseln dieser Gruppe denke man sich noch die vielen Gruppen kleiner Inseln, isolirte Eilande, Felsenriffe, Klippen und Untiefen, mit welchen die Binnengewässer des asiatischen Archipelagus gleichsam übersäet sind, bis zur Insel Hay-nan hin, im südchinesischen Meer. So ist also die Verbreitung des asiatischen Archipelagus.

§. 48. Die Eilandfluren des großen Oceans. Auch über die weiten Räume des großen stillen Oceans sind Inseln und Eilandfluren nicht regellos, sondern in gewisser Anordnung verbreitet. Man sieht hier die nordostasiatische Inselkette den Küsten Asiens gegenüber regelmäßig hingereiht, man sieht von dem Südostende des asiatischen Archipelagus aus das insulare Australien in mehreren Reihen in den offenen Ocean hinausziehen, endlich im Norden die Inselkette der Aleuten zu den Küsten beider Welten hinreichen. Die nordostasiatische Inselkette, welche sich 600 d. M. weit von SW. nach NO. durch die nördlich gemäßigte Zone hinzieht, mit lauter hohen und in der Hauptrichtung der Kette langgestreckten Inseln bildet sich aus drei Reihen. Im Süden beginnt die kleine Reihe der Lieu-Khieu Inseln; die japanischen Inseln bilden die große Mittelreihe, welche 200 d. M. lang, 10000 □M. umfaßt. Nipon die größte, 5100 d. □M., also gleich nach Borneo und Sumatra unter den größten Inseln der Erde, ist wie alle ihre japanischen Schwesterinseln, wie auch die folgende an Größe, Jeso, durch viele größere und kleinere Buchten durchschnitten. Tarrakai, nordwestlich, ist als Anhang der japanischen Inseln zu betrachten. Wieder eine kleinere Reihe, die Kurilen aus 24 Inseln bestehend, bildet das nördlichste Glied der großen Kette, welchen man in den durch sie umschlossenen Binnengewässern noch viele kleinere zerstreute Inseln hinzudenken muß.

§. 49. **Das insulare Australien. Die Aleuten.** — In zwei weit hinauslaufenden Gürteln und noch einigen zerstreuten Gruppen breitet sich das insulare Australien über den offenen Ocean hin, welche Verbreitung sich so übersehen läßt. Man sieht zuerst einen Gürtel, welchen man den Binnengürtel nennen kann, in einer Längenerstreckung von 1100 d. M. erst die Nord- und Ostseite des australischen Vestlandes umgeben, vom Aequator aus durch die heiße Zone hindurch in die südlichgemäßigte hinein, ganz der südlichen Halbkugel angehörig, und bis an die Gränze der östlichen und westlichen Hemisphäre hinreichend. Bei einem Flächeninhalt von 15300 d. □M., welcher also den der nordostasiatischen Kette übertrifft, haben die Inseln dieses Gürtels eine nach der Hauptrichtung langgedehnte schmale Gestalt mit bedeutender Erhebung über die Meeresfläche. Den Anfang dieses Gürtels bildet in der Nähe der Molukken Neuguinea, welches wahrscheinlich die größte Insel der Erde ist, auf 10800 d. □M. berechnet, und nach den dazwischenliegenden Gruppen, Louisiade, Neubritannien, die Salomons Inseln, die neuen Hebriden und Neucaledonien schließt endlich die Doppelinsel Neu Seeland, durch die Cooks Straße getrennt, diesen Binnengürtel Australiens. Nördlich von ihm zieht sich der Außengürtel der Australinseln im Ocean fort, in einer Länge von 1500 d. M. durch 100 Längengrade hindurch, auf der östlichen und westlichen, auf der nördlichen und südlichen Halbkugel. Im Gegensatz gegen den Binnengürtel sind seine Inseln gerundet, oft völlig kreisförmig und die einen sehr hoch und die andern wieder so tief, daß sie nur einige Fuß über dem Niveau des Oceans stehen, und noch ein Wasserbecken, Lagunen in sich schließen, welches durch enge Seethore mit dem Meer in Verbindung steht. In drei Gruppen zerlegt sich dieser Außengürtel folgenderweise: die westliche Gruppe, östlich von Mindanao der Philippinenreihe beginnend enthält von NW. nach SO. gerichtet die Pelew Inseln, die lange Reihe der Carolinen, die bis zum Scheidungsmeridian der östlichen und westlichen Hemisphäre reicht; um den Mulgraves Archipelagus, die Radack Inseln, die Gilberts Gruppe; alle Inseln dieser Gruppe sind niedrig. — Dann liegt die Centralgruppe des Außengürtels südöstlich vom Mulgraves Archipel und besteht wieder aus drei Archipelen mit lauter hohen Inseln, dem Fidji Archipel, den Freundschafts Inseln und den Navigators Inseln, die ausnahmsweise langgedehnt sind. Endlich aus vier Reihen von SW. nach NO. aufeinanderfolgend, umgekehrt von NW. nach SO. laufend, besteht die östliche Gruppe, und abwechselnd sind diese Reihen hoch und niedrig. Es beginnt die niedrige Reihe der Cooks Inseln, dann folgt die hohe Reihe der Societäts Inseln mit der Hauptinsel Tahiti; östlich folgt die dritte Reihe der niedrigen Inseln, die diesen Namen behalten, und zuletzt der Mendañas Archipel mit den Marquesas und Washingtons Inseln, Hauptinsel Nukahiwa. Und noch drei Inselgruppen, im Norden jener großen Inselgürtel über den Ocean vertheilt, vollenden den Umfang des insularen Australiens: die Marianen oder Ladronen in der Nähe Asiens, von den Carolinen aus nach Nipon hin gereiht, die Sandwich Inseln, mit der Hauptinsel O Waihi in der Mitte des Oceans, beide auf der nördlichen Hemisphäre; dagegen auf der südlichen die Gallapagos, schon in der Nähe der südamerikanischen Küste. Nur hohe Inseln bilden diese Gruppen. —

Die Inselkette der Aleuten. Der dritte Haupttheil in der Inselwelt des großen Oceans, erstreckt sich von der Halbinsel Aliaska westwärts 220 d. M. weit, mit der Hauptinsel Unalaschka; nach der kamtschatkischen Küste hin gehören die Kupfer- und die Behrings Insel dazu. — Noch sind die Inseln in der Nähe des Kontinents von Australia zu erwähnen, unter welchen die 1200 d. □M. große und zerbuchtete Insel Van Diemen hervortritt.

§. 50. Die Inseln im indischen Meere. — Auch die Inseln des indischen Meeres lassen sich in geordneter Vertheilung übersehen. Zwischen den beiden großen

Inseln Ceylon und Madagaskar zieht sich eine ganze Zone von Inselgruppen südwestlich hin, und von ihr nach beiden Seiten hin sind einzelne Inseln in diesem Meere verstreut. Ceylon mit länglich runder Gestalt, mit plattem unzerschnittenen Küstensaum, ist eine hohe Insel von 1250 d. □M., Madagaskar, nach Neuguinea die größte Insel der Erde, 10500 d. □M. groß, 220 M. lang, ist bei hohen Steilküsten im Innern sehr hoch. An der Ostseite die kleine Insel St. Marie. — Bei Madagaskar beginnt mit den Comoro Inseln nordwestlich, und mit den Maskarenen südöstlich (Bourbon, Isle de France,) die Inselzone; es folgt dann nordöstlich der weitausgedehnte äthiopische Archipelagus mit den Amirante, den Mahe und Seychelle Inseln. Dann nordöstlicher über die Gruppe der Chagos Inseln hin folgt am Südende der vorderindischen Halbinsel die nördlich ziehende Kette der Male Diven, eine unzählige Menge kleiner Eilande, auf welche nördlich noch die Reihe der Lacca Diven folgt. — So erstreckt sich diese Inselzone. Südwärts von ihr liegen die Weinachts- und Cocos Inseln, nach der Sundastraße hin; weit nach Süden die Inseln Amsterdam und St. Paul, die Prinz Edwards Inseln und Kerguelens Land, und an der Gränze des atlant. Oceans die Bouvets Inseln. Nördlich liegen die Küsteninseln des indischen Meeres: Sokotora vor dem Kap Guardafui, die Curia Muria- und die Mazeira Inseln an der arabischen Südküste. Zu den vielen Inseln im Persischen Golf gehören Ormus und die Bahrein Inseln, und auch die Küsten des rothen Meeres sind mit kleinen Eilanden und Riffen besetzt.

Sechster Abschnitt.

Umrisse der Hydrographie.

§. 51. Einleitung. Von den Mündungsseen. — Alle von den Höhen des Vestlandes nach seinen tiefen herabströmenden Landgewässer empfängt der auf der tiefsten Stelle der Erdfläche liegende Ocean, nur daß sich die Steppenflüsse unter der Erde, und hier und da auch Flüsse in nicht abfließenden Mündungsseen verlieren, als Ausnahme des allgemeinen Gesetzes. Die Oceantheile und ihre Unterglieder, welche die Küsten der Vestländer umlagern, erhalten auf dieser letztern ihre Meergebiete, Räume des festen Landes, von welchen ihnen die fließenden Gewässer in einem oder mehreren Stromsystemen zufließen, auch wohl von mehreren Vestländern zugleich, wie das Meergebiet des mittelländischen Meeres Stromsysteme aus allen drei Welttheilen umfaßt, wie auch das nördliche Polarmeer.

Die Mündungsseen kommen in allen Theilen der Erdoberfläche vor: in Asien sieht man ihrer zehn bis zwölf, vom todten Meer im W. in bogenförmig gekrümmter Linie bis zum Lop See im O. und unter ihnen ist der größte Landsee der Erde, das Kaspische Meer, 157 d. M. lang, 50 M. breit, 6060 □M. in Umfang; ihm folgt der Aralsee genau in der Mitte dieses ganzen Seeengürtels. Einige liegen noch südlich dieses Gürtels, der Zareh See, Kukhu Noor (blaue See), Tengri Noor, doch alle in der gemäßigten Zone. — Unbekannter sind solche Seen in Afrika: in der nördlichen Hälfte der Tschad See, in der südlichen Hälfte der Achelunda und Zambre-Morawi-See. — In der neuen Welt hat Südamerika den See von Titicaca, den großen Ocean benachbart, in seiner Mitte, 40 M. lang, 10 d. M. breit, und Nordamerika zwei kleinere, den Payras und den Cayman See, einander benachbart, in gleicher Breite mit dem californischen Meerbusen. —

§. 52. Die Stromsysteme Afrikas. — In vier Meergebiete ordnen sich die strömenden Gewässer Afrikas. Im Gebiete des atlant. Oceans strömt am südlichsten der Oranje Fluß oder Gariep, mit dem größten Stromgebiet des südlichen Afrikas, von seinem Quellbezirk bis zur Küste 130 M. weit, aus zwei Flüssen, Ky Gariep von NO. und Nu Gariep, nach SO. zusammenfließend, in westlicher Hauptrichtung. Nun folgen nördlich der Coanzo Strom, nur 100 M. aufwärts bekannt, der Congo oder Zaire, nur 50 M. weit aufwärts bekannt, doch soll er aus dem See Achelunda, in der Mitte zwischen der

West- und Ostküste Afrikas entspringen; nun der Rio Grande, mit seinen Quellen vielleicht 70 M. weit landeinwärts entspringend, der Oberlauf nach NW. der Unterlauf nach W. sehr breit, an der Mündung 4. d. M. Endlich kommt der große Senegal, wieder aus zwei Quellflüssen zusammenströmend, aus dem östlichen, Kokora, 150 M. weit von der Mündung entspringend, mit nordwestlicher Richtung, und dem westlichen Ba-fing, 50 M. weit westlicher, von der Vereinigung an mit westlicher Hauptrichtung. Nur den südlichsten dieser Flüsse ausgenommen, haben alle den Uebergang vom Mittel zum Unterlauf durch Katarakten bezeichnet, und diese gehören auch der heißen Zone an, Coanzo und Zaire auf der südlichen, Rio Grande, Gambia und Senegal auf der nördlichen Hemisphäre. Zwischen dem Congo und Senegal zeigen sich noch viele Mündungen unbekannter Flüsse, von dem Senegal nordwärts, auf einer Länge von 200 d. M. an der wasserlosen Küste sind deren kaum drei und von geringer Bedeutung, nur bei der Gibraltarstraße erscheinen wieder kleine Küstenflüsse. — So sind die afrikanischen Ströme des atlant. Meergebietes. — Im Gebiete des mittelländ. Meeres erkennt man als bemerkenswerth, wie in der größten Erstreckung dieser Küstenlinie nur unbedeutende Küstenflüsse, und zwar nur zwischen der Gibraltarstraße und dem Kap Bon hinausfließen, wie aber im östlichsten Winkel dieser Küste der größte Strom dieses Erdtheils erscheint, der Nil, mit gar merkwürdig gebildetem Lauf. — Noch 95 d. M. WSW. von der Straße Bab-el-Mandeb entspringend, durch den Dembea oder Tsana See strömend, dann wieder seine eigene Quelle umkreisend, dann in seine nördliche Hauptrichtung übergehend, doch wieder nach W. in Gestalt eines liegend ∽ abgewendet, behält er endlich seinen Lauf parallel mit der Erstreckung des arabischen Meerbusens; auf der linken Seite des Oberlaufs kommt der westliche Nil, Bahr-el-Abiad weißer Strom in ihn, und er selbst heißt aufwärts Bahr-el-Azrek, blauer Strom; und noch 40 M. weiter kommt von der Ostseite der Takazze, oder Atbara. Von der Quelle 110 M. weit entfernt beginnen die Katarakten des Oberlaufs, es folgen dann die des Mittellaufs, bis endlich etwa 30 M. vom Meer der Unterlauf in zwei Haupt- und mehrere Nebenarme gespalten ein großes Delta bildet. — Mit dem Ober- und dem größten Theil des Mittellaufes gehört dieser Strom der heißen, nur mit dem Delta und einem geringen Theil des Mittellaufes der nördlich gemäßigten Zone an. — In dem Gebiete des indischen Meeres tritt am meisten hervor der Zambeze oder Cuama, in den Kanal von Mozambique mündend, mit einem vierarmigen Delta als Unterlauf, welches 15 M. landeinwärts reicht, und 80 M. weiter bilden die Katarakten von Chicaronga, die Gränze zwischen Mittel und Oberlauf; Murusuru und Ruanga strömen dem Oberlauf; Manzora rechts, Suabo links dem Unterlauf zu. Dieses Stromgebiet liegt im südlichen Theil der heißen Zone; noch südlicher erscheinen nur noch einige Flüsse von geringer Bedeutung, der Sofala, Sabia, Inhambane. — In dem unbekannten Innern Afrikas, in dessen weiten Landflächen sich noch größere strömende Wasser vermuthen lassen, erscheint nördlich nur streckenweise der große Niger. Von seiner Quelle, ohngefähr 50 M. östlich vom Kap Sierra Leone, den Quellen des Rio Grande und Gambia benachbaret, zuerst 190 M. weit nordöstlich strömend, mit dem Namen Joliba durch den See Debo und die Stadt Tembоctu, dann wieder mit dem Namen Quorra südöstlich fließend läßt er sich dann nicht weiter verfolgen, und man vermuthet, daß er entweder in den See Tschad fließt, oder den Oberlauf des Bahr-el-Abiad bildet, oder was am wahrscheinlichsten ist, durch die Mündungsströme der Buchten von Biafra und Benin, mit einem großen Delta in den guineischen Meerbusen mündet. — Zu dem Tschad See fließen der Yeou von W., der Shary von S. beide mit unbekannten Quellen, man hält sie auch für den Unterlauf des Joliba-Quorra. —

§. 53. Die Stromsysteme der europäisch-asiatischen Kontinenthalbe. Uebersicht. Stromsysteme des baltischen Meeres. — Die Stromsysteme der europäisch-asiatischen Kontinenthalbe wenden sich zu fünf oceanischen Hauptgebieten, dem arktischen, dem atlantischen, dem Gebiet des Mittelmeers, des indischen Meers, des stillen Oceans, welche nach den Gliedern dieser Oceane in Untergebiete zerfallen. Und vier Hauptwassersysteme erreichen hier den Ocean nicht, die im Gebiete des kaspischen Meeres, des Aral Sees, des Lop und Zareh Sees. Nur aus dem Innern dieser Kontinente entwickeln sich die größern Stromsysteme, nur relativ kleine Stromgebiete haben die Halbinseln, noch geringere die Inseln. — Die Betrachtung dieser Stromgebiete wird nach den Untergliedern der Oceane so geordnet. — In das baltische Meer, ein stromähnliches den Norden Europas durchdringendes Binnenmeer eilen Landgewässer aus allen Weltgegenden, von der skandinavischen Halbinsel herab strömen die unbedeutenden baltischen Flüsse, die hier Elv oder Au heißen, am bemerkenswerthesten zuerst südlich der Motala aus dem Wettersee, der Dal Elv, aus den Quellflüssen Wester- und Oster-Dal Elv vereinigt durch den Siljan See fließend, Ljusna Elv, Indals Elv, durch den Stor See, Angermanna Elv mit den Ogelströmen, dann Umeo, Pitea, Lulea Elv bis zum Tornea Elv, alle von NW. nach SO. gerichtet. — Dann kommt im Norden das Gebiet des Kemi Flusses, der mit seinen Nebenflüssen nach Süden eilt, die lappische von der skandinavischen Halbinsel sonderud. Wie außer dem Motala alle diese Flüsse dem bothnischen Meerbusen von westlicher und nördlicher Seite noch mit etwas bedeutenderen Gewässern zueilen, so kommen von der Ostseite her nur noch der Ulea ans dem Ulea See, und südlich der Kumo, ein Abfluß vieler Seen. Diese letzteren sieht man in großer Menge um den finnischen Busen her ein eigenes System bilden, das finnische Seen-Gebiet, mit dem Ladoga See, dem größten Europas, dem Onega und Ilmen See, welche Seen auf der einen Seite kleine Zuflüsse aus dem Innern des Landes aufnehmen, und unter sich und nach dem Meerbusen hin Abflüsse haben, wie die Newa den Abfluß des Ladoga See bildet. Auch das Gebiet der Narowa, welches nun westlich folgt, ist noch Seen-Gebiet, und der Peipus See mit mehreren Zuflüssen das Hauptgewässer in demselben. Zunächst aber folgt nun in dieser Reihe das erste völlig ausgebildete Stromsystem, das der Düna, welche ihre Quelle südöstlich vom Ilmen See und ihre Mündung in dem Hintergrunde der Riga Bucht hat, und das vorige System östlich, südlich und westlich bogenförmig umgiebt. Kleiner ist dann, südwestlich folgend,

folgend, das Gebiet des Niemen, mit weit nach SW. von der Düna Quelle liegender Quelle, nach W.—N.—W. gerichtet, mit dreiarmigem Delta, nördlich Russe, südlich Gilge genannt, in das kurische Haff ausströmend, im Unterlauf Memel, mit Wilia rechts, Scheschuppe links. Unter den Küstenflüssen zwischen Düna und Niemen geht die Windau nach NW. — Und noch kleiner, als sehr geringes Küstenstromgebiet, folgt dem Unterlauf des Memel südwestlich der Pregel, aus der von NO. herkommenden Inster und der aus S. fließenden Angerapp, einem Abfluß des Spirding und Mauer Sees, zusammenfließend, im westlichen Lauf noch links die mit der Angerapp gleichfließende Alle aufnehmend, vor der Mündung ins frische Haff. — Nun aber folgt das große Gebiet der Weichsel, von der westlichen Hauptrichtung der bisher genannten Ströme zuerst in die nördliche übergehend, so daß die Quellbezirke des Niemen und der Weichsel weit auseinandergehend, jener noch im Innern von Osteuropa, dieser auf der Gränze von Ost- und Westeuropa, erscheinen, mit genauer Lage der Weichsel-Quelle im Meridian der Danziger Bucht, 50° NBr. — Mit nördlich gerichtetem Stromlauf, erst nach O., dann nach W. abweichend, reiche Nebenflüsse an sich ziehend, rechts Dunajec, Poprad, San, Bug, Drewenz, links Pilika, Brahe, Ferse und Radaune aus dem Radauner See, dann nach der Spaltung bei der Montauer Spitze in ein dreiarmiges Delta auseinanderfließend, sendet sie die östliche Nogat und die mittlere alte Weichsel rechts ins frische Haff und die westliche neue Weichsel links in die Danziger Bucht. Als größter Nebenfluß hervortretend erscheint der Bug mit 60 Meil. weit nach O. von der Weichsel-Quelle liegender Quelle, bei nördlicher dem Hauptstrom gleicher Richtung ihm in westlicher Abbiegung zufließend, bei eigenem Reichthum von Zuflüssen auch rechts den Narew aufnehmend mit der Pissek aus dem Spirding See, so daß nun doch eine Wasserverbindung zwischen dem Weichsel- und Pregelgebiet entsteht, so wie zwischen ihnen auch noch die Passarge als Küstenfluß zum frischen Haff geht. — Es folgt zuletzt im Umkreis der Ostsee, westlich der Weichsel, das Gebiet der Oder, dem Weichselgebiet, wie durch anderes, so vorzüglich durch dieselbe nördliche Normaldirection ähnlich, mit einer Nähe der beiderseitigen Quellen an 10 M., bei einer Entfernung der Mündungen von 40 M. Auf ihrer größten Erstreckung einen nordwestlichen Lauf beobachtend, der in nordöstlicher Richtung anfangend in nördlicher endigt, fließt sie, nach der Erweiterung zum großen Wasserbecken des Haffs in drei Mündungen, als Swine in der Mitte, als Peene im W., als Divenow im O., in die Swinemünder Bucht der Ostsee. Und großen Reichthum von Zuflüssen zieht sie von beiden Seiten her an sich; rechts: Olsa, Klodnitz, Bartsch, Warthe; die Plöne durch den Plöner-, Mädüe- und Dammschen See, die Ihna aus dem Entzig See; links: die glazer Neiße, die Ohlau, Weistritz, Katzbach, der Bober mit dem Zacken und Queiß, die lausitzer Neiße, Finow und Welse, und zuletzt auch die Uecker aus dem Uecker See, die Peene aus dem Cummerow See mit der Tollense aus dem Tollenser See. Und hier wieder hervortretend als größter Nebenfluß strömt die Warthe, unfern der Quelle der Pillica entspringend, in gleicher nördlicher Richtung mit dem Hauptstrom, in westlicher Abweichung ihm zufallend, dabei rechts die Netze aus dem Gopplow See mit der Drage, links die Prosna und Obra aufnehmend, so daß sich nun verhalten Warthe zur Oder, wie Bug zur Weichsel, und Netze zur Warthe, wie Narew zum Bug. Und zuletzt sind hier hinzuzudenken die Küstenflüsse an beiden Seiten der Odermündungen: östlich, von der Weichsel her, die Leba durch den Strandsee Leba, die Lupow durch den gardenschen See, die Stolpe, Wipper, Persante, Rega; und westlich, bis zur jütischen Halbinsel, die Recknitz, Warnow, Trave. — Und endlich der ganzen Vorstellung der zufließenden Gewässer der Ostsee füge man hinzu eine große mit Landseen erfüllte Zone, mit der den finnischen Golf umlagernden Gruppe beginnend, dann 10 bis 15 M. breit und eben so weit von der Südküste der Ostsee entfernt, doch mit ihr gleichlaufend bis zur Sonderung der jütischen Halbinsel vom Festlande, über 200 d. M. lang; und aus dieser großen Menge von Seen treten als größte hervor: Rasna See jenseit der Düna, und

Marosch See diesseits; Mauer, Spirding, Drausen See jenseits der Weichsel, Radaune, Mädüe, Plöne See diesseits; der Uecker, Müritz, Schweriner See, Ratzeburger und Plöner See westlich der Oder.

§. 54. Stromsysteme im Gebiete der Nordsee. — Drei große Stromsysteme mit einem dazwischen liegendem kleinen knüpfen sich nun weiter im Westen an das Meergebiet der Nordsee, sämmtlich in nördlicher gegen W. abgelenkter Hauptrichtung. — Das Gebiet der Elbe, mit nordwestlich von der Oderquelle gelegener, dem Boberursprung benachbarter Quelle, nach geringem südlichen und westlichen Anfangslauf in gleicher Hauptrichtung gegen NNW. bleibend bis zur Mündung in die Hamburger Bucht, vor welcher durch mehrfache Spaltung sich Inseln (Werder) bilden. Unter den Nebenflüssen der rechten Seite, die Iser und Pulsnitz, schwarze Elster und Havel, Elde aus dem Plauer See, Devenau, Alster und Stör, tritt die Havel als wichtigster hervor, nach ihrem Ursprung im N. aus einem kleinen See der erwähnten Zone in bogenförmigem Lauf nach S., W., NW. strömend, außer Rhin und Dosse rechter Seits, links ihren wichtigsten eigenen Zufluß mitnehmend, die Spree, welche nahe vom Quellbezirk der lausitzer Neiße her, in nördlicher Richtung durch die Sumpfniederung des Spreewaldes und nachmals in nordwestlicher durch den Müggel See bis zur Havel kommt. Unter den Nebenflüssen der linken Seite — die Moldau, Eger, Mulde, Saale, Aland, Jeetze, Elmenau — treten wieder hervor die Moldau, von ihrer südwestlich tief im Innern von Westeuropa gelegenen Quelle nach geringerem Anfang gegen SO. nördlich zur Elbe fließend, mit der Sazawa rechts, der Beraun links, mit der Elbe an der Mündung gleich wasserreich, — und die Saale, nordwestlich von der Moldau, von der Nähe der Egerquelle her der Elbe nördlich zufließend, mit der gleichlaufenden weißen Elster rechts, der Ilme, der Unstrut und Bode links. — Und der Elbmündung nördlich in der Hamburger Bucht liegt die Mündung der von der Nähe der Alsterquelle herkommenden Eyder, des jütischen Grenzflusses. — Nun wieder westlich dem Elbgebiet bildet sich das Gebiet der Weser, die, aus zwei Stammflüssen, Werra im O., Fulda im W., zusammenfließend, die Quelle des Hauptstammflusses Werra 40 Meilen von der Elbquelle entfernt, ihre Mündung aber nur 5 Meilen von der Elbmündung hat, unter ihren rechten Nebenflüssen die weit nach NW. fließende Aller mit Ocker und Leine links, dann die Au aus dem Steinhudermeer als die bedeutendsten an sich ziehend, und links die Diemel, die Hunte, letztere aus dem Dümmer See; und ihrer Mündung westlich nahe hat sie die kleine Jahde mit kleiner Bucht. — Und dem untern Theil des Wesergebiets benachbart liegt das kleine Küstenflußgebiet der Ems, die aus der Nähe der Werraquelle her in nördlicher Hauptrichtung, die Haase rechter Seits aufnehmend, zum Dollart hinausströmt.

§. 55. Das Gebiet des Rheins. — Das größte dieser vier Stromgebiete der Nordsee, zugleich eins der größten in ganz Europa und den größten europäischen Fluß für das atlantische Meer bildend, zeigt nun westlich der Rhein. An seinem Quellbezirk, der im innersten Westeuropa, von dem der Weser und Elbe durch ein dazwischen eindringendes Wassergebiet völlig getrennt, von der Elbquelle 100 d. M., dagegen vom Golf von Genua nur 40 d. M. entfernt liegt, aus einer großen Menge von Rieseln, Bächen und Flüßchen, unter welchen der Vorderrhein herrschend wird, zusammenfließend, wechselt er zuerst in seinem Oberlauf die Richtung nach NO. und N. und durch den Bodensee nach NW., von ihm aus nach W. mit dem gewaltigen Rheinfall bei Laufen und mit einer ganzen Zone von Stromschnellen, mit deren Aufhören der Uebergang zum Mittellauf kommt. Dieser anfänglich in nördlicher Hauptrichtung bleibend, mit vielen Inseln (Auen) geschmückt, dann mit rechtem Winkel nach Westen gewandt, doch bald wieder in nördliche Hauptrichtung zurückkehrend, jedoch mit nordwestlicher Ablenkung, zeigt in diesem letzten Theile wieder Stromschnellen, mit deren Aufhören der Unterlauf beginnt. Dieser geht dann bald in die merkwürdig große Spaltung über, nach welcher die Yssel nördlich in die Zuyder See, andere Arme, Leck, Waal, westlich in die Nordsee, Englands Südostspitze gegenüber, ausfließen, das größte Delta in Europa bildend. — Unter der großen Menge der Nebenflüsse rechterseits — die Ill, Stockach, Wiesen im Oberlauf, die Kinzig, Murg, der Neckar und Main, die Lahn und Wied im Mittellauf, die Sieg, Wupper, Ruhr und Lippe im Unterlauf, — treten bedeutsam hervor: der Neckar, von seiner Quelle, die dem Uebergange des Rheins aus seinem Ober- in den Mittellauf nahe, jedoch von diesem ihrem Hauptfluß durch ein fremdes Wassergebiet getrennt liegt, in nördlicher nach O. abgelenkter Hauptrichtung fortfließend, rechts den Kocher und die Jaxt, links die Ens anziehend, zuletzt in westlicher Richtung in den Rhein mündend; der Main, am wichtigsten und größten, mit seinem der Eger- und Weserquelle benachbartem Quellbezirk, die größte Annäherung dieses Wassersystems an die Gebiete der Elbe und Weser bildend. Mit vielen und großen Krümmungen, doch die westliche Hauptrichtung festhaltend, geht er mit der Rodach, fränkischen Saale, Nidda und Wetter rechts, mit der Regnitz (mit Pegnitz), dem bedeutendsten Nebenfluß, und mit dem Tauber links bereichert, bei Mainz in den Rhein. Bei den Quellgegenden der Lahn, Sieg und Ruhr ist die Annäherung des Rheingebiets an das der Weser; die Lippequellen sind dem Emsgebiet nahe. — Und unter den Nebenflüssen linker Seits — die Thur und Aar im Oberlauf, die Nahe, Lauter und Mosel im Mittellauf, die Erft, Maas und Schelde im Unterlauf; treten wieder hervor: die Aar, von ihrer dem Rheinquellbezirk um 6 M. nahen Quelle in nördlicher Hauptrichtung fortlaufend, durch den Brienzer und Thuner See westlich weitergehend, rechts die Reuß aus dem Vierwaldstätter See, die Limmat aus dem Züricher See, links die Sane und die Thiele, Abfluß des Bieler, Neuchateller und Murtener Sees an sich ziehend, erreicht sie den Rhein unterhalb des Laufener Falles; die Mosel, von ihrer 9 Meil. der Stelle des Uebergangs des Rhein-Oberlaufs in den Mittellauf naheliegenden Quelle in nördlicher Hauptrichtung fließend, mit der Meurthe und Saar rechts, mit der Our links; die Maas, hier am größten, von ihrer Quelle, 13 M. von der Moselquelle, weiter nach W. in nördlicher, beiderseitig abwechselnder Hauptrichtung fortgehend, dann im Unterlauf sich der Richtung des Rhein-Unterlaufs anschließend, mit der Ourte rechts und Sambre links, fließt sie gegen W. zum Delta; die Schelde von weit nach NW. entfernt liegender Quelle nordöstlich fließend, mit der Senne, Dyle (r.) und Lys (l.) mündet sie sich im westlichen Theil des Delta. Dieses Delta des Rheins ist besonders ins Auge zu fassen als das größte in Europa. Vom Ostrande des Zuyder Sees bis nahe dem Eingang zum Pas de Calais, in einer Länge von 40 d. M., bei durchschnittlicher Breite von 10 bis 15 M. und einem Flächeninhalt von 400 d. □M. sich erstreckend, umfaßt es die Halbinsel Nordholland und die Landschaften Gelderland, Holland, Brabant, Seeland und Flandern, von NO. nach SW. — Indem hier der Rhein seine mehrfachen Spaltungen erhält, zuerst bei Pannerden, dann bei Wyk by Duurstede und wieder bei Dortrecht und anderwärts, bilden sich die Hauptarme des Rheins, Yssel, Leck, Whaal (der Hauptmündungsarm) und Maas, und zwischen denselben entwickelt sich durch viele andere Stromzweige und durch eine unzählige Menge natürlicher und künstlicher Verkettungen ein großes Wassergewebe mit oft niedriger liegendem Boden, als das Niveau des Meeres, und mit vielen Inseln, wie Ysselmond, Beyerland, Schouwen und Walcheren, und nördlich das Harlemmer Meer, eine Lagune, und dort fließen auch die Berkel und die Vechte. — So zeigen sich die Haupterscheinungen im großen Wassergebiet des Rheins. —

Zu diesem großen, der Südküste der Nordsee zugewandten Wassergebiete denke man sich die aus der skandinavischen Halbinsel durch die felsigen Fiorden in die Nordsee und den nordatlantischen Ocean stürzenden Felsenbäche und die nach Süden strömenden Flüsse, den Drammen und Glommen, aus dem Oresund See in das Skagerrack fallend, so wie den Götha Elv aus dem Wenern See in das Kattegat.

§. 56. Stromsysteme des Aermelsundes und des biscaischen Meeres. — Dem Meergebiet des englischen Kanals wendet sich nur das Stromsystem der Seine zu, dem Rheingebiet zunächst westlich, von ihrer

Quelle, 11 d. M. südw. der Maasquelle, nach bleibender nordwestlicher Hauptrichtung, östlich der Halbinsel Cotantin mündend, mit der Aube, Marne, Oise mit Aisne rechts, und mit der Yonne mit Eure links; und östlich als Küstenfluß die Somme, westlich die Orne in gleicher Hauptrichtung. — Dann zum Meergebiet des Golfs von Gascogne wenden sich zwei große und ein kleines Stromsystem mit dazwischen vorkommenden Küstenflüssen, sämmtlich in nordwestlicher Hauptrichtung. Das Gebiet der Loire, dem Seine-Gebiet südwestlich, mit seinem Quellbezirk dem mittelländischen Meere zugerichtet, 20 d. M. vom Golf von Lion, mit wechselnder Richtung des Stromlaufes nach N., NW. und W., mündend nördl. der Insel Noir moutier, mit den Nebenflüssen, die Mayenne und Sarthe rechts, der Allier und Cher, die Vienne und Sevre links. — Weiter südwestlich das Gebiet der Garonne, die von ihrer Quelle auf der Gränze der hesperischen Halbinsel, gerade in der Mitte zwischen dem atlantischen und mittelländischen Meere, nach wechselnd ablenkender nordwestlicher Hauptrichtung, durch die Dordogne rechts verstärkt, mit dem neuen Namen Gironde südlich der Insel Oleron einmündet. Und das kleine Gebiet des Adour in dem äußersten Westen des europäischen Kontinentaldreiecks, in nordwestlicher Richtung rechts die Midouze, links die vielen Gaven, Gave de Pau, aufnehmend. Und zwischen diesen drei Wassergebieten erscheinen als größere Küstenflüsse die Vilaine, nördlich der Loire, die Halbinsel Bretagne abschließend, nördlich der Garonne die Charente, vor der Insel Oleron mündend, und nach der Eure, zwischen Garonne und Adour, südlich dem letzterm, das merkwürdige Gränzflüßchen Bidassoa. — Und hinzuzufügen sind hier noch die Flüsse, welche von den im atlantischen Meere selbst gelegenen britischen Inseln demselben zuströmen: zur Nordsee aus England die Themse und der Trent, beide mit östlichem Lauf; aus Schottland der Forth und die Tay, in die Forth Bai mündend; zur irischen See aus Schottland der Clyde zum Nordkanal, aus England die Severne, aus nordöstlichem in südlichen Lauf übergehend, zum Bristolkanal, und auf Ireland der Schannon, im nordwestlichen Theil entspringend, durch südlichen

Lauf die Insel fast gleich theilend, durch die Galway Bai unmittelbar in den Ocean, dagegen die Barrow südöstlich in den St. Georgs Kanal. Und hierzu kommen die vielen Seen in Schottland, Loch genannt, Loch Tay, Lochmond, Lochby; und so in Irland die Lough: Lough Neagh, L. Earne.

§. 57. **Die strömenden Gewässer der hesperischen Halbinsel.** — Einen Uebergang vom atlantischen Ocean zum mittelländischen Meer bilden die Gewässer der hesperischen Halbinsel, bei der Größe und Zurundung derselben viel bedeutender anwachsend, als etwa in Skandinavien, mit vorherrschender westlicher Hauptrichtung, denn $\frac{2}{3}$ des ganzen Flächenraums sendet seine Gewässer in fünf Strömen zum atlantischen Ocean, nur $\frac{1}{3}$ mit nur einem Hauptstrom zum Mittelmeer: der Minho, der nördlichste der atlantischen Ströme in Spanien, zugleich der kleinste, von der westlichen Hauptrichtung der übrigen nach SW. abweichend; der Duero, aus dem Innern der Halbinsel, mit der Quelle von der Mündung der Bidassoa 25 M. entfernt, mit wechselndem südwestlichem Lauf, mit dem Tamega rechts, dem Tormes links; der Tajo, mit der Quelle südöstlich von der Ducroquelle, mit westlichem nach NO. ablenkendem Lauf, mit Henares und Manzanares rechts, Zatos links, südlich beim Kap la Roca mündend; die Guadiana, im SSW. der Tajoquelle aus Sumpfflächen entspringend, nach nordwestlichem Lauf unter der Erde verschwindend, dann aus einem Teiche, Ojos de Guadiana (Guadiana-Augen) wieder hervortretend, nun nach SW. weiter zum Meere fließend, mit einem Wasserfall Salto de Lobos beim Uebergang aus dem Mittel- zum Unterlauf, mündend östlich vom Kap St. Vicente; der Guadalquivir, von der Quelle südlich der Guadianaquelle, in westlichem schwach nach SW. abgelenktem Lauf, am Unterlauf in drei Arme gespalten, die beiden Inseln Isla Major und Isla Menor bildend, mit dem Guadalimar rechts, dem Xenil links. Und hinzuzufügen sind hier die Küstenflüsse: die kurzen, höchstens 10 M. langen Küstenflüsse des biskaischen Meers, die Pravia und Navia, und die atlantischen: der Tambre, der Lima, Mondego und Sado, und der Guadalete in der Bucht von Cadix. Der

Ebro, das einzige zum Mittelmeere östlich gerichtete Stromsystem bildend, hat seine Quelle nahe der Quelle der Pisuerga, eines Ducro-Nebenflusses, in der Nähe des biskaischen Meeres, und behält die südöstliche Hauptrichtung, mit dem Xalon rechts, dem Segre links, bis zur Mündung im Golf von Valencia, der Insel Mallorca schräg gegenüber. Zwischen der Gibraltarstraße und der Ebromündung erscheinen als Küstenflüsse: der Almanzor, die Segura und der Xucar, nördlich der Ebromündung der Lobregat und Ter.

§. 58. Stromsysteme im Gebiete des Mittelmeeres. — Stromsystem der Rhone und die Küstenflüsse der italischen Halbinsel. — Aus der Mitte des europäischen Kontinental-Dreieckes, von der den Welttheil nordöstl. durchziehenden Wasserscheide zwischen dem Mittelmeer und dem atlantischen Ocean herabströmen sechs Flüsse nach dem Mittelmeere, einer unmittelbar in dasselbe, einer in das adriatische, und vier in das schwarze Meer, während die beiden Halbinseln Italien und Griechenland nur Küstenflüsse in die sie umgebenden Glieder dieses Meeres hinabfließen lassen. Die Rhone mit ihrer Quelle, der Rheinquelle um 4 d. M. benachbart, nach südwestlichem Anfangslauf durch den Genfer See nordwestlich strömend, dann nach südwestlicher Fortsetzung ganz in südl. Richtung übergehend und an dieser Stelle von Norden her die Saone mit dem Doubs (l.) als größten Hauptfluß auf der rechten Seite aufnehmend, dann weiterhin auf der linken die Isere und Durance, mündet mit mehrarmigem Delta in den Golf von Lion, unter andern die Insel Carmague einschließend; und mit ihrem Gebiet im W. an das der Garonne, Loire und Seine grenzend, im N. an das Rheingebiet, hat sie noch westlich zur Seite die Küstenflüsse Herault und Aude, in den Busen von Lion, und östlich den merkwürdigen Gränzfluß Var, zum Golf von Genua fließend. Und nun fließen östlicher von der langgestreckten italischen Halbinsel als Küstenflüsse mit kurzem Lauf zum tyrrhenischen Meere: der Arno, der Ombrone, die Marta aus dem See von Bolsena; und am bedeutendsten die Tiber von N. nach S. mit der Chiana rechts, der Nera und dem Teverone links; dann der Garigliano zum Golf von Neapel, und der Volturno eben dahin. Zum jonischen Meer der Agri und Brandano, beide in den Golf von Taranto, und zum adriatischen der Ofanto in den Golf von Manfredonia, und der Sangro und Pescara, beide westlich von Monte Gargano mündend. Und hierzu denke man sich zuletzt die geringen Flüsse der Inseln im westlichen Mittelmeere: die Giaretta aus Sicilien östlich fließend, der Fiumendoso aus Sardinien östlich, der Golo aus Corsica östlich.

§. 59. Das Stromgebiet des Po und die Küstenflüsse im Gebiet des adriatischen Meeres außerhalb der italischen Halbinsel. — Zum adriatischen Meere, östlich, richtet sein Gebiet der Po, mit seiner Quelle der Durance-Quelle benachbart, westlich an das Rhone-, nördlich an das Rheingebiet gränzend, und nach gleichbleibender östlicher Hauptrichtung seines langen Laufes geht er durch ein geräumiges sumpfiges Delta, die Lagunen, mit mehreren Mündungsarmen, unter denen der nördlichste als Po Maestro hervortritt, in das adriatische Meer. Bei ausgezeichnetem Reichthum von Nebenflüssen strömen die der rechten Seite alle von S nach N., der Tanaro mit der Stura, die Trebbia, der Taro, die Secchia, der Panaro und Reno, dieser schon ins Delta gehend. — Und auf der linken Seite strömen, außer dem westlichsten, Dora Ripera, alle von N. nach S., meistens durch große Seen fließend: die Dora Baltea und Sesia; der Tessin durch den Lago Maggiore, die Adda durch den Comer See, der Oglio durch den Iseo See, der Mincio als Abfluß des Garda Sees; und an sie schließt sich östlicher die große Etsch, in der Nähe des Rhein-Quellbezirks entspringend, erst südlich strömend, die Eisach linkerseits aufnehmend, dann gleichlaufend mit dem Po und bei eigener Mündung, nördlich vom Po Maestro, doch durch mehrere Flußarme mit dem Stromsystem des Po verbunden. Hierzu gesellen sich zuletzt die Küstenflüsse, nordöstlich von der Etschmündung zur Triester Bucht fließend: die Brenta, Piave, der Tagliamento, der Isonzo. — Und von Osten her in das adriatische Meer fließen aus der griechischen Halbinsel spärlich mit kurzem Lauf: die Cettina, die Bojana durch den See von

Scutari, der Drino aus dem See von Ochrida, die Polina nördlich vom Kap Linguetta. Eben so gering sind die Küstenflüsse der griechischen Halbinsel, in das jonische Meer fließend: der Aspro in den Golf von Patras, die Rufia aus Morea; und endlich eben so gering sind alle die Küstenflüsse, welche das ägeische Meer theils von der griechischen Halbinsel, theils von der Halbinsel Kleinasien empfängt, von dort die Salambria durch den Busen von Salonichi, und die Marizza als den größten; und von hier der Sarabat, in den Golf von Smyrna mündend, und der Minder (Mäander), beide westlich fließend.

§. 60. Das Stromsystem der Donau, und die Stromsysteme des Dniester, Dnieper und Don. — Als größter Strom in Westeuropa erscheint die Donau, mit ihrem nördlich vom Bodensee gelegenem Quellbezirk weit in das Rheingebiet eindringend, dort aus zwei Stromflüssen Brigach und Brege zusammenfließend. Nach ihrem langen, mit der Erstreckung des mittelländischen Meeres parallelem Laufe, der von der östlichen Hauptrichtung nördlich und südlich abweicht, wobei der Uebergang aus dem Ober- zum Mittel- und von diesem zum Unterlauf durch Stromschnellen bezeichnet ist, so wie im Oberlauf sich Inseln bilden, Schütt u. a., wobei ferner das Donaugebiet südlich mit dem Gebiete der griechischen Küstenflüsse mit dem Etsch- und Pogebiet, westlich mit dem Rheingebiet, nördlich mit den Gebieten der Elbe, Oder und Weichsel zusammengränzt, — so mündet sich die Donau, im reinen Osten ihres Quellbezirks an der Nordwestküste des schwarzen Meeres, ein weites Delta bildend, mit fünf Hauptmündungsarmen, der nördlichste und vornehmste die Kilia, und mit vielen Strandseen. Und die große Fülle und Menge ihrer Nebenflüsse ordnet sich so: rechter Seits gehörem dem Oberlauf sechs, der Iller, der Lech, die Isar, der Inn mit der Salza, die Traun und die Ens, alle mehr oder minder nordwärts fließend; zum Mittellauf kommen hier die Leitha, Raab, Sarwitz, die Drau, Sau und Morawa; der Unterlauf hat hier nur die Isker. Und linker Seits im Oberlauf: die Wernitz, Altmühl, Raab und der Regen; im Mittellauf: die March, Waag, Gran,

Theiß und Temes; im Unterlauf: die Aluta, der Sireth und der Pruth. — Hervortretend aber sind: der Lech, südöstlich vom Bodensee herkommend, die Isar durch ihre Zuflüsse, Loisach und Ammer, mit vier Seen, dem Kochel-, dem Ammer-, Staffel- und Würm-See in Verbindung stehend. Der Inn, am bedeutendsten im Oberlauf, mit seiner Quelle den Quellen des Hinterrheins und der Adda und Etsch im Pogebiet benachbart, ohne bedeutende Nebenflüsse linkerseits, etwa die Mangfall aus dem Tegern See, dagegen rechterseits, außer der Alz aus dem Chiem See; die bedeutende Salza mit der Saale. Die Drau, zwischen den Quellen der Salza und Piave entspringend, in östlicher Hauptrichtung, südlich vorbei an den Gebieten der Donau-Nebenflüsse oberen Laufes, dem Unterlauf zuströmend, linkerseits verstärkt durch die Möll, Gurk und Mur. Die Sau, in der Nähe der Isonzoquelle entspringend, in gleichem Lauf mit der Drau, durch die Kulpa und Bosna rechterseits verstärkt; sie und die Drau die größten Nebenflüsse im Mittellauf. Und linkerseits hervortretend sind: die Altmühl, ziemlich tief aus dem Rheingebiet von den Quellen der Regnitz und Tauber herfließend; die Naab, von dem merkwürdigen Punkt herkommend, wo die Gebiete der Elbe und Weser und des Rheins zusammenstoßen, welche Stromnäherungsgegend für die Gewässer der Nordsee und des schwarzen Meeres gerade in der Mitte von Westeuropa, von der Spitze des europäischen Kontinentaldreiecks und von der Westküste des schwarzen Meeres gleich weit, gleich weit auch von der Hamburger und von der Triester Bucht entfernt liegt, — von hier aus drei Quellflüssen zusammenströmend geht die Naab, rechts mit der Vils verstärkt, südlich zur Donau. Die March, bei dem Zusammenstoßen des Oder- und Elbgebiets entspringend, mit südlichem Lauf, durch die Thaya mit der Schwarza rechts verstärkt. Die Waag, von der Gränze des Weichselgebietes erst westlich, dann südlich herbeiströmend. Die Theiß, überhaupt der größte Nebenfluß der Donau, mit der Quelle außerhalb der Gränzen mit den Gebieten der nordwärts fließenden Gewässer, aus westlichem in südlichen Lauf übergehend; der Pruth, östlich von der Theißquelle entspringend, aus entgegengesetztem östlichen in gleichen südlichen Lauf übergehend. — Nun folgen noch östlich zum schwarzen Meere gerichtet: das Gebiet des Dniester, westlich an das Donau-, nordwestlich an das Weichselgebiet gränzend, bei der Quelle des San, eines Weichselnebenflusses, entspringend, in südöstlicher Hauptrichtung durch eine längliche Seebucht, den Liman des Dniester, mündend. Das Gebiet des Dnieper, nächst dem der Donau das mächtigste in der Westregion, von den Gebieten des Dniester, der Weichsel, Düna und des Niemen umgränzt, in der Nachbarschaft der Dünaquelle entspringend, in südlichem, oft wechselndem Lauf, mit Stromschnellen aus dem Mittellauf in den Unterlauf übergehend, durch die Berezina und den Bog rechterseits verstärkt, zu seinem eigenen Liman; das Gebiet des Don, östlich schon an die Gewässer des caspischen Meeres gränzend, in südlicher Hauptrichtung zum asowschen Meere fließend, mit dem Donez rechts, dem Woronesch links. Und zu allen diesen sind endlich zu denken: die auf der Ost- und Südseite dem schwarzen Meere zuströmenden Wasser: der Kuban, von seiner Quelle zwischen dem schwarzen und dem caspischen Meer westlich fließend, durch ein mehrarmiges Mündungs-Delta theils unmittelbar in das schwarze Meer, theils in das asowsche Meer sich mündend; und in gleicher Richtung der Rion oder Phasis und der Batumi oder Tscharek zur südöstlichen Ecke des schwarzen Meeres fließend. Ferner aus der Halbinsel Kleinasien der Kasalmack, Kisil Irmak und Sakarja. — Zuletzt zum östlichen Gebiet des Mittelmeeres fließt, als bedeutendster Strom, der Orontes, südwärts vom Golf von Scanderum mündend. Und von der Nähe seiner Quelle geht dort der Jordan, unfern der Ostküste des Mittelmeers, zum todten Meere.

§. 61. Wassersysteme des caspischen Meeres und der innern asiatischen Seen. — Nach dieser Uebersicht aller Stromgebiete, welche auf der europäisch-asiatischen Kontinenthalbe dem atlantischen Ocean angehören, zeigen sich nun zunächst, wenn man vom Ostrande des mittelländischen und schwarzen Meeres weiter nach Osten geht, die rein kontinentalen Wassersysteme des caspischen Meeres, des Aral Sees u. a. — Bedeutende Ströme fließen zur Nord- und Westseite der caspischen See: der Ural, südlich fließend, und seinem Unterlauf westlich der Doppelfluß Gr. und Kl. Usen mit gleicher Richtung als Steppenfluß sich verlierend. Die Wolga ist, obgleich nur einem Landsee zufließend, der größte Strom nach allen bisher genannten Strömen der europäisch-asiatischen Kontinenthalbe. Ihre Quelle liegt in ihrem aus Seen bestehendem Quellbezirk (Dolgoe See, Seliger See) nahe bei der Dünaquelle, 40 d. M. von der Kronstädter Bucht des finnischen Golfs entfernt, dagegen über 200 d. M. vom caspischen Meer. Von ihrer Hauptrichtung nach SO. macht sie bedeutende Abweichungen: nach kurzem südöstlichen Oberlauf geht sie im Mittellauf aus NO. über in OSO. und endlich nach S. mit vielen Krümmungen. Der südöstliche Unterlauf, von der Wendung des Don nach dem asowschen Meere hin beginnend, zersplittert sich in unzählige Arme, die sich gegen die Mündung hin zu einem Delta erweitern. — Unter der großen Reihe ihrer bedeutenden Nebenflüsse treten hervor, rechter Seits: die Oka, von dem Zusammenstoßen des Dnieper- und Don-Gebietes nördlich und nordöstlich fließend, unter eigenen vielen Zuflüssen die Moskwa rechts aufnehmend, linkerseits die Kama, als ihren größten Nebenfluß, auch die kleine Wolga genannt, von N. her fließend mit der Wiätka rechts, der Ufa links. Dann südlich, nach dem östlich fließenden Kuma, nach dem gleichgerichteten Terek mit geräumigem Mündungs-Delta, geht der Kur, vom Südostwinkel des schwarzen Meeres herkommend, aus nordöstlichem in südöstlichen Lauf übergehend und im Unterlauf den Aras (Araxes) aufnehmend, ebenfalls durch ein Delta in den südlichsten Theil der Westküste des caspischen Meers. — Und östlich vom caspischen Meer sieht man die rein asiatischen Gebiete im Orient; zum Aral See fließen zwei mächtige Ströme aus dem innersten Asien, der Gihon nordwestlich mit seinem Mündungsdelta im südlichen Theil des Aral; der Sihon, nach nordwestlichem Lauf zweiarmig in die Ostseite des Aralsees fallend. So fließt weiter östlich in den Tele Gul der Sara Su (Wüsten-Strom), in den Kaban Koulak der Tschui aus dem Tomurtu See, in dessen Nähe das Gebiet verschwindender und wieder hervortretender unentwickelter Flüsse; dann zum Lop Noor der Tarim, zum Khadjeh See der Hilmend, und noch andere unbedeutende zu anderen Seen.

§. 62. Die Ströme des Orients im Gebiete des indischen Meeres. — Aus der Nähe der Kur- und Arasquelle, nördlich vom Wan See her strömt westlich, südlich, südöstlich der Euphrat zu seinem Mündungsdelta an der Nordseite des persischen Meerbusens, und hier vereinigt sich mit ihm der mit seinem Unterlauf gleichfließende Tigris, wodurch der Shat-el-Arab entsteht. — Völlig flußlos ist die arabische Halbinsel. — Aber zum persisch-arabischen Meere strömt von seiner Quelle tief im Innern des Festlandes her erst nordwestlich, dann in gegen Westen gekrümmtem Bogen, dann südwestlich der Indus zu seinem Delta, rechts im Oberlaufe den Kabul, links im Mittellaufe vier Ströme aufnehmend, am östlichsten den Setledj, wodurch das dreieckige Pandjab, Fünfstromland, entsteht; und kommen weiterhin die Nerbuddah mit westlichem Lauf in den Golf von Cambay mündend, und südlicher in gleicher Richtung der Tapty. Dann aber zum Bengal. Meerbusen, nach den östlich laufenden Flüssen der vorderindischen Halbinsel, dem Kistnah und Godavery, kommt der gewaltige Ganges, eines der größten Stromsysteme der Erde bildend. Bei seinem der Indusquelle benachbarten Quellbezirk aus zwei Quellarmen zusammenfließend, geht er mit südöstlicher Hauptrichtung bis zu seinem am äußersten Nordrande des bengalischen Golfs liegenden, in zahllose Stromarme zersplitterten Delta, dem größten der Erde. Und zu diesem Delta strömt der Brahmaputra, von NO. aus unbekannter Ferne herfließend, den östlichsten Arm des Delta bildend. Und östlicher strömt in den Golf von Martaban des Bengalbusens der Irawaddi, wahrscheinlich aus dem Innern des Kontinents kommend und nach östlichem und südlichem Lauf ein großes Delta bildend, welchem auch der Strom von Pegu, ein kurzer Küstenfluß, mit angehört. Dann kommen noch mit südlichem Lauf der Saluaen, östlich vom Irawaddi-Delta mündend, und der Tanasserim, in die Gewässer des Mergui Archipels sich ergießend. Endlich zum südchinesischen Meere strömen südlich der Menam in den Golf von Siam, der Don-Nai in den Golf von Tonkin, beide mit Deltamündungen, so daß sich auf der indo-chinesischen Halbinsel, zum Unterschied von andern Halbinseln, sechs bedeutende Stromsysteme ausbilden.

§. 63. Die asiatischen Wassersysteme im Gebiet des großen Oceans, und die des nördlichen Eismeers aus der europäisch-asiatischen Kontinenthalbe. — Abweichend von den südlichen zum indischen Meere strömenden Gewässern, wenden sich die dem stillen Ocean angehörigen Stromgebiete nach Osten. — Der Yang-tse-kiang (Sohn des Meeres), aus dem innersten Asien von der Nähe des Tengri Noor (Himmels See) herkommend, in östlicher Hauptrichtung vielfach ablenkend, seinen Namen wechselnd (erst im Mündungsgebiet so genannt), mit einer großen Reihe bedeutender Nebenflüsse, im Unterlauf mit den Seen Tongting und Phoyan in Verbindung stehend, mündet er im Toung Hai, nördlich der Straße Fokien. Und folgt der Hoang-ho (gelber Fluß), in der Nähe des Jantshekiang südwestlich vom Khukhu Noor entstehend, mit gleichem östlichem ablenkendem Lauf, nördlich dem Jantshekiang in das ostchinesische Meer mündend, wobei sich die Mündungen dieser beiden Riesenströme durch Stromarme verbinden, und wie Shat-el-Arab und Ganges-Brahmaputra ein großes Delta-Gebiet nordwärts bis zu den Gestaden der Tschili Bucht ausbreiten. Und dann weiterhin, nach dem Schara Muren, der südöstlich in die Bucht von Liao-toung des gelben Meeres fließt, folgt der große Amur. Von seiner Quellgegend her, nordöstlich der des Hoangho, aus zwei Stammflüssen zusammenströmend, in südöstlichem und nordöstlichem Lauf rechts seinen größten Nebenfluß, den Sungari, aufnehmend, ergießt er sich, dem Nordende von Tarrakai gegenüber in das ochozkische Meer. Zuletzt strömt der Anadyr im äußersten Nordosten zum Anadyr Golf des Behrings Meeres. Endlich nach dem nördlichen Eismeere hin richten sich aus Asien sechs Stromgebiete: der Kolüma, in den Kolümabusen sich ergießend, die Indigirka und die Jana zu Golfen gleiches Namens; die Lena, einer der größten Ströme dieses Meergebietes, nordöstlich

östlich und nördlich strömend, mit einem großen Delta westlich der Borghai Bucht mündend; der Jenißei, von seinem Quellbezirk, westlich der Amurquelle, erst westlich, dann nördlich strömend, zum jenißeiskischen Meerbusen, mit der Angara, die den Baikal See durchströmt, rechts; der Ob, in seinem Quellbezirk, westlich dem des Jenißei, aus zwei Stammflüssen zusammenströmend, mit wechselndem westlichen und nördlichen Lauf, mit dem beträchtlichen Irtisch rechts, dem Tobol links, in den obischen Busen mündend. — Dann folgen nach dem kleinen, aber bemerkenswerthen Flüßchen Kar, auf der Gränze der beiden Welttheile, noch vier dem nördlichen Eismeer zugewandte Stromgebiete in Europa: die Petschora, in das karische Meer, der Mesen in das weiße Meer fließend. Am größten ist hier die Dwina, aus zwei Stammflüssen vereinigt, nördlich zum weißen Meere strömend, und eben dahin in die Onega Bucht der Onega, wobei diese vier Stromgebiete südlich an das Wassersystem der Wolga, und das Onega-Gebiet an das Gebiet der finnischen Seen, gränzen.

§. 64. Länge der Ströme und Flächeninhalt ihrer Gebiete. — Mit der bisher gegebenen umfassenden Uebersicht aller Stromgebiete der alten Welt, vereinige man eine vergleichende Ansicht von der Länge der Ströme und von dem Flächeninhalt ihres Gebietes; aus beidem, aus der Entwickelung des Flusses zu Wendungen und Krümmen (Serpentinen) und aus der Gesammtheit der in ihn mündenden Rinnsale nach Längen- und Breitenerstreckung, ergiebt sich der belebende Einfluß des Stromes auf die Landfläche seines Gebietes. In welchem Verhältniß hierin die Ströme zu einander stehen, sehe man auf folgender Tafel.

Hydrographische Tafel der alten Welt.

Ströme.	Direkter Abstand der Quelle von der Mündung in deut. Meilen.	Größe der Stromentwickelung in d. Meilen.	Größe der Stromkrümmungen in d. Meilen.	Die Krümmungen machen von dem direkten Abstande aus, Zehntheile des letztern:	Flächenraum des Stromgebiets in deut. Geviert-meilen.
Westeuropa, die atlantischen Stromsysteme.					
Garonne	50	80	30	0,6	1440
Loire	80	130	50	0,6	2380
Seine	55	85	30	0,54	1240
Rhein	90	150	60	0,66	4030
Weser (Werra-Quelle)	50	70	20	0,37	875
Elbe	80	155	75	0,93	2800
Oder	70	120	50	0,7	2100
Westeuropa, die mediterraneischen Stromsysteme.					
Rhone	60	100	40	0,66	1760
Po-Etsch	58	88	30	0,50	1800
Donau	220	380	160	0,73	14400
Osteuropa, die atlantischen und arktischen Gebiete.					
Weichsel	70	130	60	0,86	3580
Pregel (Mauer-See)	15	25	10	0,7	370
Niemen	60	115	55	0,9	2020
Düna	70	140	70	1,0	1350
Dwina (Suchona-Quelle)	70	160	90	1,3	5900
Petschora	90	150	60	0,66	3050
Osteuropa, die euxinischen Stromsysteme.					
Dniestr	90	110	20	0,22	1440
Dniepr	140	240	100	0,70	8530
Don	105	195	90	0,85	7960
Das Hauptstromsystem des Caspy-Sees.					
Wolga	210	430	220	1,05	30100

Ströme.	Direkter Abstand der Quelle von der Mündung in deut. Meilen.	Größe der Stromentwickelung in d. Meilen.	Größe der Stromkrümmungen in d. Meilen.	Die Krümmungen machen von dem direkten Abstande aus, Zehntheile des letztern:	Flächenraum des Stromgebiets in deut. Geviertmeilen.
Südeuropa, die strömenden Wasser der hesperischen Halbinsel.					
Minho	25	35	10	0,40	740
Duero	65	100	35	0,53	1640
Tajo	90	120	30	0,33	1360
Guadiana	60	105	45	0,75	1210
Guadalquibir	45	65	20	0,44	940
Ebro	65	80	15	0,23	1220
Asia, die Wassersysteme der inner-asiatischen Seen.					
Gihon	170	230	60	0,35	8000
Sihon	170	210	40	0,23	5000
Tarim (Khaschghar-Q.)	170	190	20	0,11	10000
Asia, die zehn Haupt-Wassersysteme.					
Euphrat	150	300	150	1,0	11200
Indus	200	340	140	0,7	18900
Ganges	200	290	90	0,45	20400
Irawaddi *)	280	460	180	0,64	12100
Yang-tse-Kiang . .	390	650	260	0,66	34200
Hoang-ho	280	570	290	1,04	33600
Amur (Schilka-Quelle)	290	430	140	0,50	38300
Lena	300	440	140	0,46	36600
Jenißei	330	410	80	0,24	47000
Obi	260	460	200	0,77	63800
Afrika.					
Nil (Bahr-el-Azrek) .	330	560	230	0,70	32600

*) Unter Voraussetzung, daß der Yaru-zzang-bo-tsiu der Oberlauf des Irawaddi sei.

Tafel der vorzüglichsten Nebenflüsse in einigen europäischen Stromsystemen.

Name des Flusses.	Länge.	Areal.	Name des Flusses.	Länge.	Areal.
Oder-Gebiet.			Rhein-Gebiet.		
Bartsch . . .	22	55	Aar	39	410
Warthe . . .	105	831	Neckar . . .	46	193
Netze . . .	45	253	Main	56	570
Glatzer Neiße .	30	95	Regnitz . .	28	160
Bober	34	119	Mosel	66	509
Lausitzer Neiße .	30	92	Saar . . .	29	140
			Maas	88	865
Elbe-Gebiet.			Schelde . . .	54	432
Havel	45	480	Donau-Gebiet.		
Spree . . .	48	172	Lech	38	102
Moldau . . .	47	586	Isar	47	171
Eger	35	124	Inn	67	857
Saale	46	393	Salza . . .	42	106
			Drau	80	650
Weser-Gebiet.			Mur . . .	60	229
Aller	25	316	Sau	93	900
Leine . . .	27	142	Raab	23	136
Ems-Gebiet .	43	243	March	47	160

§. 65. **Von der Verbindung entgegengesetzter Stromsysteme in der alten Welt.** — Da die Stromsysteme entgegengesetzter Meerbecken in ihren Quellbezirken oft nahe zusammentreten und hier auch oft tiefe Einsenkungen zwischen sich haben, Tragplätze genannt, so benutzt man diese letzteren zur Bewerkstelligung künstlicher Wassercommunication zwischen verschiedenen Strom- und Meergebieten durch Anlage der Kanäle und Schiffsgräben. Die meisten derselben hat Europa, theils entgegengesetzte Meerbecken, theils entgegengesetzte Stromgebiete verbindend, wie sie folgendes Verzeichniß vollständig aufführt.

In Westeuropa, die meerverbindenden Kanäle.

1) Zwischen dem biscaischen Meere und dem Golf von Lion der **Kanal von Languedoc**, von der Garonne zur Aude.

2) Zwischen dem biscaischen Meer und dem Aermelsund der Kanal von Orleans und der Kan. des Loing, von der Loire nach der Seine.

3) Zwischen dem biscaischen Meer und dem Golf von Lion der Kan. des Centrums, von der Loire zur Saone.

4) Zwischen dem Aermelsund und dem Golf von Lion der Kan. von Burgund, von der Armençon nach der Saone.

5) Zwischen der Nordsee und dem Golf von Lion der Kanal vom Rhone zum Rhein längs dem Thale des Doubs-Flusses.

6) Zwischen der Nordsee und dem Aermelsund der Kan. von St. Quentin, von der Schelde zur Oise.

7) Der holsteinische Kanal, am Südrande der jütischen Halbinsel, welcher die Ostsee vermittelst des Eiderflusses mit der Nordsee verbindet.

8) Stecknitz Kanal, zwischen der untern Elbe (Nordsee) und der mecklenburger Bucht (Ostsee).

9) Zwischen Elbe und Oder: der Finow Kanal aus der Havel längs dem Finow zur Oder, und der müllroser Kanal aus der Spree zur Oder. Der plauer Kanal verbindet die Havel auf kürzerm Wege mit der Elbe.

In Westeuropa, die stromverbindenden Kanäle.

Zwischen Oder und Weichsel: der bromberger Kan., verbindet die Netze mit der Brahe.

In Osteuropa, die meerverbindenden Kanäle.

1) Zwischen der Ostsee und dem schwarzen Meer:

a) der Pina Graben oder Königs Kan., zwischen Weichsel und Dniepr, von der Muchawiza zum Pripiät.

b) der Oginsky Kanal, zwischen Niemen und Dniepr, von der Schtschara zur Jasiolda des Pripiät.

c) Der berezinskische Kan., zwischen Düna und Dniepr, vom Ula zur Berezina.

2) Zwischen dem baltischen Meer und dem Caspi See:

a) Der Kan. von Wischnei-Wolotschok, zwischen dem finnischen Seegebiet und der Wolga, von der Msta zur Twerza.

b) Ein Kanal zwischen denselben Gebieten von der Tichwina (Sjas) zur Tschagodoschtscha (Molaga).

c) Ein Kanal zwischen denselben Gebieten vom Onega See zur Kowscha und dem weißen See.

3) Zwischen dem nördlichen Eismeer und dem Caspi See:

a) Der kubinskische Kanal, zwischen Dwina und Wolga, vom kubinskischen See zum Bielo Osero. Durch diesen Kanal ist auch eine Verbindung des arktischen Polarmeeres mit dem baltischen Meere bewirkt.

b) Der Katharinen Kanal zwischen denselben Gebieten, von der Wytschegda durch die nördliche Keltma zur Kama vermittelst der südlichen Keltma.

4) Zwischen dem schwarzen Meer und dem caspischen See: der Graben von Jepifan zwischen dem Don- und dem Wolga-Gebiet, von dem Don selbst unweit seiner Quelle vermittelst des Shat zur Upa und Oka.

In Osteuropa, stromverbindende Kanäle und zwar im Gebiete der Ostsee.

1) Ein Kanal zwischen dem Pernaufluß und dem Werz See (Norowa).

2) Der Windau Kanal zur Verbindung der Windau mit dem Niemen.

3) Ein Kanal zwischen dem Niemen und der Weichsel.

4) Der Friedrichsgraben, zwischen dem Pregel und dem kurischen Haff.

Im Gebiete des Caspi Sees.

5) Ein Kanal zwischen der Moskwa und der Wolga.

In Nordeuropa, und zwar auf der skandinavischen Halbinsel ist der Götha Kanal, welcher im südlich. Theil die Ostsee mit dem Kattegat verbindet, vermittelst des Wener- und Wetter-Sees. — In Nordwesteuropa (den britischen Inseln) giebt es sehr viele Kanäle; so wird die Insel Großbritannien in ihrem nördlichen Theile (Schottland) vom caledonischen Kanal durchschnitten von der West- zur Ostküste; England durch den großen Verbindungs Kanal von der Themse bis zur irischen See; u. m. a.

In Asia ist die wichtigste Anlage dieser Art der große Kaiser Kanal, im untern Theil der Gebiete des Hoang-ho und des Yang tse Kiang, und mit allen ihren Flußgebieten verzweigt.

§. 66. Die Wassersysteme der neuen Welt. — Obgleich die beiden Kontinenthalben Amerikas an Größe dem Welttheil Asien bei weitem nachstehen, so kommen doch ihre Ströme den asiatischen, den größten der alten Welt, nicht nur gleich, sondern übertreffen sie auch. Folgenderweise sind sie zu übersehen.

In Nordamerika erscheint am nördlichsten das Gebiet der canadischen Seen. Der Hudsons Bai westlich ist eine Gegend mit großen und kleinen Seen angefüllt, entsprechend der Seenverbreitung um den finnischen Golf in Europa, und die größten von ihnen sind der Wälder-, Winnipeg-, Athapascow- und Sklaven-See. Alle mit Zuflüssen versehn, und alle durch Flußläufe unter einander in Verbindung stehend, senden sie Flüsse, einerseits gegen Osten, zur Hudsons Bai den Albany und den Severn Fluß, und nördlich in das arktische Meer strömen von ihnen der Mackenzie Strom, hier am bedeutendsten, nordwestlich fließend, und gerade nördlich der Kupferminen Fluß in den Georgs IV. Krönungs Sund. — Dann folgt das Gebiet der Lorenzo Seenkette: fünf Seen, im Süden der Hudsons Bai in östlicher Erstreckung eine zusammenhängende Kette bildend, der Ober See, der Huron, der Michigan, der Erie und der Ontario, einen Flächenraum von 4600 d. □M. einnehmend, nach dem caspischen Meere die größten der Erde, sind alle durch kurze Flußläufe, Seeengen verbunden, so daß sich zwischen dem Erie und Ontario der Niagara Fall, der größte Wasserfall der Erde, bildet, und haben einen Abfluß in den großen St. Lorenz Strom, welcher im nordöstlichen Lauf noch mehrere Seen durchströmend seine Wassermassen in den St. Lorenz Golf des atlantischen Meers ergießt. — Die Küstenströme zum atlantischen Ocean. Nun sieht man eine Menge Flüsse zwischen den Halbinseln Neu Schottland und Florida, in der Folge von N. nach S. zum atlantischen Meere strömend: der St. Johns, südlich zur Fundy Bai; der Connectikut, südlich zum Long Islands Sund; der Hudson, südl. zur Neuyork Bucht; der Delaware, südl. zur gleichnamigen Bai; der Susquehannah, südl. zur Chesapeake Bai; der Potomak und der James, östlich eben dahin; der Roanoke, östlich zum Albemarle Sund; der Savannah und Altamaha, südöstlich, und der Alabama, südlich zum Golf von Mexico.

Nun folgt das Stromsystem des Mississippi, welcher als einer der größten Ströme der Erde, von der Nähe des Ober Sees südwestlich und südöstlich strömend, in der Mitte seines Laufes rechts den noch größeren von NW. herfließenden Missouri aufnehmend, links mit dem rothen Fluß und dem Ohio bereichert, zum Golf von Mexico strömt. Weiterhin der Rio del Norte (Nordfluß), von der Nähe der Missouri-Quelle in südöstlicher Richtung zum Golf von Mexico fließend. Dagegen strömen: der Columbia südwestlich zum großen Ocean, südlich von Juan de Fucas Einfahrt mündend; und der Colorado, südwestlich zur nördlichen Spitze des Meerbusens von Californien.

In Südamerika erscheint nach den kleinern Flüssen, dem Rio Atrato, nördlich in die Meerenge von Darien, und dem Rio Magdalena, in gleicher Richtung zum Antillen Meer fließend, zunächst der Orinoco, wieder einer der größten Ströme der Erde; von dem Innern des nördlichen Theils von Südamerika aus beschreibt er einen großen Bogen um seine Quelle, doch in östlicher Hauptrichtung bleibend, und unter sehr vielen Nebenflüssen, links den Meta und Apura aufnehmend, strömt er durch ein großes Delta zum mittelatlantischen Ocean. Und nach mehreren Küstenflüssen, südöstlich vom Orinoco Delta, dem Essequebo, dem Demerary und Surinam, kommt nun das Wassersystem des Amazonen Stromes oder Marañon, das größte der Erde. Von der Nähe der Westküste dieser Kontinenthalbe, über 20° N.Br., läuft er erst mit dieser Küste gleich nordwestlich, dann aber in seine östliche Hauptrichtung übergehend, strömt er quer durch das Festland zum atlantischen Ocean, mit zwei Hauptmündungsarmen, der südliche Para, die Insel Jaanes umfassend; und unter den ungemein zahlreichen Nebenflüssen dieses Riesenstroms erscheint linkerseits am bedeutendsten der Rio Negro, durch den Cassiquiare mit dem Orinoco in Verbindung stehend; und rechterseits erscheinen der Paro, aus der Nähe des Titicaca Sees, der Madeira, der Xingu, unter vielen andern, alle nach N. strömend. Und noch kleineren Strömen, östlich vom Amazonen Strom, dem Paranahyba, St. Francisco und Paraiba, folgt nun wieder das Wassersystem des Rio de la Plata, Silber-Strom, das nächst größte nach dem Marañon-System.

Zwei große Hauptstammflüsse strömen zusammen, der Paraguay, vom Quellbezirk des Tapajoz, eines Amazonen Nebenflusses, in südlicher Hauptrichtung mit dem Rio Vermejo rechterseits zum atlantischen Ocean, mit breiter golfartiger Mündung; der Parana, von der Nähe der Quelle des St. Franzisco südwestlich strömend, und linkerseits auch noch den Rio Uruguay aufnehmend, heißt nun erst die breite Mündung Rio de la Plata. — Südlich des Silberstroms fließen noch der Rio Colorado südöstlich, und der Sicu Leuru östlich in den atlantischen Ocean. (Hier geht auch der Desaguadero nordwestlich zum Mündungssee Titicaca.)

Ueber die Strom-Entwicklung und den Gebietsraum der amerikanischen Wassersysteme unterrichte man sich durch folgende Tafel so wie durch das angehängte Verzeichniß, über die Verbindung der dortigen Stromsysteme.

Hydrographische Tafel der neuen Welt.

Ströme.	Direkter Abstand der Quelle von der Mündung in d. Meilen.	Größe der Stromentwikkelung in d. Meilen.	Größe der Stromkrümmungen in d. Meilen.	Die Krümmungen machen von dem direkten Abstande aus, Zehntheile des letztern:	Flächenraum des Stromgebiets in deut. Geviertmeilen.
Lorenzo Seenkette . .	250	460	210	0,84	62300
Mississippi (Missouri Q.)	320	730	410	1,28	53600
Orinoco	100	320	220	2,20	17500
Marañon	430	730	300	0,70	88400
La Plata (Paraguay Q.)	330	460	130	0,40	71700

Zwischen dem Lorenzo und den atlantischen Küstenströmen sind folgende Kanäle die wichtigsten:

1) Die Farmington-Hampshire und Hampden Kanalkette, geht vom St. Lorenz-Strom zum Connecticut, längs diesem nach dem Long-Island Sund, (unvollendet).
2) Der Champlaine Kanal vom Lorenz-Strom zum Hudson-Strom.

3) Der Erie Kanal verbindet den Erie See mit dem Hudson; ein Seitenzweig desselben ist der Oswego Kanal, welcher aus dem Erie Kanal in den Ontario See geht.

Zwischen dem Mississippi-System und den atlantischen Küstenströmen sind folgende die wichtigsten:

1) Der Pennsylvania Kanal zur Verbindung des Ohio mit dem Susquehanna, (unvollendet).
2) Der Chesapeake und Ohio Kanal wird den Ohio mit dem Potomac verbinden (unvollendet).
3) Ein Kanal zur Verbindung des Ohio mit dem Roanoke ist in Vorschlag.

Schlußbemerkung über die Wassersysteme des Kontinents von Australia.

Die Flüsse im Innern dieses Festlandes sind wenig bekannt. In Neu-Süd-Wales kennt man den Hawksbury, den Hastings, den Brisbane, alle zum großen Ocean fließend; den Macquarie und Lachlan gegen das Binnenland hin, vielleicht zu Mündungsseen. Aus Neu-Holland mündet der Schwan-Fluß in das indische Meer.

Siebenter Abschnitt.

Umrisse der Orographie und Länderkunde.

§. 67. **Afrika: Uebersicht, Hochafrika.** — Der Einförmigkeit in der wagerechten Ausdehnung Afrikas entsprechen auch die Höhen- und Tiefenverhältnisse dieses Erdtheils, indem auch in ihnen nur eine Vertheilung großer und glattlienig begränzter Massen erscheint. Ganz Südafrika mit einem bedeutendem Theile des nordwärts vom Gleicher gelegenen Abschnittes trägt den Charakter eines großen weiten Hochlandes, eines Gebirgsganzen, welches unter dem Namen Hochafrika als der erste abgeschlossene Theil der südwestlichen Kontinenthalbe der alten Welt zu betrachten ist. An den diesem Hochlande entquellenden, von ihm niederwandelnden Strömen hinab bilden sich die Uebergangsformen der afrikanischen Stufenländer, denen am Nordrande des Hochlandes ein langgestreckter Raum Flachland bis zum arabischen Golf hin vorgelagert ist, mit dem Namen Sudan oder Nigritien. Und von Hochafrika völlig gesondert erscheinen noch einmal, als über das Meer gehobene Landformen, im Nordwesten des Erdtheils das Plateau der Berberei, westlich der kleinen Syrte, und östlich der großen Syrte das Plateau von Barka. Und zwischen diesen beiden abgesonderten Hochländern und dem am Nordrande Hochafrikas vorgelagerten Sudan erscheint die dritte Form senkrechter Ausdehnung, das Tiefland von Afrika, von den atlantischen Küsten an fast den ganzen Norden des Erdtheils in östlicher Richtung durchziehend — die Sahara, d. h. die Wüste.

In der Gestalt eines Dreiecks, dessen Spitze das Südende dieses Welttheiles bildet, und dessen Grundlinie von dem Quellbezirk des Senegal bis zum Bahr-el-Azrek am rothen Meer östlich hinläuft, erscheint Hochafrika, jedoch so, daß an der Westseite der guineische Golf einen Theil der Triangelfläche abschneidet. Bei einer Länge seiner Grundlinie von etwa 750 d. M. und einer Höhe von etwa 650 d. M. hat dieses Dreieck einen Flächeninhalt von etwa 334000 □M., so daß es ohngefähr $\frac{3}{5}$ des ganzen Welttheils einnimmt. Von diesem ungeheueren Raume sind nur die Ränder und zwar auch nur sparsam bekannt, und werden, den vier Weltgegenden nach, folgenderweise beschrieben.

Am Südrande steigt das Hochland von Afrika aus den Fluthen des indischen Meers und des südatlantischen Oceans in drei übereinanderliegenden, durch gleichziehende Bergketten getrennten Terrassen empor. Zu unterst vom Meere aus erscheint als erste Terrasse das schmale Küstenland, östlich am engsten zulaufend, westlich breiter, durch eine südlich laufende Bergkette in eine westliche und östliche Küstenterrasse getheilt, an deren erste sich die Kapsche Halbinsel mit dem Vorgebirge der guten Hoffnung und mit dem Tafel Berge als Nordspitze anschließt, 3500 Fuß über dem Meere; und von dieser westlichen unfruchtbaren Küstenterrasse unterscheidet sich die östliche durch üppigen Ackerbau und Weideplätze und schöne Hochwaldungen. Ueber sie erhebt sich, durch die erste Bergkette geschieden, die zweite Terrasse, 15 bis 20 d. M. landeinwärts breit, 1000 □M. groß, eine geneigte Ebene, die Karroo, eine wasserarme Einöde, mit inselartigen Grasfluren, 3000 Fuß über dem Meere. Und wieder über die nördlich begränzende Bergkette, das Roggevelds Gebirge u. a., erhebt sich die Hochterrasse des Oranje Stroms, die sich als Scheitelfläche Hochafrikas, 5000 Fuß über dem Meere, nordwärts in unabsehbare innerafrikanische Fernen erstreckt, ein großes Weideland, durch die Karri Berge und Eisen Berge unterbrochen, südlich und nördlich vom Orange Strom. Die beiden ersten Terrassen umfassen, als Kapland, einen Flächenraum von 6500 □M.

In einer Länge von 750 d. M. bis zum Kap Guardafui hin zieht sich der wenig bekannte Ostrand von Hochafrika, von dem nur die erste oder Küstenterrasse, und auch nicht einmal vollständig, bekannt ist, von Süden aus mit dem Namen Natal, Sofala, Sena, Mosambique. Nur in dem mittlern Theil dieser Erstreckung hat man, den Zambeze-Fluß aufwärts steigend, eine zweite mittlere Terrasse gesehen, die vom Küstenlande durch das nordwestlich streichende Gebirge Beth, nördlicher Lupata, Rückgrat der Erde genannt, getrennt wird, und auf welcher man die bergigen Landschaften Macarangua, Matuca und Manica nennt, ein luftiges Plateau von vielleicht 8 bis 9000 Fuß über dem Meere. Und westlicher, über dem Fura Gebirge, in welchem der Zambeze durchbrechend die Katarakten von Chicaronga bildet, breitet sich am sanfteren Westabfall desselben die Hochterrasse von Chicowa aus, welche vermuthlich auf der Scheitelfläche Hochafrikas mit der Hochterrasse des Oranje-Stroms zusammenfließt, und an welche sich im Innern des Kontinents, wo die Wiege des Zambeze ist, noch andere Landschaften anschließen, nach SW. Abutua, nach NW. Mowiza und Cazembe, nach N. Mulua. — Nordwärts von dem Zambeze ist der Naturbau des Ostabfalls wieder unbekannt, und man hat bis Guardafui hin nur noch Kenntniß vom Küstenland, und unterscheidet auf demselben noch nördlich von Mosambique: Quiloa, Zanguebar, Melinde, Mombosa, Magadoxo und Ajan, mit vorgelagerten kleinen Inseln, und das Land Szomal, auf der westwärts zum Eingang des rothen Meers gerichteten Küstenterrasse.

Von dem Nordrande Hochafrikas sind nur die östliche und westliche Ecke genauer bekannt. Im Osten, zwischen der Straße von Bab-el-Mandeb und dem Quellbezirke des Bahr-el-Azrek liegt mit einem Flächenraum von 8000 □M. ein weitläuftiges Alpenland, Habesch, aus den Fluthen des arabischen Golfs schnell emporsteigend, als eine Anhäufung von Bergketten und Bergebenen, von Längenthälern durchzogen, von Querthälern durchbrochen. Von Arkiko in der Bucht von Massowa steigt man über den Bergzug der Taranta zur Vorterrasse Baharnagasch; von hier gegen S. gelangt man nach mehreren Tagereisen über eine neue Bergkette zur Tigre-Terrasse, die südwestwärts bis zum obern Takazze-Strom reicht; dann führt der Lamalmon Paß über das nördlich laufende Gebirge Sehmen, ein Riesengebirge der Erde, in die Ebenen von Gondar und Dembea, und in das Wiegenland des Nils, die Terrasse von Amhara, mit dem großen Alpensee Tsana in seiner Mitte, wo auf dem Hochgebirge Gojam der Nil entspringt, 9900 Fuß über dem Meere. Und weiter südwestwärts gelangt man über die hohen Alpenregionen von Shoa und Efat, gegen den Aequator hin immer aufsteigend zur Hochterrasse von Narea und Kaffa, die, außerhalb des habessinischen Alpenlandes gelegen, die Nordostecke des Tafellandes von Hochafrika zu bezeichnen scheint, wie Chicowa am Zambeze die Südostecke und die Hochterrasse des Oranje-Stroms das Südende. Diese Hochterrasse von Narea-Kaffa reicht vermuthlich an das Lupatagebirge und gegen W. an das Mondgebirge (Gebbel-al-Komri). Dieser Theil Hochafrikas heißt das äthiopische Hochland; das habessinische Alpenland aber fällt gegen O. steil ab zum schmalen dürren Küstensaum Sanchara und gegen N. zum Flachlande Afrikas in die sumpfige Waldregion der Kolla und Mazaga. — Weniger bekannt ist die Westecke des Nordrandes von Hochafrika. Man steigt 40 M. südlich vom Tschad See zu dem Berglande Mandara empor, entsprechend dem Aufsteigen aus der Kolla-Mazaga zum habessinischen Alpenlande. Südlich davon thürmt ein höheres Land, Adamowa, seine Berggipfel auf, entsprechend den nördlichen Gränzketten der Hochterrasse von Narea. Von diesem Adamowa und dem ihm westwärts benachbarten Bergland Jacoba neigt sich ein Glied des Nordrandes gegen NW. unter dem Namen Haussa, vielleicht eine Vorterrasse, entsprechend der Baharnagasch und Tigre im habessinischen Alpenlande. Hier scheint das Bergland Zeg-zeg die höchste Stelle zu sein, von wo mehrere Flüsse südwestlich zum Quorra, und nördlich zum Tschadsee laufen.

Wieder nur mangelhaft bekannt ist auch der Westrand von Hochafrika, wahrscheinlich schließt sich hier zuerst im N. an die äußersten Hochterrassen Adamowa und Jacoba das Hochland der Amboser an, welches im Hintergrunde der Biafra Bucht unmittelbar aus dem Meere in zackigen Felsgipfeln von 13000 Fuß Höhe und darüber emporsteigt. Südlicher davon wird in dem unbekannten Gebirgszusammenhang nur noch die Serra Complida, vollkommene Bergkette, genannt, bis man erst am Zaire-Strom und südwärts zum Coanzo hin den Westabfall des Tafellandes wieder deutlicher vor sich hat, und hier denselben Terassenbau erkennt, als im Kapland und am Zambeze-Strom. Man sieht eine flache Küstenterrasse, 15—20 M. breit, nordwestlich vom Zaire heißt sie Loango und Cacongo, Angola zwischen Zaire und Coanzo, Benguela südlich vom Coanzo bis zum Kap Negro. Ueber dieses Küstenland erheben sich hohe Bergketten, alle südlich streichend, von den genannten Hauptströmen in engen Querthälern durchbrochen, bei dem Uebergang aus dem Mittel- in den Unterlauf Wasserfälle bildend. Und jenseit dieser Bergketten, von verschiedenen Namen, breitet sich die zweite Terrasse aus, nicht als Ebene wie die Karroo, sondern ein Gürtel Bergland von 30—40 Meilen Breite, zwischen den Querthälern des Zaire und des Coanzo, den Namen Kongo führend. Und wieder parallel der Küstenkette erhebt sich eine zweite Reihe der Gebirgszüge, Serras de Cristal, de Sol, de Salnitra, de Prata, als natürliche Scheidewand dieser mittleren Terrasse von der Hochterrasse, der eigentlichen Scheitelfläche Afrikas, wo am Oberlauf des Zaire und Coanzo die Landschaften Micoco, Mattemba und Dembo, als hohes Gebirgsland von 8000 Fuß Höhe, sich ausbreiten, wo auch aus dem See Achelunda die beiden Hauptflüsse des Westabfalls von Hochafrika entspringen sollen. Diese bisher beschriebene Nordhälfte des Westrandes führt den allgemeinen Namen Süd-Guinea, und von der unbekannten südlichen Hälfte zwischen dem Kap Negro und dem Mündungsgebiet des Oranje Stroms läßt sich nur vermuthen, daß auch in ihr die Terrassenbildung sich wiederhole.

§. 68. Hochsudan, Flachsudan und das Stufenland des Nillaufes. — Ein nordwestlicher Vorsprung von Hochafrika, Hochsudan, breitet sich aus von dem Meridian der Biafra Bai bis zu dem Kap Sierra Leone, 300 M. weit und nach N. hin 150 M. weit, ein regelmäßiges Rechteck mit einem Flächenraum von 41000 □M. und so $\frac{1}{8}$ von ganz Hochafrika ausmachend, eben so groß wie Westeuropa mit der hesperischen Halbinsel. Nicht getrennt von Hochafrika, sondern nur abgesondert, vermuthlich durch ein südlich laufendes Querthal der Nigermündung, ist es im S. und SW. vom guineischen Meerbusen und dem mittelatlantischen Ocean begränzt und fällt im W. u. N. zum Tieflande der Sahra und zum Flachlande Sudan. Nicht eine hohe Scheitelfläche bildet es, wie der hochafrikanische Körperstamm, sondern ein Hochland, mit abwechselnden Bergketten, Längen und Querthälern und Plateaus von geringer Ausdehnung erfüllt, dabei von niederer Art, wo die höchsten Gipfel kaum zu 5000 Fuß absoluter Höhe emporsteigen. — Der Südrand von Hochsudan, von der Biafra Bucht bis zum Kap Sierra Leone reichend, trägt den allgemeinen Namen Nord Guinea, und auf seiner nur allein bekannten Küstenterrasse liegen von O. nach W. die Landschaften: Warre und Benin, vermuthlich mit dem Niger-Delta, die Sklavenküste, die Goldküste, die Zahn- oder Elfenbeinküste und die Pfeffer- oder Malaguettaküste. — Von diesem flachen Küstensaume landeinwärts kennt man hinter Benin die Vorderterrasse Jabu, und weiter landein Yarriba auf dem romantischen Bergkettensystem Kong, welches Hochsudan in nordnordwestlicher Richtung als eigentlicher Kern durchzieht, und hinter welchem man an den Ufern des Quorra in die flachen Gegenden Borgu, Nyffe, Youri tritt, dem flachen Sudan angehörig. Hinter der Sklavenküste liegt die Berglandschaft Dahomey, und hinter dieser folgen die Ashanti-Bergländer, am Südabfall des Kong. Dieses Gebirge, welches die Hochterrasse von Hochsudan bildet, geht in NW. u. W. in eine mittlere Terrasse über, welche durch den Gambiastrom in die Fulah Terrasse und die Mandingo Terrasse getheilt wird, von welcher ersteren der Gambia, von der letzteren der Senegal kommen, so daß aus Hochsudan drei große Ströme heraustreten und über eine tiefe Küstenterrasse, Senegambia, ihren Weg bis zur Mündung vollenden, wobei hier der Senegal die Südgränze der Sahara bildet, zwischen welcher und Hochsudan noch ein schmaler Strich Flachland mit der Landschaft Eli-udamar liegt.

Aber das flache Sudan, ein Ländergebiet in Nordafrika, erstreckt sich östlich 750 M. weit, nördlich 50—70 Meilen weit, mit einem Flächenraum von 40000 □M. im S. vom Hochlande, dessen 1200 Fuß hohe Schwelle es bildet, im W. N. und O. von den Wüsteneien des afrikanischen Tieflandes begränzt, so daß es, von allen Seiten mit beinahe unübersteiglichen Schranken umgeben, als das isolirteste Lokal der ganzen Erde erscheint. Durch die früher erwähnte rein continentale Vorterrasse Haussa wird es in das westliche und östliche Sudan zerlegt, wovon das westliche den Stromlauf des Djoliba-Quorra entwickelt, der bei der möglichen Mündung in die Benin Bai die einzige Verbindung mit dem Meere bilden würde, und wo die Landschaften Masina oder Djenne, Tenboctu, und die Vorterrasse Haussa mit Kaschna und Kano liegen. Ost-Sudan hat das Becken des Tschad Sees mit seinen zugehörigen Flüssen, dem Yeou, dem Schary u. a., und mit den Landschaften Bornu, Begharmi, Kanem und Borgu oder Waday oder Dar Saley, und durch die Wüste schon von Sudan getrennt liegen Dar Fur und Kordafan. — Das Stufenland des Nilstroms verbreitet sich am Mittel- und Unterlauf des Nils, der am nördlichen Abfall des habessinischen Alpenlandes aus einer Gebirgskette, der Katarakten-Kette, hervorbricht und über die Kolla nordwärts strömt. Es reicht vom Nordabfall Hochafrikas bis zum mittelländischen Meere 270 d. M. weit und von

der

der Küste des rothen Meeres bis zum Ostrande der Sahara 70 d. M. weit, mit einem Flächeninhalt von 20,000 □M., ein Flachland mit niedrigen Höhenzügen, neben dem nur allein angebauten Stromthal links und rechts mit sandigen und klippigen Wüsteneien erfüllt. Am Mittellauf des Nils liegt hier Nubien, 14600 □M. groß, wo alle Höhenzüge von W. nach O. streichen, so daß das Nilthal zum Querthal wird, und wegen vieler Stromschnellen desselben erscheint Nubien als Land der Katarakten. Auch als ein wahres Treppenland kann es gelten, wegen seiner drei Hauptstufen, der Sennar-Stufe, mit den Landschaften Sennar und Shendy (mit Meroe), der Dongola-Stufe und der Nuba-Stufe, welche nordwärts bis zu den letzten Stromschnellen des Nils bei Assuan reicht, und hier in das untere Nilland übergeht. Dieses Unternilland, Aegypten, 5400 □M. groß besteht aus dem tief eingeschnittenen Längenthal mit zwei nördlich laufenden Höhenzügen, rechts die arabische Bergkette Gibel Mokattam, links die libysche Bergkette, beide von Querthälern durchbrochen, zur Verbindung mit dem arabischen Golf und mit den Culturstellen der Sahara. Auch dieses Unternilland hat seine drei Stufen: Said, Oberägypten, mit der Thebais, bis zum Querthale von Kosseir am Golf; Wostani, Mittelägypten, bis zur Stromscheidung; von da bildet das große Mündungsgebiet bis zum Meere hin das Delta oder Unterägypten.

§. 69. Die getrennten Gebirgsglieder in Afrika; das Hochland der Berberei und das Plateau von Barka. — Ueber das Niveau des südlichen Theils des nordatlantischen Oceans erhebt sich das Hochland der Berberei, und streicht von da in der Richtung nach ONO. an 300 M. weit längs dem westlichen Mittelmeere bis zu seinem äußersten Nordostende dem Kap Bon, wo es in die Fluthen der kleinen Syrte und der Nachbargewässer hinabstürzt. Bei einer durchschnittlichen Breitenausdehnung von 70 M. hat es einen Flächeninhalt von 21000 □M., ist also halb so groß als Hochsudan und von gleicher Größe mit dem Stufenlande des Nilstroms. Auf seinen Rändern erheben sich hohe Gebirgsketten, mit dem gemeinsamen Namen Atlas, und umschließen im Innern nicht eine vollkommene Ebene, sondern ein Plateau voll von

Bergzügen, die theils mit den Gebirgsrändern parallel laufen, theils sich senkrecht an sie anschließen. Auf dem Westrande streicht vom Kap de Ger in SW. bis in die Nähe der Gibraltarstraße der hohe Atlas oder Daran, ein mächtiger 120 M. langer Gebirgszug, aus mehreren Parallel-Ketten bestehend, welche meerwärts in Stufen steil abfallen zu der 15 M. breiten atlantischen Küstenterrasse, eben so steil fällt er südwärts zum Rand der Sahara hinab, und eben so im Osten in die Hochterrasse des innern Plateaulandes, wo der Lauf des mediterraneischen Flusses Maluvia und der Steppenfluß Ziz seine östliche Gränze bezeichnen. Als ein Hochgebirge der Erde trägt der Daran Gipfel von 13000′ Höhe und darüber, und seine erhabenste Region liegt im Quellbezirk der Maluvia und des Ziz. — Am Nordrand streicht der kleine Atlas, 200 d. M. lang bis zum Kap Bon, von geringer Höhe unmittelbar ins Meer stürzend, ohne vorgelagerte Küstenterrasse. Den Südrand bildet der mit dem kleinen gleichlaufende große Atlas, und auf dem Ostrande liegen die Gebirge Megala nördlich, und Nofusa südlich. Und die Landschaften sind auf diesem Plateau so vertheilt: auf dem Ostrande und dem östlichen Theil des Nordrandes liegt Tunis; auf der Mitte des Nordrandes und dem dahinter liegenden Plateau bis zum Maluvia Algier; auf dem nördlichen Theil des hohen Atlas und seinen Abhängen Fez, auf dem südlichen Theil desselben Marocco und Susa und Tafilet. Längs dem Südfuße zieht ein schmaler Saum flachen Landes, Biled-ul-Gerid, zum Hochland der Berberei sich verhaltend, wie das flache Sudan zum Nordabfall Hochafrikas.

Eine Verlängerung des Ostrandes zieht in südöstlicher Richtung gleichlaufend mit den Küsten der großen Syrte, als ein Tafelland von 130 d. M. Länge, bei 30 M. Breite und einer Höhe von 1500′, im W. das Ghuriano Gebirge genannt, in der Mitte die Soudahberge, im O. der Harusch, und die Küstenterrasse desselben enthält die Landschaften Tripoli und Sert.

Vom Südende der großen Syrte steigt das Plateau von Barka gegen NO., von dem Hochlande der Berberei durch die Sultin Ebene getrennt. In der Gestalt eines Vierecks von 40 M. Breite, hat es einen Flächenraum von etwa 2000 d. □M, und bildet bei einer mittleren Erhebung von 1500′ ein Plateau niederer Art. Zum Meere, besonders gegen N. steil abfallend, verflacht es sich im SO. u. S. in die Sahara, die hier als Wüste Barka ihre Vorposten bis auf die Abhänge dieses kleinen Hochlandes vorschiebt. — Ein platter Wüstenhöhenzug zieht östlich längs dem Meere, an die libysche Bergkette sich anschließend, und am Deltarande von zwei Thälern durchbrochen, die von der Nilscheidung nordwestlich zum Meere ziehen, westlich das Bahar-Bela-Ma und östlich das Thal der Natron Seen.

§. 70. Nun erscheint zuletzt, als einzige Form des Tieflandes in Afrika, außer den Küstenterrassen und den Strommündungsgebieten, die Sahara, die größte Wüste der Erde, nirgend in diesem Umfang und in dieser Gleichförmigkeit wiederkehrend. Von dem Westrande des Nillandes erstreckt sie sich in einer Breite von mehr als 200 M. westlich fort bis zum atlantischen Ocean, durch 49 Längengrade hindurch, 650 d. M. weit, und mit einem Umfang von wenigstens 110000 □M., so daß sie $\frac{1}{5}$ des ganzen Welttheiles einnimmt, wobei sie sich jedoch ihrem Charakter nach in zwei große Haupttheile scheidet. Wo man in O. von der libyschen Bergkette sanft in sie herabsteigt, da scheidet ein Klippenrand das große wasserlose Sandmeer von der gleichfalls sandbedeckten Bergkette. Hier ist die beginnende östliche Hälfte der Wüste noch häufig durch bewohnte mit Wasser und Vegetabilien begabte Stellen unterbrochen, die sogenannten Oasen, obgleich mit Inseln im Sandocean verglichen, doch nicht Erhebungen über das Niveau der Wüste, sondern Vertiefungen, wahre Thäler, durch ihre Lage in Hauptstrichen einen ununterbrochenen Thalgrund andeutend. Der bedeutendste von diesen Strichen ist westlich von Wostani und Saïd, die große und kleine Oase enthaltend, 5 M. von der Ostgränze des Sandmeeres, etwa 60 M. lang, nach Süden laufend, wo er sich an einen andern Klippenzug Tega und Wanna anschließt, welcher zwischen Kordofan und Darfur hinziehend, Darfur als eine Oase in der südöstlichsten Ecke des Sandmeeres erscheinen läßt. Und auch am Nordrande setzt der Klippenzug fort, wo nahe an der Gränze desselben die Oase des Jupiter Ammon oder Siwah und Augila liegen im SO. und S. von Barka, wo auch der Höhenzug der Moraije Berge vom Plateau von Barka herab, südlich in die Wüste hinein sich zu verlängern scheint. Und jenseits dieses Höhenzugs beginnt die Sultin Ebene, die als ein Glied des großen Sandmeers mit dem Wassermeer der großen Syrte zusammenfließend, die beiden Plateaus in Nordafrika scheidet. Und weiter südwestlich über die Verlängerung des Harudsch hinaus, liegt die größte Oase, die von Fezzan, sich westlich an Biled-ul-Gerid anschließend, und südlich von ihr, die kleinere Wady Kawas oder Bilma, welche nun eben den Sandocean in zwei Halben theilen, die östliche die libysche Wüste genannt, die westliche vorzugsweise die Sahara.

Die Westhalbe, Sahara auch Sahel, d. h. Wüste, genannt, die traurigste Einöde, fast ohne Spur von Belebung, streicht von Bilma bis zum Flachsudan, und bis an den Unterlauf des Senegal und verliert sich im W. als weit verbreitete Sandbank in das Meer. In ihrer völlig wagerechten Ausdehnung liegen nur drei kleine Oasenstellen: Ain-Saleh, Hair und Gualata.

§. 71. Asien. Uebersicht. Oestliches Hochasien. — In Asien steigt aus der Fläche des japanischen Meeres, so wie aus den tiefen Flächen am Unterlauf des Hoangho und Yang-tse-kiang, das Land zu gewaltiger Höhe steil empor, und von hier zieht sich ein hohes Land in größter Ausdehnung und zusammenhängender Einheit westlich herüber durch den ganzen Welttheil bis an die Küsten der hier liegenden Meere, 1250 d. M. weit, am Ostrand 500 M. breit, nach Westen herüber sich immer mehr schmälernd, so daß es auf der klein asiatischen Halbinsel nur den zehnten Theil dieser Breite hat. Das ist Hochasien, mit einer Ländermasse von 340000 □M., zwei Fünftheile des ganzen Erdtheils einnehmend, (im Vergleich mit Afrika größer und doch geringer), durch eine Linie zwischen der Gihon- und Indusquelle in zwei Haupttheile zerfallend, das Hochland von Hinterasien, und das Hochland von Vorderasien. Die von hier nach allen Weltgegenden hinabfließenden Ströme bilden die Uebergangsformen zu den Flach- und Tieflanden, deren eben so viel sind als Wassersysteme, und jenseits derselben erheben sich, vom Hochlandsstamme völlig getrennt, noch isolirte Gebirgsglieder, auf der vorderindischen und arabischen Halbinsel, längs der Ostküste des Mittelmeeres, und nordwestwärts vom Hochland, auf der Westgränze des Erdtheiles. — Das Hochland von Hinterasien, in zugerundeter Gestalt die große Masse der Gesammterhebung des Erdtheils bildend, vom Nordende des Baikal Sees, bis zum Uebergang in die hinterindische Halbinsel, 470 d. M. breit, von der Indusquelle bis an das japanische Meer 750 d. M. lang, ist auch nur an seinen Rändern theilweise aufgeschlossen. Der Südrand zeigt, im westlichen Abschnitt, vom Indus bis zum Irawaddi, 370 d. M. lang, in ostsüdöstlicher Richtung den gewaltigen Gebirgsgürtel des Himalaya, in einer durchschnittlichen Breite von 40 bis 50 deut. Meilen, wo über der aus der südlichen Ebene als niedrigste Stufe emporsteigenden Bergkette, 3 bis 6 ja bis 8 immer höher werdende Ketten emporsteigen, bis sich die letzte unmittelbar dem Hochlande vorlagert. Dieser terrassenförmig aufsteigende Berggürtel ist das indische Alpengebirgsland, mit 15000 □M. Flächenraum, eben so groß als das europäische Skandinavien, mit der Naturform des Alpenlandes in kolossalem Maaßstabe. Schon der Kamm der höchsten Kette, Himalaya (Schneesitz), hat eine mittlere Höhe von 15000′ über dem Meere, und über derselben erheben sich die Riesengipfel, der Kedarnath, an dessen Fuß die Quelle des Ganges, zu 23062′, der Djawa Giri zu 25749′, der Dawala Giri zu 26462′ und so viele andere. Von den Wassersystemen des Indus und Ganges in vielen Längen- und Querthälern durchschnitten und bewässert, umfaßt dieses Alpenland wieder die aus mehreren Theilen zusammengefaßten Alpenlandschaften: zuerst westlich das Alpenland am Sind, mit der reizenden Hochterrasse Kaschmir, dann Sirinagur, das Quellland des Ganges, dann weiter östlich Nepal und Butan bis zum Quellbezirk des Brahmaputra, und endlich am Längenthal dieses Stromes die Landschaft Assam. Und um den Fuß dieses Alpenlandes zieht ein 6 M. breiter sumpfiger Waldsaum, entsprechend der afrikanischen Kolla Mazaga, Tarai oder Bhewar. — Ostwärts der Brahmaputra Quelle erscheint dieser Südabfall nicht mehr als Gebirgsgürtel, sondern als eine Anhäufung von hohen Alpenmassen, Gruppen und Bergzügen in den verschiedensten Richtungen, zwischen dem Stromlauf des Yang-tse-kiang und dem südchinesischen Meere, jedoch in vorherrschender östlicher Hauptrichtung. In dem westlichen Abschnitt dieses Theils, zwischen dem Irabaddi und dem Ta Kiang, thürmen sich eben so hohe Schneeberge als im Himalaya, er umfaßt die Alpenlandschaft Yün-nan, an deren Südfuß sich jene sumpfige Waldregion Tarai noch fortzieht. — Oestlich von Yün-nan heißt die Gebirgszone Nan-ling (Südkette), von S. her terrassenförmig aufsteigend, nördlich eben so zum hochgelegenen Stufenland des Yang tse kiang abfallend, in einer Breite von 60 bis 70 M. ost- und nordostwärts ziehend, 200 M. weit bis zu den Küsten des Toung-hai, bis endlich ein kleiner Alpengau in der Landschaft Kiang-si den äußersten Ostvorposten bildet.

Am Yang tse kiang, 120 M. aufwärts, und 100 M. aufwärts am Hoang ho erheben sich die ersten Stufen des Ostabfalls von Hochasien, dessen Ostrand vom Stromthal des Ta Kiang in nordnordöstlicher Richtung bis zum Küstengebiet des Tschi-li und Liao-toung Golfs und von da in nördlicher Richtung bis zum obern Lauf des Amur zieht, 450 d. M. weit. Der südliche Theil desselben bis zum Tschili Golf, zeigt den mindestens 100 M. breiten Gebirgswall Yün-ling, von welchem ein Zweig Pe-ling (die Nordkette), die Wassersysteme des Yang tse Kiang und Hoang ho scheidet, und mit Yün-nan und Nan-ling in engster Verbindung stehend, bildet er das chinesische Alpenland, das ungeheuerste und kolossalste der Erde, mit 34000 □M. Flächeninhalt, mit eben so hohen Riesengipfeln als der Himalaya, und zwar schon in der äüßersten Kette in erhabenster Form auftretend. Ueber den Yünling verbreiten sich die Landschaften: Sse-tschhuan, südlich Chen-si, Chan-si nördlich. — Nordwärts von der Tschi-li Bucht behält der Gebirgswall denselben Alpencharakter, gegen Osten mannigfaltig sich verzweigend und in Terrassen abfallend zum Stromland des Amur, der Mantschurei, und fortsetzend bis zur Amurmündung.

§. 72. Hochland in Hinterasien. Nordrand. Westrand. Scheitelfläche. Auslaufende Gebirgsglieder des östlichen Hochasiens — Im Stromwinkel des Argun und Onon geht der Ostrand von Hochasien über zum Nordrand, welcher sich westwärts bis zum Irtisch-Strom und darüber hinausdehnt, etwa 370 M. weit. Sein östlicher Abschnitt, Ostgruppe, bis zum Westrand des Baikal See gehend, hat als innerste Bergkette gegen das Plateau hin, das mongolische Gränzgebirge, Ulu-tau, mit seiner höchsten Gruppe, Schan-gai (Königsberg), bei der Quelle des Amur. Nordwärts an dasselbe lagert sich, entsprechend dem Süd- und Ostrande, das Alpenland Daurien, die ganze Nordostecke des Hochlandes umgebend, vom Amur Strome bis über das Westende des Baikal Sees hinaus, 80 bis 90 M. breit. Aus den zahlreichen Bergketten dieses Alpenlandes erheben sich als zwei Hauptterrassen, das daurische Scheidegebirge, 30 bis 40 M. vom Ulu-tau abstehend, die Zuströme der Lena und des Amur, und Daurien in ein südliches und nördliches scheidend; und wieder 40 bis 50 Meilen weiter nördlich das Baikalgebirge, den Baikal See, als größter Alpensee der alten Welt, im N. umziehend. So sieht man auch hier dieselbe Terrassenbildung, wie bei allen Ränderlokalen der großen Plateaumassen, und über die Terrassen von Nord- und Süd-Daurien, von 2000 — 2400′ Höhe erheben sich auch hier die Riesengipfel des Alpenlandes. — In dem westlichen Abschnitt dieses Nordrandes, bis zum Irtisch, heißt die innerste Kette Altai Gebirge, (Goldgebirge), von welchem aus der Nordabfall nicht die bestimmt ausgesprochene Terrassenbildung, wie in Daurien zeigt, sondern in einer Berganhäufung von etwa 50 d. M. Breite zeigen sich als unterste Stufe das sajanische, kuznezkische und kolywansche Erzgebirge, 40 M. lang, 8 bis 16 M. breit, und zwischen dieser untersten Stufe und dem Gränzgebirge selbst, nennt man das mittlere Bergland, mit Thälern von 1200′ bis 5000′ Höhe, und mit Berggipfeln von 10000′ Höhe, den kleinen Altai. — Nicht mehr als zusammenhängende Vormauer zeigt sich der Westrand des hinterasiatischen Hochlandes, der vom Dzaisang See südwestlich bis zum Westanfang des

Südrandes am Indus zieht. Der nördliche Theil bis zum Quellgebiet des Sihon ist mehrfach durchbrochen, daß sich statt der Engpässe weite Oeffnungen bilden, erleichternde Zugänge zum Hochland, daher unter dem allgemeinen Namen dzungarisches Gränzgebirge, auch der Name Chemar daban (Vorgebirge); dagegen der südliche Theil bis zum Indus, wieder ein undurchbrochenes Randgebirge, genau südlich streichend, Belur Tag (das Nebelgebirge). Und indem die westlichen Gehänge dieses Westabfalls von Bergketten, in der Richtung des Altai, mannigfaltig durchzogen sind, so bildet sich hier das 40 bis 50 M. breite Alpenland Turkestan, auch die große Bucharei genannt, durch den Alpenzug Khaschkar Daban in zwei Gruppen getheilt, Ferghana nordwärts am Sihon, Sogdiana südwärts am Gihon. — Endlich die Scheitelfläche des hintern Hochasiens selbst ist nicht als vollkommene Ebene zu denken, sondern zahlreiche Bergketten, oft von der Höhe des Himalaya durchziehen sie, unter welchen vorzüglich zwei hervortreten: das Thian schan oder Muz tagh (Himmelsgebirge), vom Belur tagh gerade östlich 300 M. weit fortziehend, mit seiner höchsten Gruppe, dem heiligen Berg, nördlich vom Lop Noor, sich endlich an die Daurische Hochterrasse anschließend; und südlich davon, gleichlaufend, ebenfalls 300 M. weit, der Küen lün oder Kulkun, bis an das chinesische Alpenland, und noch andere im O. und S. dieser Hauptkette. So entstehn in der Westhälfte der Scheitelfläche drei Plateaus: die Hochebene der Dzungarei, zwischen dem Altai- und dem Himalayagebirge; die hohe Tatarei, zwischen dem Himmelsgebirge und dem Kulkun, im westlichen Theil auch die hohe Bukharei genannt, mit dem Wassersystem des Lop Noor, im östlichen die Hochterrasse von Tangut; das Plateau von Tübet, das Becken des Alpensees Tengri Noor, zwischen Küen lün und Himalaya, durch einen Zweig des Himalaya in zwei Abschnitte getheilt: West- oder Klein Tübet und Ost- oder Groß Tübet. Der östliche Theil der Scheitelfläche heißt das Plateau der Mongolei, ebenfalls von Bergketten in östlicher Richtung durchzogen, mit absoluter Höhe von 6000 bis 8000 Fuß und darüber, und mit der großen Wüste Gobi oder Schamo, welche 400 M. lang und 100 M. breit, wie die afrikanische Sahara als weites Sandmeer erscheint. Außer ihr liegt Steppenland, sporadisch durch angebaute Strom- und Flußthäler unterbrochen.

Von zwei Gränzlokalen des hinterasiatischen Hochlandes laufen noch einzelne Gebirgsmassen aus, als abgesonderte, nicht getrennte, Glieder des gewaltigen Körperbaues, so zuerst im SO. das abgesonderte Gebirgsglied zur Halbinsel von Hinterindien, welche von den indischen Alpenlandschaften Butan und Assam, und von der chinesischen Yünnan, senkrecht auf dem Südrand stehend, südlich und südöstlich bis zur äußersten Spitze des Welttheiles zieht. An seiner Nordseite mit dem Südrande des Hochlandes zu einem gemeinsamen Alpengebirgslande verwachsen, lößt es sich je weiter nach Süden in mehrere Ketten auf, keine über 5000′ hoch, mit fünf hervortretenden Parallelzügen, als Scheidegebirge großer Wassersysteme in großen Längenthälern. Zwischen der Küste des Bengal Golfs und dem Irabaddi zieht der Youmah dong, mit der Küstenlandschaft Aracan. Der zweite zieht jenseit des Irabaddi, an dessen oberem Laufe Ava oder Birma liegt, sein Delta ist Pegu. Dann zieht zwischen dem Fluß Saluen und dem Mäpraen-Menam das Schan'sche Scheidegebirge, durch die malaische Halbinsel bis zur äußersten Südspitze des Kontinents, Tanjong Bolus, sich verlängernd, mit dem Stromland am Saluen, Ko-schan-pri; jenseit des Mäprän folgt die vierte Kette, wo Laos am Oberlauf des Mäprän, Yün-nan im mittleren, Schan oder Siam im untern Theile; die fünfte Kette scheidet den Mäkhaun-Strom vom Nan-hai, oder südchinesischm Meere, mit diesseits am obern Strom Süd-Laos, am untern Theil Cambodja, und jenseits die Küstenlandschaften nördlich Tonkin, südlich Cochin China. — Und als abgesondertes Gebirgsglied an der Nordostecke des Hochlandes zieht sich von der Verflachung des Alpenlandes Da-urien an, als Wasserscheide zwischen Amur und Lena, der ostsibirische Höhenzug längs der ganzen Nordküste des ochozkischen Meeres, anfangs als Jablonoi Khrebet (Apfel Bergrücken), dann das aldanische Gebirge genannt, ein 30 Meil. breites Bergland, etwa 3000′ Höhe, mit Steilabfall zur Meeresküste. Vermuthlich zieht dieser Höhenzug in einer Länge von 450 M. bis zum Ostkap an der Behrings-straße.

§. 73. Das westliche Hachasien oder das Hochland von Vorderasia. — Vom Südende des Belurtag zieht westlich ein Gebirgszug, der Hindu Kuh. Die Gewässer des Gihon und Indus scheidend, zwischen Nord- und Südasien nur eine Trennung von 60 d. M. bildend, jedoch zu hohen Schneebergen aufsteigend, bildet er als Verbindungsglied, gleichsam eine Bergbrücke zwischen dem hinterasiatischen Hochplateau und dem Tafellande von Vorderasien. Sein nördlicher Abfall bildet das Bergland Sogdiana, im Süden erfüllt er am Indus und Kabul mit Bergketten und terrassenförmig übereinanderliegenden Längenthälern, mit Querthälern und Querjochen die Alpenlandschaften Kuhistan und Kaferistan, an deren südlichem Fuß sich die reizende Hochebene von Pischauer hinzieht, als östliche Vorstufe zum Tafellande von Vorderasien. Denn nun westwärts von diesen noch mit dem Alpenland am Sind zusammenhängenden Landschaften betritt man ein vom östlichen Asien karakteristisch verschiedenes ganz neues Ländergebiet, das vorderasiatische Hochland oder das westliche Hochasien. Gleichfalls mit allgemeiner Erhebung über der Meeresfläche, jedoch nicht mehr in den Riesenformen des östlichen Hochasiens, zieht sich das Plateau von Iran, als ein Tafelland mit Randgebirgen, westwärts bis über das Südende des kaspischen Meeres hinaus, wo nun wieder an der Quelle des Euphrat-Tigris und Kur-Aras die zusammentretenden Gebirgsränder zu einer luftigen Berginsel, dem Hochlande Armenien emporsteigen, die wieder westwärts zur Terrasse von Anadoli in der Halbinsel Kleinasien hinabtritt, nordwärts aber sich an das Alpenland zwischen dem caspischen und schwarzen Meere anlehnt. Und die Ränderbildung des Plateaus von Iran erscheint so geordnet. Den Nordrand hat es in der Verlängerung des Hindu Kuh, der sich in den Quellgegenden des Kabulstroms zum Paropamisus hinabsenkt, der als niederes Bergland sich westlich wieder an das Plateau von Khorassan und Kuhistan anschließt, bis zur Ostküste des caspischen Meeres, und auf diesem ganzen Zuge vom Hindu Kuh her senkt sich das Tafelland von

Iran ohne vorgelagerten Gebirgsrand allmählig von 4000' Höhe in die Flachländer am Gihon. Aber nun westlicher steigt dieser Nordrand als mächtiges Hochgebirge steil empor, erst als Albors, mit dem Schneegipfel Demawend 12000' hoch, die Südküste des caspischen Meers, dann als Talisch Gebirge mit dem Abar 8000' hoch, die Südwestküste desselben umziehend, bis es vom Aras Strom durchbrochen sich jenseits desselben an die armenische Berginsel anschließt. — Den Ostrand bildet das indo-persische Gebirge, in mehreren Parallelketten vom Alpenlande Kuhistan südwärts mit dem Indus gleichlaufend, bis zum persisch-arabischen Meere, mit dem weißen Berg, Sufaid Kuh am Kabul, und dem Salomons Thron, Tukte Soliman 12000' hoch, gegen O. in Steilrändern abfallend zum Indus, gegen W. plateauwärts sich sanft verflachend in die Terrassen von Kandahar und Sedjestan, und zur Hochterrasse von Kelat, im südöstlichen Winkel des Tafellandes von Iran. Und von eben dieser Hochterrasse von Kelat beginnt der Südrand, genau westlich bis zur Küste des arabischen Meeres hinlaufend, mit landein höher steigenden Parallelketten und Terrassen, das Terrassenland von Beludschistan, bis zum Eingang in den persischen Golf. Von hier zieht er mit derselben Terrassenbildung nordwestlich längs dem Meerbusen, durch die Landschaften Kerman und Fars bis zum Stromdelta des Shat-el-Arab. Serdsir, kalte Gegend, heißt dieser Berggürtel im Gegensatz zu Germsir, warme Gegend, oder Deschtistan, die schmale heiße und sandige Küstenterrasse, vom Indus aus an diesen Terrassenländern hinziehend, bis zum Shat-el-Arab. Im Serdsir ist das Descht Ersen am Nordrand des persischen Golfs 7800' hoch, und führt ostwärts in die Ebene von Schiras, 4500' über dem Meere. Die nordwestliche Fortsetzung dieses breiten Bergparallels, mit immer höher steigenden Ketten, hier Zaghrosch genannt, über das Quellland der östlichen Tigriszuströme fortziehend, bildet die Bergländer Loristan und Ost-Kurdistan, wo sich im innern Rande, gegen das Plateau von Iran, der Elwend erhebt. Dann vom Urumia See bis zum caspischen Meer ist der ganze Raum von Bergketten, Bergkegeln, Thälern und Hochebenen erfüllt, als Alpenland Aserbeidschan 4500 Fuß hoch, mit dem Schneeberg Seilan, 8300′ hoch, die nordwestliche Gränze des Tafellandes von Iran ausmachend. Bei solcher Randumsäumung zerfällt das Tafelland von Iran vom Zareh See aus in die östliche Hälfte, Plateau von Afghanistan, und die westliche Plateau von Persien, beides nur weites wasserarmes trockenes Steppenland, im Innern eine große Wüste, Sahara und Gobi im Kleinen. Bei einer Länge von 300 M., am Ostrand 150 M., im W. zwischen der Straße von Ormus und dem caspischen Meer nur 60 M. breit, hat das ganze Tafelland ohngefähr 30000 □M. Flächenraum. — Aus Aserbeidschan westwärts steigt man von Stufe zu Stufe immer höher auf das Plateau von Armenien, an dessen Außengränze der berühmte Ar-arat, 16200′ hoch steht, von welchem westlich sich die wasserreichen Flächen Armeniens ausbreiten, mit der Hochebene von Erserum, 7000′ hoch, nördlich gegen die Südküste des schwarzen Meeres in Steilwänden bis zum Seespiegel hinabfallend, westlich ebenfalls steil zum Tafelland der Halbinsel sich abdachend, südlich mit dem Karduchangebirge in die Hochterrasse des Tigrisstromes hinabfallend, so rings von tieferen Niveaus umgeben, wie eine Berginsel. Jener Gebirgsgürtel des Zaghrosch läuft vom Nordwestrande Irans, in westlicher Richtung als Tauruskette, vom Tigris und Euphrat durchbrochen, bis zur Nordostecke des mittelländischen Meeres, und zwischen ihm und dem Karduchan Gebirge liegt die Hochterrasse des Tigris, West-Kurdistan. — Nun folgt der äußerste Westen von Hochasien, Anadoli. Ununterbrochen längs der Südküste der klein-asiatischen Halbinsel läuft die hohe Tauruskette fort, bis sie bei Rhodos gegenüber als Djebel Kiria endigt, südlich steil ins Meer hinabstürzend, nordwärts sich sanft zum Tafellande von Anadoli und Karaman verflachend, wo der schneebedeckte Kegelberg Ardschisch 10000′ emporragt. Und nach W. in mehreren Bergzügen hinabsinkend zum reizenden Littorale der Levante, erhebt sich hier zugleich am Hellespont, als nordwestlicher Eckpfeiler des hochasiatischen Körperstammes, der Ida Berg, von dem aus der Nordrand des klein asiatischen Tafellandes östlich längs dem Marmora und dem schwarzen Meere in mehreren

Stufen hinzieht, die nach dem Nordabfall Armeniens hin immer höher werden. Endlich das kaukasische Alpenland: wo sich Armenien nordostwärts abdacht in das Stufenland am Kur, Georgien, erhebt sich wieder jenseits dieses letzteren ein Gebirgssystem mit Alpennatur, der Kaukasus, von SO. nach NW. vom caspischen zum schwarzen und asowschen Meere ziehend, 150 M. lang, 30 M. breit, drei Parallelketten, die innere am höchsten, im Durchschnitt 10000′, mit dem Elbrus bei der Quelle des Kuban 16800′ und am Ursprung des Terek der Kasbek 14400′.

§. 74. Die getrennten Gebirgsglieder in Asien. — Einzelne Gegenden des asiatischen Bodens ragen, getrennt vom Hochlandsstamm, noch einmal empor. Zuerst in Vorder-Indien erhebt sich das Tafelland von Dekan, in Gestalt eines Dreiecks mit der Spitze nach Süden, im Norden bei dem westlich fließenden Nerbudda und dem östlich fließenden Sone durch das Vindhya Gebirge begränzt, welches den Nordrand bildet, zwischen dem Golf von Cambay und dem Ganges Delta, 200 M. lang. Vom westlichen Endpunkte dieses Gebirges zieht eine andere Gebirgskette, die westlichen Ghats genannt, am persisch-arabischen Meere hin bis zur Spitze am Kap Comorin, als Westrand des Plateaus 220 M. lang, und vom Kap Comorin, längs der Küste des Bengalbusens bis zum Ostende des Vindhya ziehen wieder die östlichen Ghats, als Ostrand, 300 M. weit. So ist Dekan ein dreieckiges umrandetes Tafelland, jedoch nicht über 6000′ hoch nur gegen die Spitze hin steigt das Plateau von Mysore zu den 9000′ hohen Gipfeln der Nil-Gerri, blaue Berge, empor, welche in das Tiefland Gap hinabstürzen und wieder emporsteigen zur Plateauinsel der Ali-Gerri, welche 7300′ hoch mit dem Kap Comorin endigt. An den Steilabfällen der Westghats liegt die schmale von kurzen Flüssen bewässerte Küstenterrasse von Malabar, breiter aber ist auf der Ostseite die Küstenterrasse Koromandel und Karnatik, als horizontales Tiefland, über welches die aus den Westghats kommenden, das Balaghat (über den Ghats) durchwandernden, die Ostghats mit Katarakten durchbrechenden in das Payinghat hinabfallenden Flüsse hinausströmen, der Krisna und Godavery, zwischen welchen wieder das berühmte Diamanten Plateau von Golconda liegt. An dem nördlichen Stufenabfall der Windhya Kette liegt das Terrassenland von Malwa, wie ein kleines Dekan sich gegen den Himalaya zuspitzend, dem Nordwesten von Dekan liegt ein kleines Tafelland auf der Insel Guzerat vor, und im Südosten hängt auch die Insel Ceylon als ein Tafelland von 3000′ hoch noch mit dem Halbinsellande zusammen. — Auf der arabischen Halbinsel breitet das Plateau von Giazirah al Arab in bedeutender Seehöhe seine Flächen nach allen Windstrichen aus, mit Bergketten in unbekannter Richtung, wasserlos, mit trocknen Thalrinnen, mit Sand überschüttet, die Wüste Araba, in der Mitte, wie eine Oase, die Landschaft Nadsched (erhöht sein), mit nackten schauerlichen Felszügen bis zu 9000′ Höhe. — Oestlich zum persischen Golf fällt das Hochland ab zur flachen sandigen Küstenterrasse Bahrein und el Assa, südost und südwärts fortsetzend als Wüste al Ahkaf stürzt es in den Landschaften Oman, Mahrah, Hadramaut und Aden, in hohen Vorgebirgen und Ketten zum Meere. Von dem südwestlichen Gränzstein Djebel Sabber zieht das Hochland al Jemen, glückliches Arabien, längs dem rothen Meere, fortsetzend als Hedjas bis zum Golf von Akaba, von mittlerer Höhe von 7000′, steil in Stufen abfallend zur Küstenterrasse Gawr oder Tehama, das heiße Land. Eine Einsenkung, Wadi Hanifeh, durchsetzt vermuthlich das Hochland westöstlich von Gawr zur Bahreinküste, und der Nordabfall mag in schräger nordwestlicher Richtung fortsetzend sich an das folgende Gebirgsglied anlehnen.

Wo an der Spitze des Meerbusens von Akaba der West- und Nordrand des arabischen Hochlandes zusammenzustoßen scheinen, steigt jenseit des Golfs aus der Spitze der Sinai Halbinsel das Land schnell auf, eine Bergzone nördlich längs der Küste des mittelländischen Meers fortziehend, 130 M. weit, 15 M. breit, als syrisch-peträisches Gebirgsland, bis zur Tauruskette, südlich das Gebirgsland el Seir genannt, mit dem berühmten Sinai, mit Steilküsten und Tiefthälern in das rothe Meer und zum Suez Isthmus hinabstürzend. Nordwärts senkt sich der Sinai, el Tor, der Berg aller Berge, in die Bergwüstenei el Ti hinab, und von dieser nordwärts zieht das Plateau von Soristan bis zum obern Stufenlande des Euphrat, in drei Regionen sich erhebend. Vom Meere aus sieht man die schmale Küstenterrasse, ein syrisches Tehama; die zweite Region bildet den terrassenförmig aufsteigenden Gebirgsparallel, mit den Längenthälern des Jordan und Orontes am östlichen Fuß, jenseits welcher als dritte Region eine Steppenhochebene von 2000′ Höhe sich ostwärts in unbekannter Ferne verläuft. Den Mittelpunkt dieses Plateaus von Soristan bildet, zwischen dem Jordan und Orontes, das Bergrevier des Libanon, vielleicht an 12000′ hoch, von welchem südwärts Palästina, das gelobte Land, liegt. — Endlich völlig isolirt von den Hochlandsmassen steht nördlich der Ural, ohngefähr 40 Meilen nördlich vom caspischen Meer aufsteigend, 250 Meil. weit nördlich fortziehend bis zur Waigatsch Straße am Eismeer. Bei so bedeutender Längenausdehnung ist seine Breite nur gering, 25 M. im südlichen Theil, 7 M. in der Mitte, 15 M. im Norden. Seine Hochthäler haben nur die Höhe von 1000′, seine Gipfel steigen südlich nur zu 3600′, nördlich aber zu 6400′ Höhe. Auf der östlichen Seite ganz ohne Vorberge dacht sich der Ural im Westen in mehreren breiten und niedrigen Stufen ab, die mit dem Hauptzuge gleichlaufend bis an die Kama und Wolga reichen, und von denen als Nebenzug die Wulgahöhe bis an den Don fortzieht.

§. 75. Die Flach- und Tiefländer von Asien. Bei nunmehriger Uebersicht des gesammten asiatischen Hochlandes sieht man, daß dasselbe entweder unmittelbar zum oceanischen Niveau hinabfällt, oder daß seinen Rändern, wie Sudan dem Nordrand von Afrika, Flachländer vorgelagert sind, die man folgenderweise übersieht: — Zuerst an der Südseite des zusammenhängenden Hochasiens, am Fuße der letzten Abfälle der Terrasse von Kurdistan verbreiten sich die Kulturflächen von Mesopotamien am Euphrat und Tigris, das Zweistromland, das mittlere und untere Stufenland dieses Zwillingsstromes; südwestlich vom Euphrat sich erweiternd, südlich bis an den Abfall des Plateaus von Nedjd, östlich auf die Höhen des Plateaus von Soristan aufsteigend verlieren sie den Kulturkarakter des Zweistromlandes, übergehend in afrikanische Wüstenei, als syrisch-arabische Wüste. — Der sumpfige Waldsaum Tarai am Südfuße des indischen Alpenlandes geht alsbald über in die hochberühmten Kulturebenen im mittlern und untern Stufenlande des Ganges und Indus, welche sich vom persisch-arabischen Meer am Indus aufwärts nnd wieder am Ganges abwärts zum Bengal Golf ziehen, als Hindustan, Stufenland am Hind. Bengal heißt das tiefe, fast im oceanischen Niveau liegende Land im Ganges-Brahmaputra Delta, und am Ganges aufwärts gelangt man erst auf die Stufe von Behar, und weiter in das Duab, Zweistromland, zwischen Ganges und Jumna. Aber bei ununterbrochen fortlaufender Fläche zum Indus herüber verliert sich wieder der Kulturkarakter, übergehend in eine große Wüste, welche von der Indusmündung bis zum Austritt des Ganges aus dem Alpenparallel fortläuft, wo ihre Gränze, wie bei der Sahara, durch Klippenzüge erscheint, 100 M. lang, 80 M. breit; diese Sind-Wüste, nur stellenweise der afrikanischen an trauriger Oede ähnlich, enthält in ihrem Innern viele zum Theil reichbewohnte Oasen, wie die von Radjasthan. — Und zu diesen Tiefländern der Südseite gesellen sich noch die Stromthäler der hinterindischen Halbinsel: Birma, Siam, Kochin China. — Aber nun an der Ostseite des Hochlandes, ein dem Wüstenkarakter ganz entgegengesetztes Bild darbietend, verbreitet sich am Unterlauf der Riesenströme Kiang und Hoang das chinesische Tiefland, nördlich bis zur Tschili-Bucht, östlich vom Ocean, an den übrigen Seiten von Abfällen des Alpenlandes umgränzt. Mit dem höchsten Grade von Bodenkultur ist es einzig in seiner Art auf der ganzen Erde, im Innern oft sumpfiges Blachland, voll Seen und Lagunen, mit tausend Flußarmen und Wassergräben, worunter der Kaiserkanal, eine unerschöpfliche Fundgrube der Ernährung für das umliegende Alpenland, keine wilde Pflanze, kein wildes Thier mehr duldend, wo die Wohnungen der Menschen auf dem Wasser stehen, um der Bepflanzung auch nicht ein Fleckchen zu entziehen. So ist das östlichste der asiatischen Zweistromländer, verglichen mit denen des Euphrat-Tigris und Ganges-Brahmaputra, wie in seiner Geschichte das älteste, so auch das am höchsten cultivirte. —

Und

Und wieder vom Nordrand des asiatischen Hochlandes bis zur Küste des Eismeeres, und vom Ural bis an den Kolüma Strom, dehnt sich in einem kolossalen Maaßstabe das große Tiefland von Nordasien, Ssibirien, 600 M. lang, 200 d. M. breit, eine Fläche des einförmigsten Steppenbodens, Tundra genannt, jenseits des Polarkreises meist gefroren; zwischen Obi und Irtysch liegt die Steppenlandschaft Baraba, zwischen Obi und Tobol die ischimsche Steppe. — Und endlich am südwestlichen Ende der sibirischen Steppenfläche schließt sich an dieselbe das ausgedehnte Tiefland Turan, vom Fuß des turkischen Alpenlandes im O., vom Abfall des Paropamisus und des khorassanischen Plateaus im S. nach Westen herunterziehend, durch die Lücke zwischen Kaukasus und Ural an das asoffsche Meer, und über die Wolga an den Don in europäische Gebiete hinüber, das vermittelnde Glied zweier Erdtheile, der Uebergang von Asien nach Europa. Unter allen Erdlokalen hat dieses Tiefland das tiefste Niveau, wie der Spiegel des caspischen Sees sogar 300′ unter der Meeresfläche liegend, nur an seinen Gränzen sich zum oceanischen Wasserpaß und darüber erhebend, um so auffallender, weil unmittelbar daneben im S. und O. die Gipfel des Kaukasus zu 16000′ und die Kette des Hindu-Kuh bis zu 20000′ emporsteigen, ein nirgends wiederkehrender Gegensaz, so daß hier die große Senke der Erde erscheint. In derselben vertheilen sich: im SO. zwischen Sihon und Gihon die Landschaft Bokhara oder die tiefe Bukharei, ein alter Siz der Kultur, im Gihon-Delta die Landschaft Kharezm oder Khiwa; südlich vom Gihon bis an den Abfall Khorassans die beweglichsten Flugsandstrecken in Descht-Khowar, welche die Mündung des Gihon vom caspischen See zum Aral hingerückt haben; zwischen diesen beiden großen Seen erhebt sich auf dem Truchmenen Isthmus die niedere Bergkette der mangislawskischen Berge, und nordwärts von derselben, zwischen den letzten Ausläufern des Tarbagatai im O. und dem Uralfluß im W. dehnt sich das kirghis-kasakische Steppenland, das gegen W. als Wolga- und kaukasisches Steppenland, mit dem Elton See, sich forterstreckt, in unwirthlicher Einförmigkeit, bis an die Vorstufen des Kaukasus.

§. 76. **Europa, die Westregion der nordöstlichen Kontinenthalbe der alten Welt. — Uebersicht. — Das große Tiefland Osteuropas; — die sarmatisch-germanische Ebene.** — Dieses zuletzt beschriebene asiatische Tiefland erweitert sich nun wieder in Europa zu riesenhafter Ausdehnung, fortziehend über den Don gegen und durch die Mitte Europas, bis seine letzten Ausläufer die Nordsee und den englischen Kanal berühren. So trägt also ganz Osteuropa den Charakter eines Tief- und Flachlandes, und indem es an seiner südwestlichen Begränzungslinie zu den Bergzügen, Plateaulandschaften und Gebirgsketten aufsteigt, welche bis zum Mittelmeere hin den übrigen Theil erfüllen, so erscheinen dagegen West- und Südeuropa als Hochland, und zu diesen beiden Haupttheilen kommt das getrennte Gebirgsglied auf der skandinavischen Halbinsel, ähnlich zum Ganzen sich verhaltend, wie der Ural zu Asien. — **Das große osteuropäische Tiefland**, die sarmatisch-germanische Ebene, südöstlich mit Turan zusammenhängend, östlich vom Ural Gebirge, nördlich vom Eismeere, südlich vom schwarzen Meer umgeben, westlich vom baltischen Meer und der Nordsee, südwestlich vom Abfall des europäischen Hochlandes umgränzt, umfaßt die caspischen und euxinischen Wassersysteme der Wolga, des Don, Dnjepr, Dnjestr, die arktischen der Petschora, des Mesen, der Dwina, die baltischen der finnischen Seen, der Düna, des Niemen, Weichsel und Oder, und den untern Lauf der Elbe, Weser und des Rheins; 300 M. nach Norden, 500 M. nach O. sich erstreckend. Und in diesem ungeheuerem Raume von beinahe 100000 □M. erscheint nicht ein einziger Bergzug, sondern alles ist Fläche, weit und breit. Und doch hat auch dieses Tiefland eine gewisse Aehnlichkeit mit den Hochländern, durch seine Umrandung, nämlich im O. und SW. von wahren Gebirgsrändern, am schwarzen Meer im S., und im NW. am baltischen Meer von Höhenzügen umgeben, welche über das allgemeine Niveau der Fläche von 500′ emporsteigen. Die Seenzone an der Süd- und Ostseite des baltischen Meeres, eine über den Stromthälern liegende Seen-Platte, bildet **einen nördlichen**

Damm des europäischen Tieflandes, welcher am Südende der jütischen Halbinsel, die ebenfalls von seiner senkrecht auf ihm stehenden Verlängerung durchzogen wird, beginnend, nach Osten hin immer breiter und höher wird, folgende Landschaften umfassend: Holstein, westlich zur Elbmündung in Marschen übergehend, östlich mit dem Dammboden, Geest, bis zur Stecknitz; Mecklenburg, bis zur Uecker, wo der Damm 6 M. breit; Pommern, wo die Oder den Damm durchbricht, bis in die Quellgegend der Brahe; Westpreußen, über die untere durchbrechende Weichsel bis zum Geserich See; Ostpreußen bis zu dem Niemen, mit durchbrechenden kleinen Katarakten. Nun, nach dem Uebergang des Dammes aus östlicher in nordöstliche Richtung, Lithauen, wo er schon 15 M. breit ist, bis zur Düna ebenfalls mit Stromschnellen; und nordostwärts zu immer ansehnlicherer Breite sich ausdehnend bildet er zugleich die Wasserscheide zwischen den südwärts strömenden Dnjepr, Don, Wolga, und den nordwärts zum finnischen Golf ablaufenden Gewässern, und in dieser Quellgegend als Waldai Plateau sich durch sanft ansteigende Höhen, wie überall, charakterisirend, senkt er sich nordwestwärts, in einer Breite von 50 d. M., zum Südgestade des finnischen Golfs durch die Landschaften Kurland, Liefland, Esthland; — und endlich, weiter fortlaufend um das Ostende dieses Golfs und um die Seen Ladoga und Onega, erfüllt er den Raum zwischen dem botnischen Meerbusen und dem weißen Meer, wo Finnland von Seen und niedrigen Felsenkämmen, aber ohne Gebirgsbildung, regellos zerrissen ist. Die absolute Erhöhung dieses Dammes an verschiedenen Stellen zeigt folgende Uebersicht.

	Höhen-Niveau.		Seen-Niveau.	
Jütische Halbinsel	Himmel Berg	550′		
Mecklenburg . .	Ruhnen Berg	577′	Müritz See	216′
Ostpreußen . . .	Haasen Berg	594′	Spirding See	398′
Liefland	Gaise-Kaln	965′		
Waldai Plateau	Waldai Höhe	1064′	Seliger See	800′
			Ilmen See	427′
Finnland	Mittlere Höhe der Seen-Platte 400—600			

Und eben so an der Südseite geht eine Randerhöhung von der Wolga über den untern Don, Donez, Dnjepr gegen den Bug und am Dnjestr aufwärts, als südlicher Damm des Tieflandes, von diesen Strömen und den Katarakten des Dnjepr, Porogi, durchbrochen. Und zwar wie der nördliche Damm ebenfalls eine berglose Platte, zeigt er doch keine Spur jener Seenbildung, dagegen ist er mit den aus Asien herüberreichenden Grasfluren, Steppen, bedeckt, welche zugleich tief landeinwärts an den euxinischen Strömen folgende Landschaften erfüllen: am Don und seinen Nebenflüssen das Donsche Steppenland, am mittlern Dnjepr die Ukraine, am Bug das Steppenplateau von Podolien, am untern Dnjestr und Pruth die Savennen der Moldau und Bessarabiens, an den rechten obern Zuströmen des Dnjepr die Grasflächen von Wolhynien, am obern Dnjestr das Plateau von Ostgallizien, welches als höchste Stelle des Süddammes, 960′ hoch, sich an die Vorberge der südwestlichen Gebirgsbegränzung des Tieflandes anschließt. — Außerhalb dieses südlichen Dammes aber liegt das Taurische Steppen- und Gebirgsland, indem sich am unteren Dnjepr die weiten Flächen des taurischen Steppenlandes südlich in die Halbinsel Krym hineinziehen, und südwärts wieder zu einem Gebirge aufsteigen, welches, den Südrand dieser Insel einfassend, mit senkrechten Felswänden in das Meer hinabstürzend, wie eine längliche Gebirgsinsel aus unabsehbaren Land- und Wasserflächen plötzlich aufsteigt, als Jaila, die Alp, 25 d. M. lang, bis zu 6 M. breit, mit seinem höchsten Punkt Tschadür Dagh, Zeltberg, 4740′ üb. d. M. — Der Theil des Tieflandes westlich der Weichsel, die germanische Ebene, gehört wegen ihrer vom Hochland kommenden Ströme schon Westeuropa an; östlich dieses Stroms wird die sarmatische Ebene von Rußland erfüllt, ein reiches Ackerfeld, ein großer Frost, ausgenommen die Rokitno-Sümpfe am Dnjepr bei dem Pripriät, und die sibirische Tundra am weißen Meer.

§. 77. Die Hochlandschaften in West- und Südeuropa. Uebersicht. Das europäische Alpenland. — Bei übersichtlicher Betrachtung des hohen West- und Südeuropas erkennt man die Vereinigung seiner

Haupttheile, man sieht das europäische Alpenland, aus den Fluthen des mittelländischen Meeres am Golf von Genua aufsteigend, in einen großen östlich laufenden Bogen Italien umziehend, bis zum Golf von Quarnero am adriatischen Meer und bis zur Donau bei der Einmündung der March, als Hauptgebirge von Europa. Und dasselbe umgiebt wieder, nördlich von ihm abstehend, ein anderer großer bogenförmiger Berggürtel, vom Golf von Lion bis zur Donaumündung reichend, der westeuropäische Berggürtel, in zwei Hälften zerfallend, die Westhalbe von SSW. nach NNO. vom Golf von Lion bis zur Gegend der Emsquelle reichend, die Osthalbe, von da südöstlich ziehend als Gränze des germanisch-sarmatischen Tieflandes bis zum Donau-Delta. Zwischen dem Alpenland und diesem Berggürtel liegt mit großer Mannichfaltigkeit partieller Bergketten, niederer Plateaus, großer Thäler und Tiefebenen, das Hochland von Westeuropa, ein Dreieck, an seiner Basis, dem Alpenland, 250 M. lang, bis zu seiner Spitze bei der Emsquelle 100 M. hoch, mit einem Flächeninhalt von 20000 □M. Zu diesen Theilen kommen noch in Südeuropa die Gebirgsbaue der griechischen und italischen Halbinsel, noch mit dem Hochland zusammenhängend, und das isolirte Hochland Spanien, eine Welt für sich, wie Dekan in Asien. — Und zuerst nun wieder das Alpenland, in ansehnlicher Größe, 150 d. M. lang, am Westende 20 M., am Ostende 40 M. breit, liegt es auch merkwürdigerweise gerade in der Mitte zwischen dem Aequator und dem Nordpol. Und seine Umgränzung läßt sich genauer verfolgen, wie sie im W. erst durch das Rhonethal gebildet wird, von der Rhonemündung bis zum Genfer See, und von dessen Ostende weiter durch das Aargebiet über den Vierwaldstädter und Züricher See bis zum Südende des Bodensees geht; und nun über Iller, Lech, Isar und Inn, und an der Südseite des Chiemsee hin, gerade östlich bis zum Neusiedler See. Und von diesem See südwärts bis zum Golf von Quarnero läßt sich die östliche Gränzlinie denken, über welche jedoch die letzten Ausläufer, nicht mehr Alpen, sondern niedrige Bergzüge, wie der Bakony Wald, hinausgehen; und vom Quarnero westlich zum Busen von Triest, über das Südende des Gardasees und des Lago Maggiore zum Oberlauf des Po, und weiter zum Westende des Golf von Genua und längs der Küste des Mittelmeers läuft die Südgränze des Alpengebirgsbaues. — Und auf die Bestandtheile des Alpengebirges sehend, erkennt man, wie unter sehr vielen, alle in der Hauptrichtung der Gebirgszone, von WSW. nach ONO. ziehenden Ketten, vorzüglich drei hervortreten, die Uralpen in der Mitte der Zone, und die nördlichen und südlichen Kalkalpen. Und in den Uralpen besteht die Hauptmasse, von der Quelle der Dora Baltea bis zur Quelle der Salza, in einer Linie von 60 d. M. mit dem Mont-Blanc als westlichem, dem Groß Glockner als östlichem Endpunkt, der eigentliche Gebirgsstamm, die Centralalpen, so daß vom Montblanc westlich die Westalpen, vom Glockner östlich die Ostalpen zu nennen sind. Und in seinen Höhenverhältnissen angesehen, so ist das europäische Alpenland, theils aus dem Meere, theils aus Stromthälern und vorliegenden Ebenen aufsteigend, nicht ein Vorhof weit gestreckter erhabener Tafelländer, nur an der Nordseite in ein unansehnliches Plateau, mit asiatischen verglichen, abfallend. Von diesem Nordfuß, 2000′ über d. M. gelegen, steigt man auf die Voralpen bis zu 5000′, nun auf die Mittelalpen bis zu 8000′, und endlich auf die Hochalpen bis zu 14000′ absoluter Höhe. Und von den Hoch- oder Uralpen, in der Längenaxe des ganzen Gebirgs liegend, senkt es sich wieder über Mittel- und Voralpen zum Südfuße, der in der Tiefebene des Po-Thales nur 700′ über dem Meere liegt. Und in den Hochalpen, meistens auch in den Ur- und Centralalpen, liegen die höchsten Gipfel, Riesenberge Europas, Hörner, Ferner, die Spitzen mit ewigem Schnee, Abhänge und Thalschlünde mit ewigem Eis bedeckt, oft in zwei gleichlaufenden Reihen eine Allee der erhabensten Felspyramiden bildend; die höchsten sind: der Mont Blanc südlich vom Genfersee, östlicher der Mont Cervin, der Monte Rosa gegen den Lago Maggiore hin, das Finster Aarhorn an den Quellen der Aar, die Orteles Spitze zwischen der Quelle der Etsch und Adda, der Groß Glockner, südlich vom Chiemsee, und diese sechs Riesenhäupter verhalten sich in ihrer Höhe so:

Absolute Höhe.

Mont Blanc . . .	14764′	Finster-Aarhorn . .	13234′
Mont Cervin . . .	13854′	Orteles Spitze . . .	12059′
Monte Rosa . . .	14222′	Groß Glockner . . .	11737′

Wie dieselben sämmtlich in den Centralalpen liegen, so zeigen doch auch die Westalpen Gipfel über 10000′ Höhe: der Iseran in den Quellen der Isere 12456′, Monte Oursino 12132′, Monte Viso bei der Quelle des Po 11808′. Dagegen in den breiter auseinandergehenden Ostalpen sinkt die Höhe der Gipfel, wie der Terglou, bei der Quelle der Drau, als höchster, nur 9300′ mißt. Die Alpenlandschaften, welche sich über den Gebirgsbau verbreiten, sind in den Westalpen: Provence an der mittleren, Dauphiné an der obern Durance, Savoien an der oberen Isere und dem Genfersee, und Piemont in den obern Pothälern bis zum Lago Maggiore, beide schon in die eigentlichen Centralalpen hineinreichend; ihnen gehört an, vom Genfer See an, das eigentliche Helvetien, die Schweiz, durch die ganze Breite des Alpenlandes in mehrere Cantone zerfallend, wovon der östlichste, Graubündten, in den Oberrheinthälern liegt. Nun folgt von der Etschquelle bis zur obern Drau, von der Orteles Spitze bis zum Groß Glockner in der ganzen Breite des Gebirgs die Landschaft Tyrol. Und weiter in den Ostalpen: Salzburg, in den Alpengauen der Salzathäler, die steiersche Mark, an der Ens und Mur; Kärnthen, an der Drau, Krain, die südöstlichste Landschaft des ganzen Alpenlandes, an der oberen Sau bis gegen die istrische Halbinsel. — Ferner die Thäler des europäischen Alpenlandes betreffend, so ist dasselbe an drei Seiten von großen mit seinem Zug gleichlaufenden Thälern umgeben, südlich vom Po-Thal, nördlich und östlich vom Donau-Thal, westlich vom Rhone-Thal, welches aus dem Gebirgsland selbst hervorbricht, so wie es auch beim Rhein Thal statt findet; und alle übrigen Thäler des Alpenlandes laufen in diese vier umsäumenden und hervorbrechenden Hauptthäler aus, ausgenommen die der Küstenflüsse Var, Piave, Tagliamento u. s. w.; dabei sind die dem großen Pothale angehörigen Alpenthäler meistens Querthäler, die Alpenketten rechtwinklich durchbrechend, meistens am Fuße mit Seen endigend. Vorwaltend Längenthäler dagegen sind die des Donauthales und die des Rhonethales, welches selbst als großes Längenthal im Wallis durch ein kurzes Querthal wieder in das Längenthal des Genfer Sees übergeht. Längenthal ist auch das am Vorderrhein bis zur Vereinignng mit dem Hinterrhein, und von da Querthal bis zum Bodensee; größtentheils hervorbrechende Querthäler sind die Nebenthäler des Rheins, und nur da kurze Längenthäler, wo sie sich, nach ihrem eigenthümlichen Charakter, zu Seen erweitern. — Und eben die Seen des Alpenlandes sind auf doppelte Weise über dasselbe verbreitet; in den Uralpen liegen sie, in den Hochthälern von Savoien bis Tyrol, alle 4 bis 5000′ hoch, den größten Theil des Jahres mit Eis belegt, sämmtlich klein, etwa sechszig; dagegen liegen an den Ausgängen des Alpenlandes die großen Seen, am Nordsaume vom Genfer bis zum Traun See, an 70 M. weit, ihrer zwanzig, 1200′ bis 2300′ hoch; am Südsaume nur sechs, vom Lago Maggiore bis zum Garda See, 600′ bis 700′ hoch, eine Strecke von 20 M. — Am Ostfuße liegen zwei große, Neusiedel und Platten. Endlich sind im europ. Alpenlande vorzüglich die Gebirgspassagen zu bemerken, indem die inneren Stromthäler durch zahlreiche Pässe über die Scheideketten verbunden sind, so wie auch mehrere Passagen über die ganze Gebirgsbreite gehend das Rhonethal, die nördlichen Plateaulandschaften und das Donauthal mit dem Pothal in Verbindung sezen: am wichtigsten sind:

1) In den Westalpen: der Paß des Mont Genevre, aus dem Durancethal ins Pothal, 6000′ hoch; der Mont Cenis, aus dem Arc Thal in das Susa Thal, 6144′ hoch; der kleine St. Bernhard von der Isere in das Aosta Thal, 6750′ hoch.

2) In den Centralalpen: der große St. Bernhard, vom Genfersee zur Aosta, 7668′; der Simplon, aus dem obern Rhone Thal, Wallis, zum Lago Maggiore in Piemont, 6174′; der St. Gotthard, vom Vierwaldstädter See an der Reuß aufwärts ins Tessin Thal zum Lago Maggiore in die Lombardei, 6584′; der Splügen, aus dem Hinterrhein Thal zum Comer See, 6513′; endlich der Brenner, aus dem Innthal in das Eisach-Etsch Thal,

von dem Plateau am Nordfuß in die Lombardei, fast genau in der Mitte der ganzen Längenausdehnung des Alpenlandes und dabei der niedrigste Paß, 4353′, so daß sich hier die größte Einsenkung der ganzen Masse zeigt.

3) In den auseinander gelagerten Ostalpen vervielfältigen sich die Pässe: der Rattstädter Tauern führt von der Salza ins Murthal 4900′; der Semring, im äußersten Nordosten des Alpenlandes von der Donau ins Murthal; der Loibl Paß, von der Drau zur Sau, aus Kärnthen nach Krain. Endlich bildet die Marien Luisen Passage, vom Quarnero Golf ins Kulpa Thal, 2857′, gleichsam die südöstlichste Gränze des Alpenlandes, wo es von seiner mächtigen Höhe zu niedrigen Bergebenen mit aufgesetzten Bergrükken herabsteigend, eine Verbindung mit dem Gebirgssystem der griechischen Halbinsel gewinnt.

§. 78. Die Westhalbe des europäischen Berggürtels. — Nicht als zusammenhängende Bergkette, sondern als eine Mischung partieller Bergzüge, kleiner Plateaus und von Strömen durchbrochener und ausgefurchter Thalebenen, läßt dieser Theil des großen Berggürtels drei Gruppen hervortreten, keine höher als 6000′. — Die südliche, Hochfrankreich, aus der flachen, 4 M. breiten, zwischen der Rhone- und Audemündung liegenden Küstenterrasse von Languedoc aufsteigend, verbreitet sich als geräumiges Hochland nordwärts bis zur Einmündung des Allier in die Loire und bis zur Seinequelle, westwärts bis zur Quelle der Charente, östlich zum Rhonethal abfallend, der Scheidung vom Alpenland. In Gestalt eines Trapezes, 70 M. lang, 45 breit, nur nordöstlich durch eine Bergzunge mit dem übrigen Gürtel zusammenhängend, steigt es allenthalben, wie eine Berginsel, aus dem Niveau der umliegenden Landschaften und Stromthäler hervor. Die Hochterrasse von Velay, Gevaudan und Vivarais bilden als geräumige Bergebenen, 3000′ hoch, seinen Kern um die Quellen der Loire, des Allier, Lot, Aveyron, Tarn und der Ardeche, von wo südwestlich die Kette der Sevennen, zwischen den Garonnezuflüssen und dem Golf von Lion in mehreren Absätzen zur Küstenterrasse von Languedoc abfallend, als Wasserscheide hinzieht. Nördlich verlängert sich dieses Plateau dreizackförmig in schmalen Plateaus, als

Wasserscheiden, zwischen Dordogne und Allier das Plateau der Auvergne, in der Mitte zwischen Allier und Loire das Plateau von Forez, östlich zwischen Loire und Rhone das Plateau von Lyonnais und Charolais, alle drei wieder mit Gipfelerhebungen, der Cantal 5800′ und der Puy de Dome 4550′ in Auvergne, der Pierre sur Haute 5964′ in Forez, der Mont Tarare 4350′ in Charolais. Mit den dazwischen liegenden Parallelthälern des Allier, wo am Fuß des Puy de Dome die schöne Limagne, und der Loire senkt sich das Hochland nach Norden; und wie es überhaupt an den Ost- und Südseiten unmittelbar hinabfällt zur Tiefe des Rhonethales und der Küste von Languedoc, so senkt es sich dagegen im SW. in die Terrasse von Rouergue, die zwischen den Sevennen und der Dordogne, 1800′, wieder in das Tiefland von Guienne und Gascogne hinabfällt, welches, an der Garonne und dem Adour ausgebreitet, mit der Küstenterrasse von Languedoc zusammenfließt. Nordwestlich senkt es sich durch die Terrasse des Limousin in die Tiefebene des Poitou und der Touraine, links der unteren Loire, und nördlich ist von der Loire bis zur Seinequelle die Terrasse von Bourbonnais und Morvan vorgelagert, die weiter östlich als Wasserscheide zwischen dem Kanal und dem Rhonegebiet bis zum Plateau von Langres fortzieht, und zwischen zwei Einsenkungen, Tragеplätzen, noch als Ostrand einen Höhenzug, Cote d'Or, darbietet, der 1700′ h. östlich in das Saonethal abfällt. — Nun nach dem Plateau von Langres als einem Verbindungsglied steigt aus der Ebene am Zusammenfluß des Doubs mit der Saone, als mittlere Gruppe, der Gebirgszug der Vogesen auf, welcher, der nordöstlichen Hauptrichtung folgend, 30 M. lang und 5 M. breit, am mittlern Rheinthal hin bis zur Mündung des Neckarthals fortzieht. Im südlichen Theil am höchsten, wo an der Moselquelle der Balon von Sulz, 4415′ hoch ist, senken sich die Vogesen nordwärts, bis sie im nördlichen Theil, der Hardt, als höchsten Gipfel, den Calmet 2077′ hoch zeigen. Bei steilem Abfall dieses Gebirgszuges gegen S. in das Thal des Doub, gegen O. in das Rheinthal, gegen N. in die Ebene von Kaiserslautern, senkt er sich gegen W. zu dem Plateau von Lothringen, welches wieder in die Flächen von Champagne und das Tiefland von Orleannais, Paris und Picardie hinabführt, welches sich zwischen der Touraine und dem Rhein-Delta bis zur Küste des Kanals zwischen Seine und Sommemündung ausbreitet. — Nun weiter, jenseits der als Thalrinne erscheinenden Ebene von Kaiserslautern, breitet sich die nördliche Gruppe, die rheinische Vorterrasse, in der Gestalt eines Rechtecks von den Quellen der Sambre bis zu den Weserzuflüssen, Eder und Diemel, in nordwestlicher Hauprichtung, in einer Länge von 50 d. M., etwa 15 bis 20 M. breit. Auf allen Seiten steil in die umliegenden tiefen Niveaus abfallend, nördlich in das tiefe Rhein-Delta, ist sie von zwei Querthälern, dem der Maas im Westen und dem Rheinthal in der Mitte, in senkrecht auf ihrer Hauptrichtung stehender Richtung durchfurcht, und die Mosel bildet ein Hauptthal der Terrasse von SW. her in ihrer Hauptrichtung bleibend, auf der SW.-Seite einen Ausschnitt des Rechtecks bildend, wie der Rhein-Austritt an der Nordseite. Tief eingeschnittene Thäler unterbrechen überhaupt die Einförmigkeit ihrer Plateaulandschaften, wobei an der Südseite ein Randgebirge hinläuft, der Hoch- und Soonwald am Westufer des Rheins, dem hier noch das pfälzisch-zweibrückische Gebirge mit dem Donnersberg 2090′ hoch vorlagert, auf dem Ostufer des Rheins der Taunus, mit dem großen Feldberg 2708′ hoch. Dann folgen nördlich als Bestandtheile links vom Rhein die Plateaus der Eifel, des hohen Veens, der Ardennen 1500′ hoch, und rechts vom Rhein der Westerwald, das kleine Siebengebirge und das Sauerland mit dem Winterberg 2000′ hoch, bis endlich das Gebirge von Bleiwäsche, hinabstürzend in das germanische Tiefland, an der Lippe und Emsquelle die Nordostecke der ganzen Rheinischen Vorterrasse bildet. — Es ergiebt sich nun im Ganzen die größte Ausbreitung des Berggürtels an seiner Süd- und Nordseite, während sich die Vogesen lang und schmal der nördlichen Gruppe mehr nähern, und die Höhe wird nach N. hin immer geringer. — Man denke sich endlich im Westen, jenseits der Tiefebenen von Poitou, Touraine und Orleannais, die Halbinsel Bretagne als kleines Tafelland, mit der Montagne d'Arrée 1180' hoch, ein allerkleinstes Dekan.

§. 78. Die Osthalbe des westeuropäischen Berggürtels. — Vom Donau-Delta bis zum Emsfluß, auf der Gränze des sarmatisch-germanischen Tieflandes und des hohen Westeuropas, in nordwestlicher Hauptrichtung (wie Himalaya und Kaukasus) zieht die Osthalbe des westeuropäischen Berggürtels, auch mit drei gesonderten Gruppen, das Hochland Erdely, die Karpathen, das hercynische Bergsystem, fast um ein Drittel länger, als die Westhalbe, doch ebenfalls an Höhe nach der Ems hin immer mehr abnehmend. — Nordwestlich vom Donau-Delta, zwischen dem Pruth, der untern Donau und der Theiß, verbreitet sich west- und nordwärts ein Gebirgshaufen, beinahe ein Viereck bildend, dessen Basis die Donau, 40 d. M. lang, 30 d. M. hoch, das Hochland Erdely oder Siebenbürgen. Mächtige Bergketten bilden die Umfangslinien dieses Vierecks, die transsilvanischen Alpen an der Süd- nnd Ostseite, das siebenbürgische Erzgebirge an der Nord- und Westseite. Von dem Einfluß der Save in die Donau an, streicht die südliche Kette der transsilvanischen Alpen, 5 M. breit in östlicher Richtung über die Aluta bis zum Sireth, 50 M. weit, westlich das Bannater Gebirge genannt, östlicher bei der Aluta das Hatzeger Gebirge mit dem Retyezat 7755' hoch, östlich jenseits der Aluta, immer höher ansteigend das Fagarascher Gebirge, wo weiter gegen O. der Butecz 8160' hoch steht, als südöstlicher Eckpfeiler der transsilvanischen Alpen, die erhabene Landmark vom hohen Westeuropa gegen das schwarze Meer. An der Ostseite des Vierecks zieht sich erst das Gebirge Lipschen, in einer Doppelkette das Thal von Cschek mit Aluta und Marosch einschließend, nördlich in der Ostkette, Kelemen Habasch, den Gipfel Budos 9000' hoch, tragend; dann zieht die vereinigte Kette, als Gebirge Borßek nördlich bis zum Ursprung der Samosch und Theiß, wo der Petrosch 6834' hoch, den nordöstlichen Eckpfeiler des Erdelyer Vierecks bildet. Die Süd- und Ostkette der transsilvanischen Alpen stürzen ungemein steil in die umliegende Tiefebene, südlich in die Tiefebene der Walachei an der untern Donau, östlich in das Flachland der Moldau, wo nördlich an der Quelle des Sireth auf den Abhängen der transsilvanischen Alpen die Landschaft Bukowina liegt. Das die Nord- und Westseite des Vierecks umziehende siebenbürgische Erzgebirge steht bei einer Breite von 5 bis 8 M. an Höhe weit unter den transsilvanischen Alpen, und der von ihnen gebildete Rand ist an der Nordwestecke von der Samosch, an der Südwestecke von der Marosch durchbrochen, bei welcher sich das südwestliche unzusammenhängende, aus einzelnen Gruppen bestehende, Erzgebirge wieder an das Bannater Gebirge anschließt. Und nun liegt innerhalb dieser Gebirgsränder das niedere Plateau von Siebenbürgen 1000′ hoch, wie eine große trocken gelegte Lagune. — Vom hohen Petrosch aus in nordwestlicher Richtung zieht das karpatische Waldgebirge, sich östlich in das Plateau von Ostgallizien verflachend, bis über die Quelle des San, 30 M. weit, 10 M. breit, als Verbindungsglied zwischen dem Erdely und der Mittel Gruppe, der karpatischen Gebirgsinsel. Diese steigt, als Hochungarn, nördlich vom Lauf der Weichsel, westlich von der March umgränzt, südlich von der Donau, östlich vom Hernath und der Theiß, aus den umliegenden ausgebreiteten Ebenen in Stufen empor bis zu einer erhabenen Gebirgslinie, die Tatra, welche zwischen den Quellbezirken des Dunajec und Poprad, der Waag und Arva, 18 M. weit, 2—3 M. breit, von O. nach W. streicht, mit dem höchsten Gipfel der Lomnitzer Spitze 8133′ hoch, der westliche Theil die Liptauer Alpen, das Ganze die Central-Karpaten genannt. Geräumige Bergebenen, die Karpatischen Hochebenen, verbreiten sich an der Nord- und Südseite, dort die Neumarker am Dunajec, die Arvaer Ebene an der Arva; südlich die Zipser oder Käsmarker Ebene am Poprad, und die Liptauer Ebene an der Waag; sämmtlich ohngefähr 2000′ hoch. — Südwärts bildet sich nun der Abfall der Central-Karpaten aus mehreren Berggruppen und Bergreihen, mit vorwaltender westöstlicher Hauptrichtung, am südlichsten zur Donauebene hinabstürzend das Matra Gebirge, mit dazwischen liegenden Landflächen innerhalb der Thalbezirke, von zunehmender Höhe, mit dem allgemeinen Namen Ungarsches Erzgebirge, oder Terrasse der südlichen Vorkarpaten, in einer Breite von 10—12 d. M. Viel schmäler sind die Vorkarpaten an der Nordseite der Centralreihe; nur 5 M. breit zieht zwischen der Neumarker Hochebene und den Flächen an der oberen Weichsel der Gebirgszug der Babia Gura und der Beskiden, steil nord- und nordwestwärts gegen die Weichsel abfallend, vom Poprad und Dunajec durchbrochen, bis in die Ebene an der Oderquelle; und südwestwärts fortsetzend, zwischen der Waag und der March, als kleine Karpaten, und bei der Mündung der March von der Donau durchbrochen, bildet südlich der Donau, westlich vom Neusiedler See, der Leita Bergzug eine Verbindung der Karpaten mit den Alpen. Hiernach gewinnt die ganze Gebirgsgruppe des hohen Ungarn die Gestalt eines Eirundes, mit größtem Durchmesser von O. nach W., von 45 M., mit kleinerem von N. nach S., von 25 M. — Nun am nördlichen und nordwestlichen Fuß der Babia Gura und der Beskiden breitet sich ein weites Plateau, von den Quellen der Oder, ohne alle Gebirgsform, östlich bis zur Weichsel und längs derselben 30 M. weit, 15 M. weit nördlich, 10 M. weit nordwestwärts, das oberschlesisch-polnische Plateau, 800′ hoch über dem Meere. Südwestlich steil in das March Thal abfallend, senkt es sich gegen N. allmählig längs den Stromläufen der Oder und ihrer Zuflüsse in das sarmatisch-germanische Tiefland, jedoch im Osten noch einmal eine Bergreihe erhebend, das Sandomirer Mittelgebirge, zwischen der Pilica und Weichsel, mit fünf gleichlaufenden Bergzügen in westnordwestlicher Richtung, als äußerstes vorgeschobenes Glied des westeuropäischen Berggürtels gegen das Tiefland Osteuropas. Dieses oberschlesisch-polnische Plateau bildet aber nur das Verbindungsglied zwischen der Gruppe der Karpaten und der Nordwestgruppe, der Kette des hercynischen Bergsystems. Weniger conzentrirt als das Hochland Erdely und Hochungarn, zeigt dieser nordwestliche Theil der Osthalbe des westeuropäischen Berggürtels, auf einer Linie von 100 Meil., von der obern Oder bis zur Ems, eine mannichfaltig abwechselnde Anhäufung getrennter Berggruppen, Bergketten, Bergebenen, größtentheils in nordwestlicher Hauptrichtung, an Höhe immer mehr herabsinkend. Sechs Glieder lassen sich in dieser ganzen Erstreckung wieder absondern. Zuerst aus der oberschlesischen Ebene, von der obern Oder und der March, steigt plötzlich steil empor das glatzische Hochland, ein Erdely im Kleinen, mit dem Altvater 4500′ hoch, als südöstlichem Eckpfeiler, von Bergketten rings umgeben, in nordwestlicher Richtung 15 M. weit fortziehend bis zum Quellbezirk des Bober, und hier eben so steil wieder abstürzend. Das Innere zwischen den Randketten ist eine Bergebene, von der Glatzer Neiße bewässert, welche die Ostkette durchbrechend in das germanische Tiefland hinabströmt. Von der Bobersenkung steigt 3000′ hoch steil in die Höhe, als zweites Glied, das Riesengebirge, in westnordwestlicher Richtung, als gleich hohe Kette 7 M. weit fortlaufend, bis zur Senkung der Lausitzer Neiße, mit der Schnee- oder Riesenkoppe 4955′ hoch, als höchstem Gipfel über dem Quellbezirk der Elbe, kaum 3 M. breit, südlich steil abfallend, dagegen im N. in die 1000′ hohe Bergebene von Warmbrun übergehend, jenseits welcher sich ein 4 M. breiter Bergkranz erhebt, der vom Glatzer Hochlande auslaufend westwärts bis zur Elbe reicht, bei 1500 bis 2000′ Höhe, bald steil bald sanft gegen das Tiefland an seinem Nordfuß abfallend. Glatzer Hochland und Riesengebirge zusammen bilden die Sudeten mit vorherrschender Kettenform. Statt ihrer erscheint jenseits der Neiße-Senkung, im dritten Gliede, die Plateaubildung, zuerst als Lausitzer Bergplatte, mit zahllosen Bergkegeln, und am Nordrande noch von dem erwähnten Bergkranze eingefaßt, in welchem die Landskrone 1321′ hoch und der Gräditzberg 1255′ hoch stehen. Auf der Westseite der das Gebirge durchbrechenden Elbe gewinnt diese Bergebene sich erweiternd, als Plateau von Sachsen, die Gestalt eines Dreiecks mit westlich bis an die Elbe, 35 M. weit, laufender Grundlinie, die Spitze in der merkwürdigen Stromnäherungsgegend, in der Mitte von Westeuropa. Am höchsten in den beiden Seiten (den Schenkeln) stürzt es gegen Süden in Steilwänden ab, während es sich nordwärts zum Tiefland allmählig senkt. Den östlichen Schenkel bildet das Sächsische Erzgebirge, von der Elbe bis zur Zwickauer Mulde, mit dem Keil Berge 3860′ hoch. In der Spitze des Dreiecks, von WSW. nach ONO., streicht in zwei Bergreihen das Fichtelgebirge, mit dem höchsten Gipfel dem Schneeberg 3218′ hoch, in der südlichen, an deren Fuß sich eine weite Ebene ausdehnt. Nördlich davon zieht sich die Voigtländische Terrasse, von der Zwickauer Mulde bis zur Saale, mit mehreren niederen Bergzügen, und am linken Ufer der Saale, auf dem westlichen Schenkel des Plateau-Dreiecks, zieht sich erst der Frankenwald, ein Plateau mittlerer Höhe, nordwestwärts, und geht dann in die Kettenform des Thüringer Waldes über, welcher in der Hauptrichtung des Berggürtels, bei nur 2 bis 3 M. Breite, 10 Meilen weit fortziehend, auf drei Seiten steil abfallend südwestlich und westlich in das begränzende Werrathal, nordostwärts in die Ebene, mit dem großen Beerberg 3150′ hoch. — Als viertes Glied erscheint, nördlich vom Thüringerwald, zwischen der Saale und Werra die Terrasse von Thüringen 800′ hoch, an den Rändern 1300′ hoch, in ihrer Mitte den isolirten Ettersberg 1550′ hoch tragend, östlich mit Steilwänden ins Saalthal, westwärts eben so in das Werrathal, nördlich in ein tiefes Längenthal abfallend, wo das kleine Kiffhäuser Gebirge 1460′ hoch inselartig emporsteigt. — Jenseits dieses Thales beginnt als fünftes Glied der Harz, ein Plateau, dem Thüringer Walde gleichlaufend, zwischen Saale und Leine, ohne mit seinem Fuß diese Thäler zu erreichen. Dem Sandomirer Mittelgebirge vergleichbar am Ostende des hercynischen Systems, liegt der Harz am Westende, ebenfalls von der Längenaxe desselben getrennt, am äußersten Nordrande Westeuropas, steil in das germanische Tiefland hinabstürzend, mit gleichem Umfang und gleicher Hauptrichtung, nur nicht aus Parallelketten bestehend, sondern ein Plateau, 12 bis 15 M. lang, 4 bis 5 M. breit, die östliche Hälfte, Unterharz, niedriger als die westliche, der Oberharz, mit dem Brocken 3500′ hoch. — Endlich als sechstes und letztes Glied erscheint in der nordwestlichen Verlängerung der thüringischen Terrasse und des Harzes ein Gemenge kleiner Plateaus und Höhenzüge von geringer Höhe, in der Mitte vom Tiefthal der Weser durchzogen, deswegen die Weser Terrasse. Der Solinger Wald und die westliche Bergebene von Pa-

der-

derborn in sich fassend, berührt sie endlich die Niederrheinische Vorterrasse, und hat am Westende die schmale Bergkette des Teutoburger Waldes, und als Nordrand den Süntel und die Mindensche Bergkette, in welcher die Weser durchbrechend, die westphälische Pforte bildet. —

§. 79. Das germanische Tiefland. Das Plateau von Deutschland, das österreichische Stufenland und die Tiefebene von Ungarn. — Am nördlichen Fuß des hercynischen Kettensystems dehnen sich, als Fortsetzung der sarmatischen, die germanischen Tiefebenen westlich bis zum Rhein-Delta und in die Ebenen der Picardie, gegen N. bis an die Gestade der Nord- und Ostsee, an welchen der beschriebene Damm des Flachlandes hinzieht. Zwischen ihm und dem Fuß des Bergrandes verbreiten sich als einzelne Landschaften: Polen an der Weichsel und Warthe; Schlesien an der mittlern Oder; Brandenburg von ihr zur mittlern Elbe; von dieser bis zur Weser Niedersachsen, und von dieser über Ems und Unterrhein bis an die Maas Westphalen. Unmittelbar am Abfall des Hochlandes beginnend, senkt sich die Tiefe ganz allmählich zur Meeresfläche, noch unterbrochen von einem bemerkenswerthen Landrücken, der weit aus O. her vom Sandomirer Mittelgebirge, gleichlaufend mit dem hercynischen Kettensystem, 15 M. von ihm entfernt, bis zur untern Elbe zieht, meist 500′ hoch, nur 2 M. breit, von der Oder und Elbe in kleinen Querthälern durchbrochen. Mit dem höchsten Kamm nach N. liegend erscheint er von N. her als Bergrücken, von S. her aber als endlose Ebene. Besonders benennt man ihn, rechts von der Oder die Trebnitzer Berge, zwischen Spree und Elbe der Fläming, westlich der Elbe die Lüneburger Heide, zwischen welcher und dem Harz noch der Elm 1000′ hoch als kleine Berggruppe erscheint. — Von den Vogesen und der Niederrheinischen Vorterrasse im Westen bis an die Karpaten im O., 100 M. weit, von den Alpen im S. bis zum hercynischen Kettensystem im N., 40 M. weit, breitet sich bei vorherrschender ebener Oberfläche das Plateau von Deutschland, zwar niederer Art, aber am größten im westeuropäischen Hochlande; durch drei unter mehreren hervortretenden meist nördlichen Bergzügen ist das ganze Land in drei Stufen zerlegt. Der westliche Bergzug, aus der Ecke des Rheinthales, als Schwarzwald steil aufsteigend, zieht den Vogesen diesseit des Rheinthales gleichlaufend, nördlich 20 M. weit, 4 M. breit, bis an die Murg, mit dem Feldberg im südlichen Theil 4600′ hoch, steil in das Rheinthal abfallend, sanft gegen O. plateauwärts. Nach einer Gebirgslücke von 7 Meilen jenseits der Murg, erhebt sich der Odenwald, im höchsten Punkte 1880′ hoch, südlich vom Neckar durchbrochen, mit der Bergstraße am westlichen Fuße, 8 M. weit bis an den Main; jenseits dieses, immer nördlich, doch östlich, abgelenkt zieht der Speßhardt 6 M. weit in gleicher Höhe, an seinem Nordende sich in ein Plateau verlaufend, von welchem der Bergzug gabelförmig gespalten fortläuft, östlich als Rhön 2000′ hoch zwischen Fulda und Werra, westlich als Vogelsberg, zwischen Fulda und Lahn, und zwischen beiden liegt die Bergebene von Fulda 800′ hoch. Beide Gabeläste wieder als ein Keil zwischen der Niederrheinischen Vorterrasse und dem hercynischen System eindringend, bilden auf ihren nördlichen Abhängen die Hessische Terrasse, eine wellenförmige Fläche mit dem Meißner 2200′ hoch, bis zur Paderborner Bergebene. Die südwestlichen Gehänge des Vogelberges bilden die Wetterau. Der ganze westliche Bergzug hat 50 M. Länge. — Größere Ausdehnung hat der mittlere Bergzug, von der Isere und Rhone, in nordöstlicher Hauptrichtung, über 100 M. weit ziehend, 5 M. breit, bis an den obern Main. Am Südende mit den Westalpen zusammenhängend, nach dem Durchbruch van der Rhone selbständig auftretend zieht er nordöstlich, 40 M. weit, zur Mündung der Aar in den Rhein, über beide setzend und die Katarakten-Zone des Rheins bildend, geht er nördlich zur Donau, und von ihr ebenfalls durchbrochen nun nordöstlich längs ihrem Stromlauf bis zur Mündung der Naab, ebenfalls 40 M. weit; nun in nördliche etwas gegen W. übergehende Richtung abgelenkt, noch 20 M. weit bis an die Mündung der Rodach in den Main, dort, dem Franken- und Thüringerwald gegenüber, in die Ebene abfallend. Im südlichen Theil der helvetische, im nördlichen der deutsche Jura, zum Theil auch Alp genannt, zeigt er den Unterschied dieser beiden Hauptabtheilungen, daß der helvetische mit vorherrschender Kettenform steil nach O., der deutsche mit vorherrschender Plateauform steil nach W. abfällt. Und ähnlich allen nördlich streichenden westeuropäischen Bergsystemen zeigen sie im südlichen Theil die höchsten Gipfel; der Pré de Marmiers 5300′ hoch nach der Rhone; dagegen haben die Plateauflächen am Main nur 1700′ Höhe. — Und als östlicher Bergzug, da wo das Fichtelgebirg sich als Keil in das Plateau von Deutschland drängt, läuft der Böhmerwald durch das Egerthal vom Erzgebirge getrennt, parallel mit dem 8 M. weit entfernten nördlichen Jura, südwärts zum Regen, der Moldau und Donau, 25 M. weit, durchschnittlich 4 M. breit. Im nördlichen Theil plateauartig gebildet, 2500′ hoch, geht er nach einer Vertiefung am Regen im Quellbezirk der Moldau in eine Berginsel über, mit dem großen Arber 4500′ hoch, von welchem westlich, zwischen Regen und Donau, ein 3000′ hoher Zug, der Baiersche Wald, südöstlich zwischen Moldau und Donau das Teufelsgebirge hinzieht. — Zwischen Jura und Böhmerwald, Alpen und Fichtelgebirge liegt in der Mitte die wahre Scheitelfläche des Plateaus von Deutschland bogenförmig ausgebreitet, ein Fußgestell der Alpen, die Hochterrasse von Deutschland durchschnittlich 1500′ hoch, wellenförmige Bergebene, hier und da, wie bei München, wahre Plattebene. Ihr südwestlicher Theil zwischen Genfer- und Bodensee ist das Plateau der Schweiz, vom Bodensee zum Inn geht das Plateau von Baiern, und zwischen der Donau und dem Fichtelgebirg liegt das Plateau der Oberpfalz. Vom deutschen Jura zum westlichen Bergzug hin liegt die Terrasse von Schwaben und Franken, von gleichem Charakter wie die Hochterrasse, doch niedriger, westlich in das Rheinthal, die große Einsenkung in die Mitte des westeuropäischen Berglandes, abfallend. — Und als dritte Stufe verbreitet sich die Terrasse von Böhmen, westlich vom Böhmer Walde, nördlich und östlich vom hercynischen Kettensystem umgränzt, mit demselben Charakter der wellenförmigen Fläche, wie Schwaben und Franken, im N. mit dem Mittelgebirge, einer kleinen dem Erzgebirge gegenüber stehenden Berggruppe; im Südosten mit einem Höhenzug vom Glatzer

Hochlande zum Böhmerwald, auf dessen südlichen Gehängen die Landschaft Mähren liegt. — Endlich wo bei und unterhalb der Innmündung die letzten Abfälle der Ostalpen und die Ränder des Böhmer Waldes und des Mährischen Höhenzuges dicht an die Donau treten, da zieht dieser Strom, von dem Plateau von Baiern herabkommend, mit Stromengen und Stromerweitungen, mit Strudeln und Wirbeln in schnellem Lauf 30 M. weit durch das österreichische Stufenland, den Uebergang von den Hochlandschaften Westeuropas zu den Tieflandschaften an der Donau. Diese erscheinen in drei getrennten Gliedern gegen O. hin immer größer; zu beiden Seiten der Donau und March bis zu den kleinen Karpaten und dem Leitha Gebirge, die österreichische Ebene oder das Marchfeld; bis zum Durchbruch der Donau durch den Bakonyer Wald und die südlichste Stufe der Karpaten die kleine ungarische Ebene; bis zum Donau-Durchbruch durch die Gebirge des Bannats die große ungarische Ebene.

§. 80. Das Gebirgssystem der griechischen Halbinsel, und das der Halbinsel Italien. Das castilische Hochland, das getrennte Gebirgsglied von Südeuropa. — Nun weiter erscheint das griechische Halbinselland als hohes Gebirgsland mit allseitig gerichteten Bergketten, aufgesetzten Plateaus und Terrassenabfällen, doch so, daß von einer erhabenen Gebirgsinsel der Mitte, dem macedonischen Hochlande, der Scardos und Orbelos, nach O., NW. und S. auslaufende Bergketten den Bau der Halbinsel bestimmen. Gerade gegen O. zieht zum schwarzen Meer der Hämus, Balkan, zu dessen Küsten in Steilwänden hinabfallend; am nördlichen steilen Abfall zum Tiefland der unteren Donau die Landschaft Bulgarien erfüllend, in der Tiefe die Walachei; auf dem südlichen terrassenförmigen Abfall zum ägäischen und Marmora Meer liegen die Landschaften Rumilien und Makedonien, durch die Kette der Rhodope getrennt. Nordwestlich, in mehreren Parallelketten längs dem Adriameer läuft das dalmatische Kettensystem, am Golf von Quarnero sich an die Alpen anschließend, mit den Landschaften Bosnien im W. und Serbien im O. auf den Terrassen seines Nordabfalls zur Donau, wo die letzten Ausläufer des Hämus mit den Bannater Bergen der Karpaten Gruppe in Verbindung stehen, bei dem Donau-Durchbruch in dem Gebirgsspalt von Orsova. Und südlich durchzieht die eigentliche Halbinsel von der makedonischen Gebirgsinsel auslaufend der Pindus mit dem Parnaß am Patras Golf, und die Cycladen als insuläre Fortsetzung bildend. Gegen beide Meere sich in Terrassen hinabsenkend hat er westwärts am adriatischen Meere die Landschaft Albanien, ostwärts zum ägäischen Meer die Terrasse von Thessalien, deren Küstenkette der Peneus durchbricht, dessen Durchbruch der Olymp 6120′ hoch und Ossa im Thal Tempe einschließen, wie südlicher der Oeta mit dem Engpaß der Thermopylen den Aufgang vom ägäischen Meere zu den Terrassen des eigentlichen Hellas. Und ein für sich bestehendes Hochland ist Morea, in dessen Mitte das Plateau von Arkadien 2000′ hoch mit Randgebirgen ringsumgeben ist, am Nordrande den Zaria, Kyllene, 7270′ hoch tragend, mit dem südwärts laufenden Bergzug des Taygetos 7452′ hoch zum Kap Matapan. — Und von den östlichen Gehängen der Westalpen am mittelländischen Meer läuft längs dem Golf von Genua der Apennin durch die ganze italische Halbinsel, erst dem adriatischen Meer näher, dann in der Mitte der Längenerstreckung in mehreren Ketten und Gruppen zu dem kleinen Hochlande Abruzzo sich aufthürmend, mit dem Gran Sasso d'Italia 11400′ hoch. Und vom Apennin westwärts, zwischen Arno und Tiber, liegt die abgesonderte Plateaulandschaft Toskana, mit Bergrändern umgeben, nach allen Seiten steil abfallend, von der südlicher, auf der westlichen Küstenterrasse des Apennin, die reizendsten Landschaften Europas liegen, die Campagna di Roma am Lauf der Tiber, die Campagna Felice mit dem Vesuv, 3636′ hoch, am Golf von Neapel. Und im N. trennt die Lombardische Ebene, ein langes und breites Tiefland am Po, den Apennin von den Alpen, an deren Fuß sich in dieser Ebene, an der linken Seite der Etsch, die kleine Berggruppe der Euganeen erhebt. — Endlich die Inseln Corsika, Sardinien und Sicilien haben längs durchziehende Bergketten, am höchsten auf Corsica mit dem Monte d'Oro 8160′ hoch, niedriger auf Sicilien, wo jedoch der Feuerberg Aetna an der Ostseite, als isolirter Kegel, 11400′ emporsteigt. — Von den Gebirgs- und Berglandschaften Westeuropas getrennt, durch die Tiefebenen Gaskoniens und Languedocs, erscheint die hesperische Halbinsel wie ein europäisches Dekan. Ein Tafelland der Mitte, sich nach allen Seiten zum Meeresgebiet und zur Tiefe am Fuße Hochfrankreichs senkend, trägt, zum Theil auf seinen Rändern, vier Gebirgsketten, größtentheils von O. nach W. dem Lauf der Ströme folgend, eine nördliche, zwei mittlere und eine südliche, zwei Bergebenen und zwei Tiefebenen einschließend. Bei dem Kap Creus aus dem mittelländischen Meer aufsteigend läuft die nördliche Gebirgskette längs der Nordseite der Halbinsel bis zum Kap Finisterre, dort zum nordatlantischen Ocean abfallend. Vom Kap Creus bis zur Bidassoa sind es die Pirenäen, von OSO. nach WNW. ziehend, 55 M. lang, 12—15 M. breit, mit zwei Parallelketten, der östlichen und westlichen, südlicher gerückten, mit der Scheidung am Quellbezirk der Garonne, von beiden Meeren aufsteigend zur durchschnittlichen Höhe von 7900′ mit dem höchsten Gipfel Pik Nethou 10722′, gegen W. in die Plateauflächen von Alava am obern Ebro sich verflachend, von welchen, bis zum Kap Finisterre hin, das Cantabrische Gebirge läuft. Und wie dieses mit seinem Abfall gegen das Meer den ganzen Nordwestwinkel der Halbinsel erfüllt, mit den Landschaften Galicien im N. und Traz os Montes im S., und mit der gegen die Küstenterrasse des Oceans hinabstürzenden Serra de Geres 7000′ h., so erhebt sich entsprechend die Bergterrasse von Catalonien, zwischen den östlichen Pirenäen und dem untern Ebro. Und der erste Central-Gebirgszug, das castilische Scheidegebirge, aus dem Niveau des mittelländischen Meeres unmittelbar emporsteigend zur Muela de Ares 4000′ hoch, erreicht als weite platte Hochfläche ohne Gipfelerhebung die Wasserscheide zwischen Duero und Tajo, und erhebt sich nun zur Sierra de Guadarama 7700′ hoch, bis am Westende die fast gleich hohe Sierra Estrella in mehreren Stufen zum atlantischen Ocean hinabsinkt. Und der zweite, das andalusische Scheidegebirge, den Pithyusen gegenüber am Kap de Nau aus dem Meere aufsteigend, über die hohen Plateauflächen von Murcia zur Wasserscheide zwischen Guadiana und Guadalquivir hinziehend, wird es hier als Siera Morena von der Guadiana im Salto de Lobo durchbrochen, und zieht fort bis zum Kap St. Vincente, dem südwestlichsten der Halbinsel, hier mit der Landschaft Algarve, zwischen der Guadiana Mündung und Kap St. Vincente. Zuletzt als südliches Randgebirge des Hochlandes gegen das mittelländische Meer zieht der Gebirgszug von Granada vom Kap Gata bis zur Bucht von Cadix, mit dem höchsten Gebirge der Halbinsel, Sierra Nevada, Schneegebirge, wo der höchste Gipfel Cumbre de Muleyhacem 11000′ hoch thront, letzteres mit zwei Stufen, den Alpujarras und tiefer der Sierra Contraviesa, zum Meere abfallend. In undurchbrochenem Zusammenhange stehen die Ostenden der drei letzten Gebirgszüge durch hohe Plateauflächen, die mit dem Plateau von Alava in Verbindung tretend und durch das Ebrothal von den Pirenäen geschieden, mit mächtigem Steilabfall in dieses Thal, die aragonische Tiefebene und zum Niveau des mittelländischen Meeres hinabstürzen, nur stellenweise eine schmale Küstenterrasse übrig lassend, wie die Huerta von Valencia und die Huerta von Murcia. Und nach W. hin, mit dem Lauf der Ströme, senken sich die wellenförmigen Flächen dieser Hochterrassen zu wahren Plattebenen, dem Tafellande der Halbinsel, mit zwei Stufen: zwischen den cantabrischen Küsten und dem castilischen Scheidegebirge schließt die Terrasse von Alt-Castilien, 2600′ hoch, das Stromgebiet des Duero ein, bis auf ihren westlichen Gehängen, südlich vom Minho der Gesammtnahme Portugal gilt, wie Spanien für alle übrigen Theile der pirenäischen Halbinsel. Weiter zwischen diesem Scheidegebirge und der Sierra Morena umschließt als zweite Stufe, 2000′ hoch, die Terrasse von Neu-Castilien und der Mancha, die Wassergebiete des Tajo und der Guadiana, und westwärts die Berglandschaften Estremadura und Alemtejo. Am untern Guadalquivir zwischen der Sierra Morena nad dem Gebirgszug von Granada dehnt sich die andalusische Tiefebene in weiter Oeffnung gegen das Meer. Auch die Pithyusen und Balearen sind Gebirgsinseln von beträchtlicher Höhe.

§. 81. Das Gebirgssystem der skandinavischen Halbinsel. Die Bergsysteme in Nordwesteuropa, auf den britischen Inseln. — Völlig getrennt durch Tiefländer und Seeräume von den zusammenhängenden Gebirgs-, Berg- und Plateaumassen Westeuropas erhebt sich das Gebirgssystem der skandinavischen Halbinsel, vom Kap Lindesnäß in nordöstlicher Hauptrichtung, mit leichter Abweichung in einzelnen Theilen, fortziehend, 240 d. M. weit, bis an das Nordkap Europas, und zum Varanger Fiord, bei mittlerer Breite von 40 M. Auf den öden Bergflächen, welche im südlichen Theil den Scheitel des Gebirgszuges ausmachen, wie Sognefield und Langfield, 4—5000′ hoch, stehen einzelne Bergpyramiden, Tinde, d. h. Nadeln, wie Skagestöl Tind 7600′ hoch. Bei Fortsetzung derselben Fields-Beschaffenheit heißt nun das System in der Mitte seiner Längenerstreckung die Kjölen und im nördlichen Theil das Lappländische Gebirge. Nordwärts sich im allgemeinen senkend stürzt es doch 2000′ tief ins Eismeer hinab, und wie sich alle höchsten Punkte dem Ocean nahen, gegen dessen Fiorde die Gebirgsmasse schroff, oft senkrecht abfällt, so heben sich fast alle Inseln der Westküste zu einer bedeutenden Höhe, im nördlichen Theil sogar überragend. Aber gegen O. zum bothnischen Meerbusen fällt die Gebirgsmasse von Stufe zu Stufe sanft ab, jedoch ohne so geräumige Terrassen, wie in den Gebirgssystemen von West- und Südeuropa. — Auf Schottland, einem Berglande, theilt eine niedrige ebene Landenge zwischen Frith of Clyde und Frith of Forth das ganze Bergsystem in zwei Gruppen: die nördliche, das schottische Hochland, eine Anhäufung von Bergen und Thälern, meist in nordöstlicher Hauptrichtung ziehend, läßt die Grampian Kette hervortreten, zwischen dem Murray und Forth Busen, mit dem Ben Newis 4380′ hoch, dem höchsten Berg in Schottland und in ganz Nordwesteuropa. Die südliche Gruppe, die Cheviot Berge, mehr in westöstlicher Richtung, geht mit ihrem Ostrande nach England hinüber, in ihrer Mitte den Hartfell tragend, 3300′ hoch. Zugehörig sind die Hebriden, hohe Felseninseln, mit Staffa und seiner berühmten Fingalshöhle. Im nördlichen England stößt an die Gruppe der Caldbeck Falls, im Skiddaw, östlich vom Solway Frith 3270′ hoch, südlich die Gruppe des Peak, während das ganze übrige Land von niedrigen Bergen, mit vorwaltender nordwestlicher Hauptrichtung, durchzogen ist, die sich im W. gegen den St. Georgs Kanal zu dem Berglande Wales erheben, wo, der Insel Anglesea gegenüber der höchste Berg in England, der Snowdon 3340' hoch emporragt. In dem mehr ebenen als bergigen Irland treten mehr einzelne Berggruppen auf, als zusammenhangende Ketten, bemerkenswerth vornehmlich an den Küsten, wie der Riesendamm in NO. und in der Südwestspitze der höchste Berg auf Irland, der Mangerton Berg 2500' hoch. —

§. 82. Die insularen Gebirgsreihen und Gebirgsgruppen auf der Hemisphäre der alten Welt, im atlantischen Ocean und in Australia. Höhen und Tiefen im Kontinent von Australien. — Zu der bisher ausgeführten Ansicht von der Oberflächenbildung in den drei Erdtheilen der alten Welt ist die Vorstellung von der Gebirgsbildung auf den Inseln dieser Hemisphäre hinzuzufügen, welche bei allgemeiner Uebersicht zwei Klassen bilden, die niedrigen und die hohen Inseln. Diese letzteren erscheinen wiederum entweder als fortlaufende Bergreihen oder als isolirte Gebirgsgruppen, jedoch sämmtlich auf ihren Scheiteln und Rändern Feuerberge tragend, entweder noch thätige oder erloschene. Man übersehe folgendes Verzeichniß:

I. Insulare Gebirgsreihen.

1) Die Kette der Sunda-Inseln, 14000' hoch, Gunung Kasumbra auf Sumatra 14080' hoch.
2) Der Binnengürtel der Australinseln, das Vestland Australiens wie ∽ umgebend.
3) Die Molukken und Philippinen.
4) Die Japanischen Inseln und die Kurilen, letztere mit Bergen von 19000' hoch.
5) Die Reihe der Marianen.
6) Die Insel Madagaskar.

II. Insulare Gebirgsgruppen.

a. im atlantischen Ocean.

1) Island: der Oeräfa Jökul 5560', der Hekla 4800' hoch.
2) Die Azorischen Inseln: der Pico 7300' hoch.

3) Die Canarischen Inseln: der Pik auf Teneriffa 12280′ h.
4) Die Capverdischen Inseln: der Vulkan auf Fuego 7400′ hoch.

Alle übrigen Inseln des atlantischen Oceans bilden Berggruppen oder isolirte Berge.

b. Im großen Ocean.

1) Die Gallopagos.
2) Die Sandwich-Inseln: Mauna Roa auf Waihi 15000′ hoch.
3) Die Marquesas.
4) Der Societäts Archipelagus: der Tobreonu auf Tahiti 11500′ hoch.
5) Der Tonga Archipelagus: der Vulkan auf Tufoa 3000′ hoch.

c. Im indischen Meere.

1) Die Maskarenen: der Vulkan auf Bourbon 7500′ h.
2) Die Insel Borneo, als Centralgebirge zwischen der Sunda- und Molukken-Reihe.

Und das Festland Australiens selbst betreffend, so kann man, bei völliger Verschlossenheit des Innern, über die Form desselben nicht urtheilen, und kennt nur den Südostrand, den südlichen Theil von Neusüdwales. Hier steigt von einer schmalen 5 M. breiten Küstenterrasse ein Tafelland auf, zu einer mittlern Höhe von 2000′, durch die von N. nach S. streichenden blauen Berge von der Küste geschieden. Und minder oder mehr landeinwärts begleiten Berge die ganze Süd-, Ost- und Westküste, nur die Nordwestküste ist niedrig. Hoch ist auch Van Diemens Land.

§. 83. Hoch- und Tiefländer in Amerika. Uebersicht. Die Cordilleras de los Andes. — Außer der Hochgebirgskette der Andes, welche mit ungeheuerer Höhe und Länge bei geringer Breite Amerika an der Westküste durchziehend, diesem Erdtheile seinen Hauptcharakter giebt, lassen sich in demselben noch fünf abgesonderte, theils durch Tiefebenen getrennte Gebirgsglieder unterscheiden: in Südamerika das Küstengebirg von Venezuela, längs der Nordküste, und westlich davon das Schneegebirge von Santa Marta, nach den Andes hin; dann das Hochland von Guaiana, zwischen dem Orinoco und dem untern Amazonenstrom, und endlich auf der Ostküste das Hochland von Brasilien, zwischen dem untern Marañon und dem La Plata. In Nordamerika zieht das Bergsystem der Alleghanis an der Ostküste zwischen dem Lorenzo und Mississippi, und dazu kommt die insulare Gebirgskette der Antillen. — Zwischen diesen Hochländern verbreiten sich in Nordamerika das Stufenland der canadischen Seen, der Lorenzoseenkette und des Mississippi Stroms; die Tiefebene des Orinoco, des Amazonenstroms, des Rio de la Plata und die von Patagonien. — Von den letzten Felsenspitzen der Insel Diego Ramirez im S. des Kap Hoorn bis zu der Mündung des Mackenzie Stromes an der arktischen Küste Nordamerikas, 1900 M. weit ziehet die Cordillere der Andes, durch den Isthmus von Panama in die südliche kleinere und die nördliche größere Hälfte geschieden. Zuerst 900 M. lang zieht die Andeskette von Südamerika fort, bei durchschnittlicher Breite von 15 — 20 M. — In den zerrissenen Felsenküsten des Feuerlandes, im Kap Hoorn 3000′ hoch, mit unregelmäßigen Erhebungen emporsteigend, bildet der südliche Theil, die patagonische Cordillere, eine Kette von Schneebergen, 9000′ hoch, welche nahe am großen Ocean fortziehend, nur eine schmale Küstenterrasse von höchstens 10 — 15 M. übrig läßt. Dann erscheint die Cordillere von Chili, 330 M. weit fortziehend in anderer Bildung, indem sie östlich drei abgesonderte Gebirgsglieder, Querjoche, in das Tiefland des La Plata Stroms vorschiebt, die Sierra de Cordova und Sierra de Salta, nur Mittelgebirge, und die Sierra nevada von Cochabamba und Santa Cruz, auf der Wasserscheide des Amazonen- und Silber Stroms, mit Gipfeln von 14000 Fuß Höhe. — Nun plötzlich (vom 20° S. Br. an) aus nördlicher in nordwestlicher Hauptrichtung übergehend zeigen die Andes auf ihrem weiteren Zuge eine auffallend merkwürdige Bildung, indem sie sich in zwei gleichlaufende Ketten trennen, welche sich neunmal wieder zu Gebirgsknoten vereinigen, und zwischen ihnen hohe Längenthäler einschließen, über welche sich reizende Alpenlandschaften ausbreiten. Der südliche Theil dieser wiederholenden Gebirgsspaltung, das perusche Alpenland, hat den größten Alpensee der neuen Welt, den Titicaca See, 250 □M. groß, 12000′ hoch, in dessen Nähe als höchster Gipfel der Nevado von Illimani liegt, 22940′ hoch; und im nördlicher liegenden Alpenland von Quito, mit einer Hochebene von 50 M. Länge und 8500′ Höhe liegt der Chimborazo 20100′ hoch, und wie die hohen Thäler des quitoschen Alpenlandes vollständig umschlossen, sich nur durch enge Felsenspalten öffnen, so dringt aus einer solchen, dem Pongo von Tayouchouc, der Amazonen Strom hervor, um in sein großes Flachland überzugehen. In solcher Beschaffenheit ziehen die Andes noch 350 M. weit fort, bis am Nordende dieser Erstreckung, wie schon einmal in der Mitte, eine dreifache Gabelung der Gebirgskette entsteht, die, nun nicht wieder in Gebirgsknoten zusammenlaufend, vielmehr die drei Cordilleren von Neu-Granada, auseinandersendet, wovon die östliche, auf der rechten Seite des Magdalenen Stroms fortlaufend, die Kette der Suma Paz, bis an das Meer zieht, die Hochebene von Santa Fe de Bogota 8400′ hoch tragend; die mittlere die Kette von Quindiu, den Magdalenen Strom vom Rio Cauca trennend, mit dem Pik von Tolima 17200′ hoch sinkt nördlich in das Niveau des Tieflandes; die westliche, die Kette von Choco, die eigentliche Fortsetzung der Andes, wird nach großer Annäherung an die mittlere, nur niedriger, und bei dem Uebergang auf den Isthmus von Panama geht sie in eine Fläche über, welche den Gebirgszusammenhang zu unterbrechen scheint, und zwischen den Nordenden der westlichen und östlichen Cordillere von Neu-Granada liegt ein weites Tiefland, mit dem Maracaybo See in der Mitte. Auf dem Isthmus von Panama selbst erhebt sich die verloren gegangene Gebirgskette wieder, und nach der Cordillere von Nicaragua und Guatemala, welche als eine Reihe vulkanischer Bergkegel, hart an der Küste des großen Oceans hinzieht, gewinnt nordwestlich von diesem Isthmus die Cordillere einen anderen Charakter als in Süden, von hier an zu einem mächtigen breiten Bergrücken sich ausbreitend, als Cordillere von Mexico mit dem Plateau von Anahuac auf ihrer Scheitelfläche, 7000′ hoch, worauf wieder eine Reihe von Nevados und brennender Vulkane steht, unter welchen der Pik von Orizaba 16626′ hoch und der Vulkan von Toluca 14220′ hoch emporragen, wo auch die Alpenseen von Mexico liegen. Und dieses kühle Hochland (tierra fria) fällt auf beiden Seiten in terrassenförmigen Gehängen mit gemäßigten Berglandschaften (tierra templada) hinab zur heißen Küstenterrasse (tierra calda) von Vera Cruz am Golf, und von Acapulco am stillen Ocean. Und nördlicher in dem Plateau von Guanaxuato eine außerordentliche Breite annehmend theilt sich nun wieder die Scheitelfläche in drei Zweige: als östlicher Zweig zieht die Cordillere von Texas nördlich immer niedriger werdend über den Rio del Norte, dann nordöstlich bis zum Zusammenfluß des Missisippi und Missouri, hier Ozark Berge genannt, 2000′ hoch, und jenseits dieses Flusses noch als Wiskonsaw Höhen fortsetzend, bis zum Ober See der Lorenzo Kette. Die mittlere Cordillere, Sierra Madre, erst die Hochebenen von Anahuac fortsetzend im Plateau von Neumexico am obern Lauf des Rio del Norte, läuft dann als mächtiger Gebirgsrücken, aus mehreren Parallelketten bestehend mitten im Lande fort, zwischen den Quellbezirken des Missisippi und denen des großen Columbia Stromes, jetzt Fels Berge (Rocky monutains) auch Hochland von Louisiana genannt, und den James Pik 11000′ hoch, dann nordwärts immer niedriger werdend bis zur Mündung des Mackenzie am arktischen Polarmeer, wo vorher noch als Seitenzweig die schwarzen Berge (Black Hills) nordöstlich zum Missouri hinlaufen. Zuletzt der westliche Gebirgszweig, die Cordillere von Sonora, erst in ansehnlicher Breite nordwestlich fortziehend, verliert sich an der nördlichen Spitze des Meerbusens von Kalifornien in eine andere von der Südspitze dieser Halbinsel herziehende Cordillere, welche nun, als Seealpen der Nordwestküste von Amerika immer mit den Krümmungen dieser Küste fortzieht, am zerrissenen Nutka Sund ganz dem skandinavischen Gebirge zu vergleichend', die Riesenpyramiden Schönwetter Berg 13824′ hoch und Elias Berg 16938′ hoch tragend, immer der Küste folgend, und von der Halbinsel Aliaska als insulare Gebirgskette der Aleuten fortsetzend, bis sie auf die Gebirgskette von Kamtschatka trifft. Dabei sind noch die Querjoche zu erwähnen, welche in der Gegend von Californien alle drei Cordilleren verbinden.

§. 84. Das abgesonderte und die getrennten Gebirgsglieder, und die Stufen- und Tiefländer Amerikas. — Als abgesondertes Glied der östlichen Cordillere von Cundinamarca zieht an der nördlichen Küste von Südamerika am Antillen Meer hin das Küstengebirge von Venezuela, 120 M. lang, 8—9 M. breit, genau von W. nach O., aus zwei Ketten bestehend, deren nördliche immer in der Nähe des Meeres, mit der Silla de Caracas 8100′ h., über den Drachenschlund setzend, bis sie auf der Insel Trinidad als deren Nordostspitze, Punta de la Galera, endigt. — Unter den andern, getrennt liegenden Gebirgsgruppen nähert sich dem Riesengebilde der Andes einigermaßen nur die Sierra Nevada de Santa Marta, am kleinsten aber auch am höchsten, zwischen der Mündung des Magdalenen Stromes und dem See von Maracaybo, aus dem Antillenmeer emporsteigend, ein Bergriese, 3 M. lang, rings aus heißen Ebenen, wahrscheinlich 18000′ hoch. — Das Hochland Guyana oder das Gebirgssystem von Parime, zwischen dem Orinoco und unterm Amazonenstrom östlich streichend, 140 M. lang, 80 M. breit, wird im N. W. und S. von dem gekrümmten Laufe dieses Stromes eingezwängt, welcher aus dem Innern dieses Landes entspringend, zwei von den acht parallel fortlaufenden Ketten, wovon die nördlichste 2000′ hoch, die südlichste mit dem Pik von Duida 7800′ hoch, dieses Gebirgs durchbricht, in den kolossalen Katarakten von Atures und Maypuras. — Südöstlich wieder liegt das Hochland von Brasilien, durch die Ebene des Plataströmes von den Andes, durch die Ebene des Amazonenstromes von der Sierra Parime getrennt, 160 M. lang und 100 M. breit; drei hervortretende Bergketten ziehen den Andes parallel von SSW. nach NNO., am östlichsten die Küstenkette Serra do Mar, dann westlicher die Kette von Villa Rica mit dem goldreichen Plateau von Minas Geraes 2000′ hoch, und mit den höchsten Gipfeln des brasilischen Hochlandes Itambe 5690′ hoch und Itacolumi 5400′ hoch; und im Innern die dritte niedrigste Kette, die Wasserscheide-Kette zwischen den Zuflüssen des Amazonen- und Plataströms, von welcher westlich die unabsehbaren Flächen der Landschaft Matto Grosso sich bis an die Andeskette ausdehnen. — Endlich in Nordamerika zieht, als getrenntes Gebirgsglied, das Kettensystem der Alleghanis, ein Hochland niederer Art vom linken Ufer des Mississippi bis zur Mündungsgegend des Lorenzo Stroms, gleichstreichend mit dem brasilianischen Hochlande von SW. nach NO., 350 d. M. lang, 30 M. breit. Dem Schweizer Jura ähnlich schließt es in sehr vielen Parallelketten breite terrassenförmig übereinander liegende Längenthäler ein, und die tiefe Querspalte des Hudson Stromes theilt dieses Kettensystem in eine südwestliche große und eine nordöstliche kleine Hälfte, in welcher letzteren der Washington Berg 6240′ hoch emporragt. Oestlich in die Küstenterrasse des atlantischen Oceans hinabfallend, in deren nordöstlichen schmaleren Theil die letzten Gebirgsausläufer dicht ans Meer treten, senkt sich dieses Gebirg westwärts zum Stufenlande der Lorenzo Seenkette und des Mississippi Stromes, und in das Stufenland des Ohio. — Das letzte getrennte Gebirgslied der neuen Welt ist die insulare Kette der Antillen, parallel mit der Küsten-Cordillere von Venezuela, in den blauen Bergen auf Jamaica 6830′ hoch und senkrecht darauf stehend die östliche Reihe der caraibischen Inseln, mit der Bergmasse von St. Vincent 5700′ hoch. — Und wie nun in Amerika die allseitig weit verbreiteten Hochländer Asiens und Afrikas fehlen, da die Cordilleren und getrennten Gebirgsglieder verhältnißmäßig nur wenig Flächenraum einnehmen, so zeigt dagegen dieser Welttheil die größte Erstreckung des Flach- und Tieflandes, mit reich bewässerten Steppen, dadurch von den Steppen Asiens und den Wüsten Afrikas unterschieden. In Nordamerika verbreiten sich die Savannen, unabsehbare, baumlose, fruchtbare Grasfluren, im Stufenlande des Mississippi etagenförmig gegen Hoch-Louisiana aufsteigend; doch nördlich der canadischen Seen liegt das Tiefland den größten Theil des Jahres unter Schnee und Eis. Am Orinoco bilden die Llanos einen unübersehbaren grünen Teppich, ohne Ruhepunkt für das Auge, das Kräuter-Meer (mar de Yerbas) der Einwohner, weiter sind die Ebenen am Marañon, zu beiden Seiten des Aequators, mit undurchdringlichen Wäldern bedeckt, Bosques oder Selvas; am La Plata bilden die Pampas Grasfluren, wie am Mississippi, die aber südlicher in Patagonien zu sibirischen Tundri, zu Steinwüsten und Salzsteppen ausarten.

Achter Abschnitt.

Umrisse der Klimatologie.

§. 85. Mathematisches Klima. — Vorzüglich an dem Wechsel der Jahreszeiten erkennt man das Klima der verschiedenen Zonen der Erde. — Wie unsere vier Jahreszeiten, in den beiden gemäßigten Zonen einander entgegengesetzt, aufeinander folgen, jedoch so, daß dem wirklichen Sommersanfang (nach der Sonne) die Sommerhitze erst in einigen Wochen folgt, und so dem Wintersanfang die Winterkälte, so daß man die physischen von den mathematischen Jahreszeiten unterscheidet, so wechseln in der heißen Zone nur die trockene und die Regenzeit, als Sommer und Winter, wieder in nördlicher und südlicher Hälfte entgegengesetzt anfangend, mit großer Verschiedenheit in Anfang und Dauer, und am Aequator zweimal im Jahre wiederkehrend. Und in den kalten Zonen, wo Frühling und Herbst erlöschen, läßt der langdauernde Winter dem plötzlich kommenden und plötzlich schwindenden Sommer nur die kurze Dauer von vier bis sechs Wochen. Und die durch die auf der Erdoberfläche ungleichförmig wirkenden Sonnenstrahlen entstehende Temperatur, oder mittlere Jahreswärme, die am Aequator 24° der reaumurschen Thermometerskale beträgt, läßt sich durch Berechnung in den abnehmenden Breiten so bestimmen.

Mittlere Temperatur, R.

0°	Breite	24°,0	60°	Breite	9°,6
10	—	22 ,8	60	—	8 ,0
20	—	20 ,6	70	—	2 ,6
30	—	17 ,7	80	—	0 ,7
40	—	13 ,9	90	—	0 ,0

So

So hat nun die Erde, nach der verschiedenen Temperatur, Tropenländer, Länder der gemäßigten Zone und Polarländer, die sich mit Beobachtung der Wende- und Polarkreise in übersichtliche Reihen zusammen ordnen lassen.

§. 86. *Physisches Klima.* — *Isothermen.* — *Schneegränze.* — Von dem mathematischen berechneten Klima aber weicht das wirklich vorkommende physische, vorzüglich in den gemäßigteren Ländern, vielseitig ab: wie das chinesische Tiefland kälter ist, als die nördlicher liegende Campagna Felice und das Pothal, und wieder Labrador kälter als die Küsten Jütlands in gleicher Breite, so zeigen sich überhaupt in der nördlichen Hemisphäre die *östlichen Küstenländer* unter sonst gleichen Verhältnissen *kälter als die westlichen*, und also *die neue Welt auch kälter als die alte*, und man beobachtet in der sarmatischen Ebene das fortschreitende Zunehmen der Kälte von W. nach O. Und da der scheinbare Jahreslauf der Sonne den Sommer der nördlichen Hemisphäre um 8 Tage länger macht, dagegen das südliche Polarmeer seine Eismassen weiter vorschiebt, als das nördliche, und auch wegen der größeren Masse oceanischer Winde und der von dorher herrschenden Südwinde, wegen dieser Hauptursachen ist wieder die *südliche Halbkugel kälter als die nördliche*. Man vergleiche diese Unterschiede in folgender Tafel.

Breiten.	Corresp. Monate.	Mittlere Temp. nach R.		Diff.
		Südl. Halbk.	Nördl. Halbk.	
0° bis 15°	December Junius	22,4°	22,8°	0,4°
18°	October April	21,6	21,2	0,4
22° bis 26°	Januar Julius	18,0	15,6	2,4
—	September März	16,6	16,4	0,2
34°	December Junius	11,0	12,3	1,3

Breiten.	Corresp. Monate.	Mittlere Temp. nach R.		Diff.
		Südl. Halbk.	Nördl. Halbk.	
—	Februar August	. . . 13,2	13,6 . . .	0,4
43°	Julius Januar	. . . 12,2	14,6 . . .	2,4
48°	Junius December	. . . 5,6	14,2 . . .	8,6
51½°	Junius December	. . . 7,2	12,0 . . .	4,8
58°	Julius Januar	. . . 5,0	10,8 . . .	5,8

Und die Linien der gleichen Temperatur, Isothermen, können bei der Wärmeverschiedenheit der westlichen und östlichen Hemisphäre nicht mit den Parallelkreisen gleichlaufen, so daß etwa der Isothermstrich von 0° (Gefrierpunkt) in Amerika an der Ostküste von Labrador unter 53° N.Br. liegt, dagegen in Europa über den Polarkreis hinaus durch Lappland zwischen 66° und 68° N.Br. hindurchgeht; und der von 16° geht durch das Mündungsgebiet des Mississippi, über die Insel Madeira, und 1½° südlich von Cypern. — Ferner, da auf gewissen Bergen der Schnee niemals thaut, indem die Wärme auch vom Meere aus aufwärts abnimmt, nämlich immer nach 700′ Höhe um 1°, daß endlich die mittlere Temperatnr auf den Gefrierpunkt zurücksinkt, so muß diese Schneegränze am Aequator am höchsten sein, und sich gegen den Pol hin dem Erdboden immer mehr nähern. Man denkt sich deshalb die Schneegränze über die Erde hin als eine Curve, gekrümmte Linie, in welcher sich zwar die Schneegränze der verschiedenen Breiten berechnen läßt, von welcher Berechnung aber, durch lokale Stellung der Höhen, bedeutende Abweichungen statt finden, wie auch diese Schneelinie auf der nördlichen Hemisphäre erst unter dem 70° Parallel, auf der südlichen aber schon unter 65° N.Br. in die Erde einschneidet. Darüber erkläre man sich wieder folgende Tafel.

Die Curve des ewigen Schnees.

Abscisse.		Ordinate.	
16°	S.	16390′	in Peru.
0	„	14760	in Quito.
20	N.	14100	auf dem Plateau von Anahuac.
30	„	11400	auf dem Himalaya, Südseite.
		14100	ebendaselbst, Nordseite.
37	„	10680	in der Sierra Nevada de Granada.
42	„	8400	in den Pirenäen.
		9900	im Kaukasus.
46	„	8600	im europäischen Alpenlande, Südseite.
		8200	ebendaselbst, Nordseite.
60	„	4800	im skandinavischen Gebirge.
65	„	2900	auf Island.
70	„	3300	im skandinavischen Gebirge.

§. 87. **Temperatur der Jahreszeiten. Modifizirende Thätigkeiten des Klimas. Einfluß der Winde, der Bergebenen und Bergketten.** — Den Unterschied der Temperatur der einzelnen Jahreszeiten betreffend, so zeigt dieselbe, in der heißen Zone nur wenig verschieden, schon an der Gränze dieser Zone, dann aber in der gemäßigten und in der kalten Zone immer mehr steigende Unterschiede, wie es sich wieder auf folgender Tafel genauer erkennen läßt.

Mittlere Temperatur R. der drei	Cumana. Breite 10° 27′	La Havanna. Breite 23° 9′	Berlin. Breite 52° 31′	Drontheim. Breite 63° 25′
Wintermonate, December bis Februar	+ 21,5°	+ 17,4°	+ 0,6°	— 4,8
Frühlingsmonate, März bis Mai	23,0	21,0	7,4	+ 1,8
Sommermonate, Juni bis August	22,0	22,8	13,8	16,3
Herbstmonate, September bis Novemb.	21,4	20,9	8,4	4,6
des ganzen Jahres	22,1	20,5	7,6	4,5

Im Allgemeinen aber hängt der Unterschied des Klimas noch von manchen modifizirenden Umständen ab. Zuerst wirkt die physische und chemische Beschaffenheit des Bodens auf das Spiel der Sonnenstrahlen, welche dunkle und dichte Körper mehr zu durchwärmen vermögen, als weiße und lockere, und den trocknen Boden leichter als den feuchten. So wirken Waldungen und Gewässer auf die Temperatur; und weil das Meer eine gleichförmigere Temperatur festhält, und dabei durch Ausdünstung der Atmosphäre Feuchtigkeit mittheilt, so bildet sich wieder der Unterschied zwischen oceanischem Klima, welches, an den Küsten herrschend, bei seiner Feuchtigkeit weniger heiß ist, und continentalem Klima, welches im Innern der Festländer Trockenheit und Hitze darbietet. — Und ferner zeigt sich der Einfluß der Winde, denn der beständig zwischen den Tropen herrschende Ostwind, indem er erst über große oceanische Räume wehend, die Ostküsten der Festländer trifft, dann über verbrannte Landflächen der Kontinente fortwehend und sich erhitzend an die westlichen Küsten gelangt, so verleiht er jenen eine abgekühlte mildere Temperatur, während er diese, je größere Strecken er zurücklegt, um so mehr erhitzt, so daß Zanzibar und die Antillen eine gemäßigte Temperatur genießen, während Angola, Benguela und Senegambien unter erstickender Schwüle schmachten. Und wie ferner die vom atlantischen Ocean abgekühlten Südwinde den atlantischen Küsten von Nordamerika ein kälteres Klima zuführen, so erhält Südeuropa seine Hitze durch die über den afrikanischen Sand-Ocean wehenden, von ihm ungeheuer erhitzten, nur durch das mittelländische Meer wieder gemilderten Südwinde. — Endlich sind in der heißen Zone auch die weitgestreckten Hochebenen der Hitze günstiger als schmale Bergplatten, indem auf ihnen die Sonnenstrahlen mehr Raum zur Erhitzung finden. Darum steigt in Peru, 16° vom Aequator entfernt, die Schneegränze höher als in Quito, unter dem Aequator, und an der Nordseite des Himalaya höher als an seiner Südseite.

§. 88. **Das Pflanzenleben als Verkündiger des Klimas der Zonen.** — Da der Wachsthum der Pflanzen zumeist von der Wärme abhängt, so hat nicht nur jede Zone ihre eigenthümliche Flora und ihre charakteristischen Pflanzenformen, sondern die vegetabilische Kraft steigt in der Höhe des Baumwuchses, etwa in der Gestalt einer krummen Linie, von den Polargegenden nach der heißen Zone hin, in fortschreitender Zunahme. — In den Polargegenden erscheint der grüne Teppich des Polarsommers nur auf südlichen Gehängen, augenblicklich, zuweilen prachtvoll, wie diese kurze Sommerwärme auch nur etwas Gerstenbau vergönnt. Und während sich der Baumwuchs auf zwerghafte Formen der Birke und Weide beschränkt, treten hier, außer den heimischen Moosen und Flechten, Farrnkräutern und Kriechpflanzen, vorzüglich die Beerensträucher hervor, die nirgend so viele und so saftige Früchte erzeugen, als in Ssibirien und Lappland. — Die gemäßigte Zone der nördlichen Hemisphäre zeigt in ihrer Vegetation zwei verschiedene Hälften, mit schwankender Gränze zwischen 50° und 40° N.Br. Während nämlich in der nördlichen Hälfte die ewiggrünenden Tannen- und Fichtenwälder, Obstgärten mit Aepfel-, Birn-, Kirschen- und Pflaumenbäumen, gewisse Gemüsearten, wie Kohl, Erbsen und Rüben, und vorzüglich die lebhaft grünenden Wiesen in den Küstenlandschaften vorherrschen, so zeigt dagegen die südliche, nach dem Uebergang, den Eiche, Ahorn, Ulme und Linde bilden, statt des Obstes die Südfrüchte, Zitrone, Orange und Feige, und unter den wilden Bäumen Ceder, Cypresse und Korkbaum, und auf den Gemüsebeeten werden Bohnen, Linsen und Artischoken herrschend. Auf der Gränze der beiden Regionen, Polar- und Wendekreis gleichmäßig vermeidend, halten sich Weinstock und Maulbeerbaum und die edleren Obstarten, die Pfirsiche und Aprikose, die Mandel und Quitte, der Kastanien- und der Nußbaum. Und weiter verglichen, rühmt sich die Nordhälfte ihrer gesunden Getreidearten, des Roggens und Weizens, gegen den Reis und Mais der Südhälfte, der schönen Eichenwälder, Obstgärten und grünen Wiesenflächen, gegen die allgemeine Baumlosigkeit der Länder am mittelländischen Meer, wo nur einzelne hochbegünstigte Stellen mit Olivenwäldern, mit Citronen- und Orangenhainen prangen. — Merkwürdig ist, daß an der atlantischen Küste Nordamerikas, wie im chinesischen Tieflande, die Klimate der kalten gemäßigten Zone und der Tropenregion oft so in einander übergehn, daß sich die angenehmste Mischung der nördlichen Vegetation mit der der Aequatorial-Regionen bildet. — Reichthum und üppige Fülle zeigt die Vegetation der heißen Zone: majestätische Pflanzenformen mit prachtvollem Glanze der Blätter, Bäume, doppelt so groß als unsere Eichen, mit Blüthen, so groß und schön als unsere Lilien. Um einen einzigen Baum bilden mannichfaltige Schlingpflanzen eine Gruppe von Vegetabilien, die getrennt einen großen Raum bedecken würden. Dort reifen die saftigsten Früchte und die schärfsten Gewürze, und unter brennenden Sonnenstrahlen wird die Pflanze zum Strauch und der Strauch zum Baum. — In der heißen Zone ist das Vaterland des Zuckerrohrs, des Kaffebaums, der Palme, des Brodfruchtbaumes und des Pisans; ferner des Cacao, der Vanille, des Zimmts, der Muskatnuß, des Pfeffer- und Kampferbaums. — Fremd sind übrigens der heißen Zone die gesellschaftlich lebenden Pflanzen, welche die europäischen Fluren eintönig machen.

§. 89. **Das Pflanzenleben als Verkündiger des Klimas der Regionen gleicher Zonen.** — Doch nicht der Wechsel der ganzen Zonen allein, auch die Reihe der verschiedenen Höhenregionen auf derselben Stelle der Erde, läßt die Verschiedenheit, die Ab- und Zunahme der Vegetation erscheinen, und der Abhang eines Berges mit abnehmender Wärme von der Meeresfläche bis zu der Schneegränze giebt ein Miniaturbild von der Vertheilung der Vegetation auf der Erdoberfläche, von seiner eigenen Breite an bis über die Polarkreise. Als Hauptbegränzungslinien in den wagerechten Regionen eines Berges erscheinen das Aufhören des Baumwuchses und die Schneelinie, beide die Alpenregion mit nur Alpengebirgen eigenthümlichen Pflanzen einschließend, welche wieder durch das Aufhören der Sträucher in eine obere und untere zerfällt, so wie der höchste Theil der Baumregion mit niedrigen Bäumen und einzelnen Alpenpflanzen schon als subalpinische Region bezeichnet wird. Und die Verschiedenheit der Vegetation in den etagenförmig über einander liegenden Bergregionen wechselt wieder nach der geographischen Breite, wie es sich folgenderweise erkennen läßt. — In der Vegetation der Aequatorial-Gegenden von Südamerika drei Hauptregionen unterscheidend, die heiße, temperirte und kalte Region (tierra caliente, templada, fria), sieht man die heiße zwischen dem Meeresspiegel und 1200′ Höhe, mit größter Schwüle bei mittlerer Temperatur von 18° bis 24° R. Ihre ungeheure Fruchtbarkeit steigt noch in der Höhe von 600′ ab, da die Küstenterrasse bei fehlendem Regen oft sandig und trocken und mit ungesunden Dünsten, wie am See von Maracaybo, erfüllt ist, während höher hinauf häufige Regen und schattige Wälder Kühlung erhalten. Unter den immergrünen den Laubfall fortwährend ersetzenden Bäumen fehlen doch die weicheren und zarteren Gewächse, und die Wiesendecke des Bodens. Die temperirte Region, zwischen 1200′ und 6600′, die gesundeste und angenehmste, bietet bei 14° bis 18° Temperatur einen immerwährenden Frühling auf blühenden Feldern und waldigen Bergen, zugleich die kräftigste Species die China, erzeugend. Dann dreifach abgetheilt erscheint wieder die kalte Region, zwischen 6600′ und 14760′ Höhe, in der untern kalten Region, bis 9600′ bei heiterem Himmel, fruchtbarem Boden und starken frischen Winden noch die Palme bis 8700′ tragend, höher die Eichen. Dann aber zeigt die Region der Einöden, bis 11400′ auf hohen Flächen, Paramos, bei der Temperatur der gemäßigten Zone, mit Stürmen, Regengüssen und Hagelschauern, mit Nebeln, Schneewassern und Frösten, ein trauriges Bild der Einsamkeit, von den letzten Bäumen, von kurzen Sträuchern mit kriechenden Zweigen und den ersten Alpenpflanzen unterbrochen. Endlich die steinige Region, bis 14760′, unbewohnbar und unwegsam durch gewaltigen Schneefall, läßt bis 12600′ noch mannichfaltige Alpenpflanzen sehen, und die Gräser steigen noch bis 14200′, von wo bis zur Schneegränze die verschwindende phanerogamische Vegetation nur einzelne Flechten zurückläßt. — Die Kulturgewächse dauern hier bis zu 9240′ auch in drei nach dem Hauptgewächs benannten Regionen. Bis zu 3000′ reicht die Region der Bananen, mit Pisang, Cacaobaum und Cocospalme, und höher mit dem Kaffebaum, das Zuckerrohr, Indigo und Baumwolle. Letztere reichen auch noch in den untern Theil der Region des Mais, zwischen 3000′ und 6000′, während im oberen schon die europäischen Getreidearten beginnen. Endlich zwischen 6000′ bis 9240′ erinnert die Region der europäischen Getreidearten, mitten unter den Tropen an die gemäßigte Zone der Heimath, nur daß, wo auf den europäischen Alpen der Baumwuchs aufhört, in den Andes von Quito der Getreidebau anfängt. Für die Cordillere von Quito, unter dem Aequator selbst, gilt überhaupt dieses Bild des organischen Lebens, von welchem schon in den Tropen mancherlei Abweichungen vorkommen, denn im Alpenlande Peru auf der Hochterrasse des Titicaca Sees, 17° bis 19° N.Br., steigen doch die Gräser um 500′ höher, und während in Quito, in der Region der Einöden 12600′ hoch, nur noch die einsame Sennhütte steht, breiten sich auf dem Plateau von Peru volkreiche Städte bis zur Höhe von 12200′ aus.

Die Vegetation des europäischen Alpenlandes bildet, bei der Lage dieses Gebirgs, das vermittelnde Glied zwischen der Gebirgs-Vegetation der Aequinoxial- und Polarzone, am nördlichen Abhang sich in vier Regionen zerlegend. Die Region der Ebene, bis 1000′, charakterisirt die Weinrebe mit Kornbau; dann zerfällt die Waldregion, bis 6500′ in drei Abtheilungen, indem die untere Bergregion die Wallnuß zeigt, bis zu 2800, Höhe, die obere Bergregion die Buchenwälder bis zu 4000′, während die Obstbäume mit Eiche, Ulme und Linde bis 3200′ reichen; und in der subalpinischen Region, wo die Laubwälder vor den Nadelwäldern verschwinden, von Roth- und Weißtannen, Kiefern, Lärchen, verschwinden mit der Buche auch die Winterwohnungen, und um die nun kommenden Sommerhütten stehen die ersten Alpenpflanzen. Und von der oberen Gränze des Baumwuchses bis zu den ersten Schneeflecken, 7000′ hoch, ist die untere Alpen-Region, die Heimath der Alpenrosen und der saftigen Alpenkräuter, während die obere Alpen-Region, bis zur Schneegränze 8200′ hoch, nur Kräuter niedrigen Wuchses, jedoch mit schönen reingefärbten Blumen zeigt, welche nun neben den höchsten Wohnplätzen der Menschen, den für höchstens sechs Wochen bewohnbaren Sennhütten, den Boden schmücken. Zugleich trägt die Waldregion die Kühalpen, wie die höher liegende die Schaafalpen. Diese vier Regionen zeigt auch nun höher liegend der südliche Abhang der Alpen, wo die lombardische Ebene durch die Pappel charakterisirt, zugleich Reisfelder, Maulbeerpflanzungen und Weingärten trägt, und die besondere Region der Hügel oder Oelbäume reicht hier bis 1500′ hoch. Und in der unteren Bergregion, wo Nußbaum und Kastanien sich einstellen, ist auch am nördlichsten in Europa, die Region der immergrünen Bäume, Steineichen und Pistazien, Lorbeer und Myrthe, mit Orangefrüchten.

Die Vegetation des skandinavischen Gebirges bezeichnet merkwürdigerweise die Gränze der Waldregion nicht durch Nadelwald, sondern durch Laubholz. Während die untere Bergregion, bis 800′, die Fichte, die obere, bis 1200′, die Kiefer zeigt, folgt dann in der subalpinischen Region die den Alpen gänzlich fehlende Birke, bis zur Gränze der Waldregion 1480′ hoch. Jenseits der Waldregion zeigt die untere Alpenregion, mit schmelzendem Schnee, die Heidelbeere bis 1980′ und die strauchartige Zwergbirke bis 2580′, und die obere Alpenregion, an vielen Stellen den Schnee den ganzen Sommer behaltend, trägt, wo er vergeht, blos Alpenkräuter, die sonst nirgends vorkommen. — Aber alle diese Vegetationsgränzen werden durch geographische Lage und Stellung der Berge zu ihren Umgebungen auf mannichfache Weise abgeändert.

Endlich auch die Thiere charakterisiren, wenn gleich weniger genau, die Regionen des physischen Klimas: Jaguars, Affen und buntgefiederte Papageien bezeichnen ihr glühendes Vaterland in der tierra caliente der Tropenzone; Kondor und Geierkönig umschweben die luftigen Höhen der Andes und des Plateaus von Anahuac. Der Elephant hat die Tropenländer Asias und Afrikas zur Heimath, bis in die südliche gemäßigte Zone sich verbreitend. Wieder der Löwe verweilt in den heißen Gegenden Afrikas und in den Sandwüsten Arabiens, das Kameel, als Schiff der Wüste, erinnert an das Plateau der Dzungarei, an die Ebenen von Turan, das Stufenland des Nils, an Sudan und das Plateau der Berberei. Die Gemse springt im europäischen Alpenland von einer Felszacke zur andern, das Rennthier verkündigt die arktische Zone der alten Welt, wie der Eisbär das nordische Polarmeer.

Zweiter Theil.

Ethnographie und politische Geographie in Umrissen.

Erster Abschnitt.

Räumliche Verbreitung der Völkermassen und Staatsgebiete, und Eintheilung der letzteren.

§. 1. Allgemeine Uebersicht der Menschenracen. — Anders als die Thierwelt erscheint das über die Oberfläche der Erde verbreitete Menschenleben. Keinesweges sind die Völker der Erde, aus welchen das ganze Menschengeschlecht besteht, so von einander unterschieden, wie die mannichfaltigen Thiergeschlechter, so daß sie völlige Gegensätze gegen einander bildeten; vielmehr da das ganze Menschengeschlecht als von einem einzigen Menschenpaar abstammend zu denken ist, so sind alle vorkommenden Völkerverschiedenheiten nur Abweichungen von einer gemeinsamen Grundform, die immer wieder in einander übergehen, und vielfache Mischungen hervorbringen. Doch haben sich durch die dauernde Einwirkung des Klimas und der Lokalverhältnisse, deren Kraft nun aber nicht mehr bemerkt wird, fünf

Hauptarten, Menschenracen, gebildet, deren verschiedene äußere Bildung, so wie ihre massenweise Verbreitung über die fünf Erdtheile sich folgenderweise übersehen läßt. — Die kaukasische Race, mit fleischfarbiger ins bräunliche fallender Haut, mit weichem oft gelockten Haar, mit rundem Gesicht und hohem Wuchs, bewohnt Europa, mit Ausnahme der nördlichen Striche, das westliche Asien bis an den Ob, den caspischen See und Ganges nnd das nördliche Afrika. — Die mongolische Race, mit waizengelber oder schmuzig brauner Haut, mit struppigem Haar, mit plattem Gesicht und niedrigem Wuchs, ist durch das übrige Asien verbreitet, mit Ausnahme der südlichsten Küstenländer, so wie über die arktischen Gegenden Europas und Amerikas. — Die malayische Race, mit dunkelbrauner Haut, dichtem gelockten oder schlichtem Haar, mit breiter Nase und großem Munde und kleinem Körperbau, bewohnt Australien, den asiatischen Archipel und die Küsten der indischen Halbinsel. — Die äthiopische Race, mit schwarzer Hautfarbe, wolligem Haar, vortretendem Unterkopf und verschiedenem Körperbau, erfüllt zum größten Theil Afrika, und erscheint in der Australregion auch in Australien und Asien, als Uebergang zu anderen Racen. — Endlich die amerikanische Race, mit schlichtem stroffem Haar, mit kupferfarbener Haut, mit bartlosem eingedrücktem Gesicht, und hohem Wuchs, ist ausschließlich in Amerika einheimisch, jedoch nur noch in geringer Anzahl über diesen Erdtheil verstreut, indem sie durch die eingewanderte kaukasische Race aufgerieben worden. — Man muß voraussetzen, daß sich, bei dieser Ausbreitung der Menschenracen über die Erde, aus dem ersten Verein der Menschen, der Familie, gar bald der Verein mehrerer Familien zu einem Stamm, und nachmals aus der Vereinigung der Volksstämme Völker und Völkerschaften gebildet haben; auch muß man sich durch die Entstehung der Völker die große Mannichfaltigkeit der Sprachen erklären, die nun über die Länder verbreitet ist, in denen sich aber ebenfalls wieder allgemeine Abstammung und vielseitige Verwandtschaft erkennen läßt.

§. 2. Gesittung und Religion der Völker. Staatseinrichtung. — Wie nun die vielen verschiedenen Völker der Erde sich zu diesen fünf Menschenracen zusammenordnen, so hat man auch bei ihrer Uebersicht die allgemeinste Verschiedenheit in ihrer Beschäftigung und Sitte, so wie in ihrer Religion und höheren Geistesbildung zu denken, in welcher sich verschiedene Stufen zeigen, die in bestimmten Regionen des ganzen Menschenlebens auf Erden vorkommen. Viele Völker findet man noch, vorzüglich an den entfernteren Küstensäumen der Welttheile, welche ihre ganze Lebenszeit damit verbringen, durch Fischfang und Jagd sich Nahrung zu verschaffen, und welche bei dieser dauernden Beschäftigung für tägliche Nahrungssorge, und bei stetigem feindseligen Umgange mit der sie umgebenden Thierwelt, auch selbst in einem gewissen Zustand von Wildheit verharren. Sie sind eigentlich wilde Völker, indem bei ihrer Lebensart die Entwickelung der geistigen Fähigkeiten des Menschen gänzlich unterbleibt. Die zweite höhere Stufe nehmen diejenigen Völker ein, welche zumeist auf den ausgedehnten Flächen der im Innern der außereuropäischen Welttheile, Afrika und Asien, liegenden Hochländer einen friedlichen Umgang mit der sie umgebenden Thierwelt führen, indem sie Heerden gezähmter Thiere um sich sammeln, von denen sie sich nähren, mit denen sie aber auch, der Weideplätze wegen, in den weiten Flächen herumziehen müssen. Sie heißen deshalb wandernde Hirtenvölker, halbwilde Nomaden, indem sie bei dem Mangel fester Wohnsitze aus dem Zustande der Rohheit nicht ganz heraustreten. — Auf der dritten Stufe aber stehen die cultivirten, aufgeklärten oder gesitteten Völker, nämlich diejenigen, welche, indem sie in dazugeeigneten Gegenden Ackerbau treiben, deshalb auch in festen Wohnsitzen enger zusammen wohnen, und nicht mehr die wandernden Heerden, sondern den Grund und Boden zum festen und gesicherten Eigenthum haben. Sie verbinden mit ihrer Hauptbeschäftigung, dem Ackerbau nicht nur die niedrigeren der Viehzucht und der Jagd, als zugehörige Theile, sondern auf der andern Seite auch Handel und Kunstfleiß, wozu der Ackerbau den Grund legt, so wie derselbe auch Zeit und Veranlassung schafft zur Beschäftigung des Geistes mit Künsten und Wissenschaften, so daß bei ihnen aus äußerer Landescultur die höhere menschliche Geistesbildung hervorgeht.

Diese civilisirten Völker sind meistens zugleich auch die historischen Völker der Erde, indem sie, während die Völker der früheren Stufen in ihrem Zustand endlos verharren, vielmehr durch immer neue Zustände der Verbesserung hindurch gehend sich immer mehr bilden und veredeln und zu dem möglichsten Volksglück erheben. Diese Culturvölker erfüllen Europa zum größten Theil, so wie auch das südliche Asien, und während sie von Afrika nur Theile des Saumes einnehmen, haben sie auch schon Amerika zum größten Theil erfüllt, und selbst Australien theilweise berührt. So ist also die Vertheilung der menschlichen Gesittung in ihren verschiedenen Stufen auf der Oberfläche der Erde. Zu der Gesittung aber gesellt sich mit ihr zusammenhängend als Höheres die Religion der Völker, indem fast kein Volk auf Erden ohne das Gefühl von dem Dasein des göttlichen Wesens lebt, sei dieses Gefühl auch noch so roh und verunstaltet. In der großen Mannigfaltigkeit von religiösen Vorstellungen und Meinungen, welche sich die vielen Völker der Erde von dem Göttlichen gebildet haben, lassen sich zwei Hauptformen der Gottesverehrung erkennen, nämlich der Polytheismus, die polytheistischen Religionen, welche mehrere und oft viele Götter verehren; dazu gehört der unter den wilden Völkern des inneren Afrikas herrschende Fetischmus, die Anbetung belebter und lebloser Dinge der Natur, so wie auch, doch viel edler, der Brahma Glaube und die Buddha Lehre im östlichen Asien. Der Monotheismus aber die Verehrung eines einzigen Gottes, zerfällt wieder in drei Hauptformen: der Islam oder muhamedanische Glaube, ist weit über das westliche Asien und auch nach Afrika hinein verbreitet, in zerstreuter Verbreitung erscheint nur noch der aus Asien stammende mosaische oder jüdische Glaube; endlich aber der aus ihm hervorgegangene Christenglaube, die wahrhaft beseligende Welterlösung durch Christum, aus welcher zugleich die höchste menschliche Bildung hervorgeht, erfüllt, obgleich auch in Asien entstanden, nunmehr den gebildeten Welttheil Europa, und verbreitet sich von da aus durch den hohen Eifer frommer Glaubensboten auch in die andern Welttheile, zugleich auch die Europäische Bildung dahin mitbringend, so daß Europa als der Welttheil anzusehen ist, von welchem sich die wahrhafte christliche Menschenbildung über die ganze Erde ausbreiten wird.

Zu dieser wahrhaften Menschenbildung und zur Behauptung der Gesittung und Religion gehört wesentlich die Staatseinrichtung, welche dadurch entsteht, daß sich ein Volk nach verschiedenen Beschäftigungen in unterschiedene Volksklassen ordnet, die nach bestimmten Gesetzen unter einer gemeinsamen Herrschaft und Obrigkeit leben. So entsteht der Staat, der nun seine einzelnen Staatsbürger hat, wie das Volk seine Volksgenossen; denn nicht immer bildet ein Volk auch einen Staat, sondern wie sich innerhalb eines Volkes von gleicher Sprache mehrere kleinere Staaten bilden können, so sind in großen Reichen oft mehrere, ja selbst viele Völker unter eine gemeinsame Herrschaft gebracht, oder man sieht auch Theile verschiedener Völker zu einem Staate vereinigt. — Wie nun diese gesetzliche Anordnung des Volkslebens ebenfalls in mannigfaltiger Abänderung und in verschiedenen Graden der Vollkommenheit erscheint, so lassen sich doch auch an ihr wieder drei Grundformen unterscheiden, die bleibend sind und bis jetzt in den Erdtheilen so vorkommen. Die Despotie, in welcher die Herrschaft unumschränkt willkührlich ist, ist zumeist über Asien und Afrika verbreitet; die Monarchie, in welcher die Unterthanen der gesetzlichen Herrschaft eines meist erblichen Königs Gehorsam leisten, ist über das gebildete Europa verbreitet; die Republik, welche nicht unter einem wirklichen Alleinherrscher, sondern unter gewählten obrigkeitlichen Personen steht, worin große Mannigfaltigkeit statt findet, hat ihre Ausbreitung zumeist in Amerika, und kommt in Europa nur sehr vereinzelt vor. — Zuletzt aber ist es für die Einrichtung des Staates unumgänglich nothwendig, daß derselbe ein fest umgränztes Gebiet habe, eine ausgemessene Flächenverbreitung, welche auf der oben beschriebenen natürlichen Bodenfläche der Erdtheile so vorkommt, daß sie die einzelnen Formen und Gebilde derselben auf verschiedene Weise umfaßt und durchschneidet, so daß man die Gränze des Staatsgebietes, politische Gränze, von der natürlichen Gränze des Landes, der Naturgränze, unterscheidet. Es ist nun der eigentliche Gegenstand der politischen Geographie, ein Staatsgebiet in seiner Ausbreitung über die Bodenfläche, in seiner Begränzung und Größe darzustellen, so wie auch in seiner inneren Eintheilung, welche der Beherrschung wegen nothwendig ist, und endlich mit der städtischen Belebung in seinen einzelnen Theilen. Es wird auch hinzugefügt, welche Völker oder Volkstheile und in welcher Menge, auf demselben zu dieser oder jener Form des Staates vereinigt sind, und auf welcher Stufe die Gesittung und Religion sie stehen. Letzteres geschieht jedoch nur andeutungsweise, da die politische Geographie, d. h. die Staaten-Erdbeschreibung, eigentlich nur das Gebiet eines Staates beschreibt, seine innere Einrichtung und die Entwickelung des menschlichen Lebens in demselben, gehört der umfassenderen Statistik an. Es wird demgemäß nun eine Uebersicht von der Verbreitung und Bildung der Staatsgebiete und ihrer städtischen Belebung, mit Rücksicht auf die darin vorkommenden Bevölkerungstheile, auf Religion und Gesittung, über die fünf Erdtheile hin, auf folgende Weise zu fassen sein.

§. 3. Afrika. Uebersicht. Völker und Staaten im Innern von Hochafrika, auf der Ost- und Westküste, und im Kapland. — Afrika, als die Heimath der äthiopischen Menschenrace, ist zunächst von äthiopischen oder Neger-Völkern erfüllt, welche die Hauptmasse seiner nur geringen Bevölkerung ausmachen, welche im Ganzen bei mangelhafter Kenntniß auf 160 Millionen Menschen angeschlagen wird, wobei etwa, nach durchschnittlicher Berechnung, 220 Bewohner auf eine Meile kommen. Zu der äthiopischen Hauptmasse der afrikanischen Menschenmenge, welche vorzüglich das Innere des Welttheiles erfüllt, ist aber im Laufe der Zeiten aus den nahliegenden Welttheilen, vorzüglich in die nördlichen und äußeren Gegenden, eine ansehnliche Masse kaukasischer Völker eingedrungen, nämlich in die nördlichen Länder, so wie in die Länder an den Ostküsten arabische Völker aus Asien, und auf den westlichen und südlichen Küsten liegen europäische Ansiedelungen von verschiedenen Nationen. Dieser Vertheilung der afrikanischen Bevölkerungs-Massen entspricht die Erscheinung der Religionen in diesem Erdtheil. Denn wie die äthiopischen Völker des Innern noch Heiden sind, und einen sehr rohen Fetischmuß ausüben, so haben dagegen die arabisch-kaukasischen Völker über den Norden hin den asiatischen Islam so ausgebreitet und befestigt, daß in diesen Gegenden die Ausbreitung des Christenthums, welches in dem Berglande Habesch schon in alten Zeiten eingeführt worden, mit großen Schwierigkeiten zu kämpfen hat. Und wie später die europäischen Ansiedelungen auf den West- und Südküsten das beseeligende Evangelium auch von dieser Seite her in den Welttheil brachten, so ist es doch auch von hieraus nur noch wenig in das Innere vorgedrungen, da früherhin die Portugiesen mehr auf ihren Handel als auf die Ausbreitung des Glaubens bedacht waren, und nur erst neuerlich haben, von dem englischen Kaplande aus, die christlichen Glaubensboten unter den Völkern auf der Terrasse des Oranje Stromes erfreulich zu wirken begonnen. Dieser geringen Entwickelung des religiösen Lebens in Afrika entspricht ferner auch der Zustand der Gesittung in diesem Welttheile. Die meisten Völker des Innern sind entweder noch in dem ganz rohen Jagdleben befangen, oder was vorwaltend sein mag, zu halbwilden Nomadenleben übergegangen. Nur auf einzelnen Stellen des umgebenden Randes von Hochafrika, auf den glücklich gelegenen Terrassen desselben, ist der Ackerbau aufgeblüht, wie vorzüglich im Kapland, im Lande Habesch und in Soudan. So auch erscheint er in den nördlichen Küstenländern, wo er jedoch in den alten Zeiten blühender war, weil durch die islamitische Bevölkerung, so wie durch die nähere Berührung mit Europa, in diesen Gegenden der Handel über den Ackerbau ist erhoben worden. Bei diesen allgemeinen und unentwickelten Verhältnissen der Bevölkerung, Religion und Gesittung in Afrika ist auch die politische Entwickelung, die Bildung und Befestigung bestimmter Staatsgebiete, noch sehr gering, wie es sich vorzüglich auf der Scheitelfläche von Hochafrika zeigt. Durch dieses ungeheuere noch wenig bekannte Hochland hin erscheinen bis jetzt die äthiopischen Völker in drei Hauptvölkermassen geordnet: es sind 1) die Schaggas, die Mitte einnehmend, grausame kriegerische Stämme, noch Menschenfleisch essend, unter eigenen Häuptlingen herumziehend, jedoch auch einige Königreiche bildend, wie das Reich Anziko mit Handelsbeschäftigung. 2) Die Gallas, nördlich sich der kaukasisch muhamedanischen Völkerwelt nähernd, zwanzig Stämme, Nomaden ohne feste

Woh-

Wohnungen, meist vom Raube lebend; unter einzelnen dieser Stämme ist der Islam und Beschäftigung mit Viehzucht eingedrungen. 3) Südlich, nach dem christlichen Kapland hin die Kaffern, viele Stämme unter unabhängigen Häuptlingen, einzelne schon zum Ackerbau übergegangen, in Städten lebend. Auf der Hochterrasse des Orange-Stroms liegt der Bedjuanen Staat, mit der Hauptstadt Littaku, und östlich davon die Buschmänner, unter welchen Völkern jetzt das Christenthum auch durch Glaubensboten aus Berlin verkündigt wird. So ist die ethnographische und politische Ansicht des hohen Innern von Afrika. — Die Ostküste zerlegt sich von der Gränze des Kaplandes an bis zum Aequator in vier besonders benannte Küstenregionen. 1) Die südlichste ist die Küste Natal, vom Kapland bis zur Bai de Lagoa. Hier wohnen noch Kaffernstämme, und unter ihnen am südlichsten die Hottentotten, die niedrigste Menschenart, mit affenartiger Gesichtsbildung, bei wenigen Heerden, von deren Milch sie leben, fast ihr ganzes Leben in beständigem Schlaf zusammengekauert hinbringend. 2) Es folgt dann bis zur Mündung des Zambeze die Küste Sena, mit zwiefacher Bevölkerung und Staatenbildung, indem auf der Küste selbst das muhamedanische Königreich Sofala liegt, mit der Hauptstadt gleiches Namens, so wie westlicher das Negern-Königreich Monomotape, mit der Hauptstadt Zimbaoë, und noch mehrere nicht genauer bekannte Königreiche sollen hier im Innern des Landes liegen. Als Spuren portugiesischer Niederlassung erscheinen hier die Festung Sena, an der Mündung des Zambeze, und ein portugiesisches Kastell in der Stadt Sofala. 3) Nun reicht die Küste von Mosambique nördlich bis zum Kap Delgado, und auf ihr selbst liegt das Königreich Mongallo, wie auf der Insel Mosambique die portugiesische feste Stadt gleiches Namens; dagegen wieder nach dem Innern hinein liegt das Negern-Königreich Bororos, mit der Hauptstadt Marawi, an einem großen See. 4) Endlich reicht die Küste Zanguebar bis zum Aequator nud zeigt wieder neben der Negern-Bevölkerung des Innern die arabische in der Meeresnähe, wie hier das arabische Königreich Melinde, wit der Hauptstadt Mombaza, und mit reichem Gummi und Elfenbeinhandel, unter einem arabischen Fürsten steht, so wie auch die nahliegenden Inseln von Arabern bewohnt werden. — Nördlich vom Aequator folgen 5) die Küsten Ajan und Adel, ganz von Arabern und Mauern bewohnt, unter muhamedanischen Sultanen, im Innern von räuberischen Beduinen-Stämmen umgeben, mit den Städten Haussa in Adel und Magadoxo in Ajan. So ist beinahe an der ganzen Ostküste hin die innere Negernvölkerwelt mit anwohnender arabischer Bevölkerung umgeben, welche nach Norden hin immer herrschender wird, und auf einzelnen Punkten behaupten sich noch die europäischen Portugiesen in festen Plätzen. — Verfolgt man an der Westküste den afrikanischen Küstensaum und die Randumgebungen des Hochlandes von Norden nach Süden, so eröffnen sich hier wieder vier Regionen, die hinsichtlich der Bevölkerung und der Staatenbildung so darzustellen sind. 1) Vom Senegal bis zum Kap Sierra Leona breitet sich Senegambien aus, dem hohen Sudan vorgelagert, von Mohren und Negern erfüllt, die kleine Königreiche, zum Theil auch Republiken bilden, zwischen welchen, bei lebhaftem Handel, europäische Handels-Niederlassungen der Engländer, Franzosen und Portugiesen liegen; so kennt man als inländische Staaten von Senegambien, das Land der Fulier, das Land der Jaloffen, das Reich Galam und das Land der Mandingoer neben noch vielen andern, und die bedeutendsten europäischen Punkte sind, die englische freie Negerkolonie Sierra Leone, die von den Franzosen besetzte Insel Senegal mit dem Fort St. Louis, und die portugiesische Stadt Cachao. — 2) Oestlich angränzend an Senegambien bis zum Aequator südöstlich sich erstreckend liegt Ober-Guinea, auf dem Südabfall des hohen Soudan, und am Meerbusen von Guinea, mit gleichen Bevölkerungs- und politischen Verhältnissen, wie Senegambien. Viele Negerstämme leben hier unter ihren Königen, und stehen mit den in Factoreien angesiedelten Europäern, unter welchen hier auch Dänen sind, in Handelsverbindung. Wieder wird Ober-Guinea in sechs Districte getheilt, Sierra Leone, die Pfefferküste, die Zahnküste, jede mit mehreren Negerstaaten, die Goldküste mit dem großen Negerreiche der Aschantis, dem noch viele

Länder zinsbar sind, mit der Hauptstadt Coumassi, die Sklavenküste mit dem Reiche Dahomei und Benin, mit der Hauptstadt gleiches Namens. Und wie in diesem letztern mehrere europäische Festungen liegen, so haben die Dähen auf der Goldküste Christiansburg zwischen französischen, niederländischen und englischen Factoreien, und auf der Sklavenküste haben die Nordamerikaner die freie Negerkolonie Liberia angelegt. — Dann folgt vom Aequator südlich 3) Unter-Guinea bis zum Kap Negro, in seinen Bevölkerungs- und politischen Verhältnissen von Ober-Guinea darin verschieden, daß dasselbe zwar auch von mehreren Negerstaaten erfüllt ist, aber von den europäischen Nationen sind hier nur die Portugiesen herrschend geworden, und haben nicht nur ihre Handelsniederlassungen behauptet, sondern haben sich auch einige dieser monarchischen Staaten zinsbar gemacht, und sie sich durch Festungen gesichert. Der nördlichste dieser Staaten ist Laongo, mit der Hauptstadt gleiches Namens, und südlich davon liegt Kakongo, mit der Hauptstadt Malembo, und östlich Congo, wo die Portugiesen die katholische Religion eingeführt haben, wie es sich in dem Namen der Hauptstadt St. Salvador ausspricht. Im Nordosten liegt noch Matemba, wie im Süden Benguela und Angola den Portugiesen unterwürfig, und Caconda, im Innern von rohen Stämmen bewohnt. — Endlich der Südrand des Hochlandes mit den zwei unteren Terrassen, das Kapland, ist ganz im Besitz der Engländer, welche von der Kapstadt aus die Gegend bis an den Oranjeström und die in denselben wohnenden Negerstämme beherrschen, nnter welchen sich viele Europäer angesiedelt haben, so wie hier vorzüglich der Hernhutschen Missions-Orte zu gedenken ist. So sind vom Senegal an die West- und Südküsten Afrikas, die Strecke zwischen Kap Negro und der Oranje Mündung ausgenommen, eben so von europäisch christlichen Niederlassungen umzogen, wie die östlichen von asiatisch-muhamedanischen, nur dort mit vorwaltender Herrschaft der Portugiesen und Engländer in den südlichen Theilen.

§. 4. Völker und Staaten in Nordafrika, und auf den Inseln. — 1) Das von Hochafrika abgesonderte Hochsoudan, mit dem dem Nordrande des ersteren vorgelagerten Flach-Soudan, hat unter dem gemeinsamen Namen Nigritien eine aus Negern und kaukasischen Stämmen, wie Mauern und Juden, schon mannichfaltiger gemischte Bevölkerung, in welcher die Felletas als vorzüglich mächtig hervortreten. Und politisch ist dieser ganze große Landstrich in 6 Staaten getheilt, in welchen muhamedanische Sultane mit Neger-Häuptlingen die Herrschaft theilen. Der Staat von Bornu liegt im Osten um den Tschad See her, mit der Hauptstadt gleiches Namens, den westlichen Theil erfüllen die Staaten Tombuctu und Bambara. Südlich liegt Mandara, und in der Mitte das große Reich der Felletas, zu welchem auch das Königreich Haussa gehört. 2) Ueber das Alpenland Habesch hin sind die Staaten von Habessinien verbreitet, in welchen die Habessiner, Abkömmlinge der Araber, mit Türken, Arabern, Negern und Juden vermischt sind, so daß auch hier die Bevölkerung sehr zusammengesetzt ist, wobei hinsichtlich der Religion ein früher eingeführtes Christenthum mit jüdischen Gebräuchen ausgeübt wird. Ueber das ganze Land herrschte sonst der große Negus, der in Gondar residirt, dessen Macht aber verfallen ist, da durch Erhebung der Statthalter jetzt drei Reiche entstanden sind, Tujon im Norden mit der Stadt Arnin, Amhara im Süden mit Gondar, wo die Gallas eingedrungen sind, und Efat und Schoa, mit der Küste Habesch, mit der Stadt Arkiko. 3) Nubien, das Treppenland am Nil, hat vorwaltende arabische Bevölkerung, unter welcher noch einzelne Theile der Neger-Bevölkerung vorkommen. Hier werden um einige Königreiche her viele kleinere Staaten von einzelnen Stämmen gebildet und behauptet. Nördlich liegt das eigentliche Königreich Nubien mit der Hauptstadt Derri, und es folgt südlicher das Reich Dongola mit der Hauptstadt gleiches Namens. Am südlichsten liegt das Negern-Reich Sennaar mit gleichbenannter Hauptstadt, in welchem das Christenthum herrschend ist, und westlich davon der Staat Darfur mit der Oase Kordofan. 4) Aegypten, das Unternilland, ganz von Arabern bewohnt, ist in seinem politischen Verhältniß merkwürdig. Bis jetzt war es Theil eines außerafrikanischen Staatsgebietes, nämlich des großen Türkischen Reiches, welches sich um den östlichen Theil des mittelländischen Meeres her, über die hier gelegenen Länder von Europa, Asien und Afrika ausbreitete, und bildete in diesem Reiche eine Provinz, Paschalik. Neuerlich aber hat sich der dortige Pascha Mehmed Ali, in solche Unabhängigkeit von dem Großtürken in Konstantinopel gesetzt, daß er sein Paschalik als ein eigenes Königreich beherrscht, jedoch nicht mit völlig geschlossenem Gebiet, indem in Ober-Aegypten noch unabhängige arabische Schachs herrschen. Die Hauptstadt Kairo, der Sitz des Herrschers, liegt in Mittelägypten, und in Unterägypten treten hervor, Alexandria, Rosetta, Damiette, und in Oberägypten, Denderah, Karnak und die Insel Elefantine. 5) Ein gleiches politisches Verhältniß haben die Raubstaaten der Berberei, die sich westlich von Aegypten über die höheren Gegenden verbreiten, mit gemischter Bevölkerung aus Arabern und Mauern. Auch diese Staaten stehen in nur noch geringer Abhängigkeit von dem türkischen Reiche, und sind nur Schutzländer des Großherrn. Am östlichsten liegt Tripoli, von einem Dey beherrscht, an der großen Syrte, mit den beiden Nebentheilen Barka in Osten und die Oase Fezzan im Süden, und mit der zugehörigen Wüste von Barka und der Oase Schiwah in der libyschen Wüste. Hauptstädte sind Tripoli an der Küste und Murzuk in der Oase Fezzan. — Westlich folgt Tunis auf den östlichen Thälern des berberschen Hochlandes, mit vorwaltender arabischer Bevölkerung, von einem Bey beherrscht, mit der Hauptstadt gleiches Namens, nahe dem Kap Bon. — Am westlichsten in der eigentlichen Berberei liegt Algier, über den größten Theil des Hochlandes verbreitet, mit gemischter Bevölkerung, sonst unter einem Dey stehend, der zugleich Pascha war, jetzt von den Franzosen eingenommen und behauptet; es war früher in drei Provinzen unter besonderen Beys eingetheilt, die Hauptstadt gleiches Namens liegt an der Küste. 6) Einen eigenen freien Staat bildet das Reich Fez und Marokko, unter einem eigenen Sultan aus Muhameds Nachkommenschaft, meist von arabischen Muhamedanern bewohnt, an beiden Abhängen des hohen Atlas sich hinziehend. Aus vier Hauptheilen ist es gebildet, Fez und Marokko im N., mit den Hauptstädten gleiches Namens, Sus und Tafilet, auch Hauptstädte, mit den Landschaften Segelmessa und Drea im S. — 7) Zuletzt ist in Afrika das politische Verhältniß des Biledulgerid und der Sara aufzufassen. Biledulgerid, welches sich an der Südgränze von Marokko uud der Berberei hin erstreckt, hat auf seinen Oasen nomadische Einwohner, welche sieben kleine Staaten bilden, welche meistens in Abhängigkeit von Marokko und den Raubstaaten stehen. Die Sahara aber wird mit ihren 32 Oasen, von denen 20 durch arabische Nomaden und Negerstämme bewohnt sind, die in keinem allgemeinen politischen Verhältniß stehen, in 6 große Distrikte getheilt, worunter Ghir und Tuarik.

§. 5. Asien. Ethnographische Uebersicht. Religion nnd Gesittung. — Die großen Bevölkerungsmassen von Asien sind um so mehr merkwürdig, weil sie als die ältesten der ganzen Erde angesehen werden müssen. Indem man den Ursprung des ganzen Menschengeschlechtes nach Asien versetzt und diesen Welttheil die Wiege des Menschengeschlechtes nennt, so muß man in dem asiatischen Völkerleben die Anfänge der Völker suchen, welche nunmehr über die anderen Welttheile verbreitet sind, und deren Auswanderung von dort her auch durch die Ableitung ihrer Sprachen von asiatischen Sprachen bestätigt wird, so wie man auch die Bildung der Völker anderer Welttheile von altasiatischen Bildungszuständen herleiten kann. — Alle Völker dieses Welttheiles lässen sich in zwei große Massen zusammenfassen, die das Ganze desselben erfüllen: über den Norden und Osten hin sind die Mongolen verbreitet, den Süden und Westen erfüllen kaukasische Völker, und nur auf der hinterindischen Halbinsel und auf den an sie geknüpften Inselfluren erscheinen noch Malayen und vereinzelte negerartige Völkerstämme. In diese Hauptmassen ist eine überaus große Zahl von Völkern und Völkerstämmen zusammengefaßt. Dieser Vertheilung der großen Hauptmassen entspricht im Ganzen auch die Religion und Gesittung der asiatischen Völker, indem im Westen und Süden der monotheistische Islam verbreitet ist, unter den nordöstlichen Völkern aber herrscht Polytheismus, und vorzüglich tritt dort der Buddhadienst hervor, der sich nach dem Charakter der ihn bekennenden Völker vielfältig gestaltet hat. Hinsichtlich der Lebensart lassen sich die mongolischen Völker noch als Nomaden bezeichnen, während die Kaukasier als ansäßige Völker noch die Erinnerung einer früheren höheren Bildung bewahren. Und endlich die Bildung der Staaten betreffend, so ist dieselbe, ebenfalls noch unentwickelt, auf Erscheinung großer Despotien beschränkt, an welche sich das Vorkommen patriarchalischer Zustände anschließt, wie es sich nun aus folgender Ansicht von der Vertheilung der Staatsgebiete ergiebt. Uebrigens wird die ganze Bevölkerung von Asien auf 500 Millionen geschätzt.

§. 6. Das Chinesische Reich. Das Japanische Reich. Die Tartarei. — Vor allem tritt im Osten von Asien das große Chinesische Reich hervor, welches von dem oben beschriebenen chinesischen Tieflande aus, sein Gebiet zugleich über das östliche asiatische Hochland und in das nördliche Amurland ausbreitet. In diesem großen Gebiet sind aber drei Haupttheile zu unterscheiden. 1) Das eigentliche China, 2) die zinsbaren Länder, 3) die Schutzländer. — Das eigentliche China verbreitet sich, in 15 Provinzen eingetheilt, über jene weltberühmte fruchtbare Tiefebene, und von diesen Provinzen liegt nördlich an der chinesischen Mauer, Petscheli, mit der ungeheuer großen Hauptstadt Peking, in welcher der Kaiser von China residirt, der dieses Reich als einziger Beherrscher der Welt, als Sohn des Himmels, von einem Heere von Reichsbeamten, Mandarinen, umgeben, beherrscht. Südlicher liegt in der Provinz Kiannan die zweite große Stadt Nanking. Zu diesen Provinzen sind noch anliegende Inseln zu denken, wie die Halbinsel Macao, ein Handelspunkt, die Insel Hainan und die Ladronen. Die zinsbaren Länder sind 1) die kleine Bucharei, auch Ost-Dschaggatai und Turfan genannt, auf dem hinterasiatischen Hochland, aus der Wüste Schahi in die große Wüste Gobi übergehend. Sieben Chane herrschen hier über die Bucharei und stehen unter dem Fürsten in Turban, der Hauptstadt. Von da ist die große Mongolei nordöstlich über Hochasien und seinen Nordrand verbreitet, ein großer Kriegerstaat unter vier Chanen, Erbfürsten, und einem chinesischen Vicekönig; unter den 16 Fürstenthümern, Aimaks, in welche sie getheilt ist, ist Galiha merkwürdig, nördlich an der russischen Gränze liegend, als Heimathland des Dschingis Chan mit der Hauptstadt Urga. Einen Theil der Mongolei bildet die Songarei, im Westen. 3) Die Mantschurey, auch Tungusien oder Amurland genannt, sich von dem nördlich auslaufenden Gebirgsland am Amur ausbreitend, ist das Stammland der chinesischen Kaiserfamilie, das alte Land der Mandschu, und die Hauptstadt Minguta der Stammort dieser Familie. — Und endlich Schutzländer sind: 1) die von Tungusien auslaufende Halbinsel Korea, ein erbliches Vicekönigreich, unter chinesischem und japanischem Schutz, in 8 Gebiete getheilt, mit der Hauptstadt King-ki-tao. Und an der südwestlichen Gränze 2) Tibet mit Nepaul; jenes ist in drei Haupttheile getheilt: a) das eigentliche Tibet, nördlich gelegen, mit der Hauptstadt Lassa, wo im Kloster Putala der Dalai Lama, als Oberhaupt der Religion residirt; b) Klein-Tibet mit der Hauptstadt Ladak im W. und Butan im Osten. Aus diesen Gebietstheilen ist das große Chinesische Reich zusammengesetzt, welches die große Mitte des asiatischen Ostens erfüllt. — An dasselbe reiht sich im Osten das Japanische Reich, welches dort über eine Reihe von Inseln verbreitet ist, in welchem die Religion des Dair herrscht, eines göttlich verehrten Oberpriesters, der einmal im Jahre dem Volke ohne Füße erscheint, und neben welchem der Kubo, Kaiser, eine höchst despotische Regierung über 200 Fürstenthümer führt. Auf der Hauptinsel Niphon liegen die beiden Residenzen Mikao, die des Dairi, und Jeddo, die des Kubo, und als Nebenland erscheint, nebst vielen Inseln und Inseltheilen, die Insel Jesso mit den Kurilen. — Und westlich reiht sich an das chinesische Reich die Tartarei, auch Turkestan oder Dschaggatai genannt, in der tiefen Fläche im Norden des vorderasiatischen Hochlandes, bis zum kaspischen Meere hin. Großentheils von nomadischen Völkern bewohnt, zerfällt sie wieder in fünf besondere Gebiete. 1) Chowaresm, mit dem Truchmenenland und dem Lande Chiwa, wo auch die Hauptstadt Chiwa, in welcher der Chan des Landes wohnt, und mit der Provinz Aral unter eignen Sultanen. 2) Oestlicher Turkestan mit der Hauptstadt Taschkent. 3) Das Kirgiskaisakenland, die große Oede, und das Karakalpakenland von Halbnomaden bewohnt, im Norden und am Aralsee. 4) Das Usbekenland oder die große Bucharei, mit der Residenz des Schach Buchara, und der berühmten Handelsstadt Samarkand; 5) am östlichsten Kokan, mit den Städten Kokan und Koschend.

§. 7. Persien. Arabien und Ostindien. — Nach diesen Staaten von Mittelasien folgen die des Südens. Zuerst über das vorderasiatische Hochland, südlich der Tartarei, verbreitet sich Persien, mit vielfach gemischter Bevölkerung und aus drei unabhängigen Staaten bestehend. 1) Iran oder Westpersien, auch das eigentliche Persien genannt, wird von einem Schach, Kaiser, beherrscht, und ist in 10 Provinzen zertheilt: In Irak liegen Ispahan und Teheran, Residenzen des Schach; in Kurdistan südlicher liegt Schiras, und in Chorasan, dem alten Baktra, Mesched. 2) Kabulistan oder Afganistan, von Afghanen bewohnt, von einem Schach beherrscht, der durch Chane beschränkt ist, in 6 Landschaften getheilt darunter: Afganistan, mit den Städten Kabul und Gasni im NO.; Balk, auch altes Baktrien, im NW., mit der volkreichen Hauptstadt Balk; und das schöne und fruchtbare Thal Kaschmir, mit der Hauptstadt Sirinagur. 3) Beludschistan im Süden, von Beludschen, mit andern Völkern vermischt, bewohnt, unter einem Chan, der nur Anführer der Stämme ist; man unterscheidet das eigentliche Beludschistan und die östlicher liegende Landschaft Sind. — An Persien gränzt nach W. hin Arabien, wo unter den vielen Stämmen der Araber noch andere Völker leben, und diese vielerlei Stämme haben ihre Fürsten, Emirs und Scheiks; nur wenige Städte im W. Dsidda und Jambo, Mekka und Medinah stehen unter dem türkischen Großherrn von Konstantinopel. Das ganze Gebiet von Arabien zerfällt in 5 Provinzen, die so vertheilt sind: 1) Jemen, die südwestliche Küste, unter einem eigenen Iman, mit der Handelsstadt Sana. 2) Oestlicher Hedschar oder Lachsa, mit der Stadt Lachsa, und mehreren sehr bewohnten Inseln, wegen der Perlfischerei. Dann folgt 3) Oman mit der Hauptstadt Maskat, wieder unter eigenem Iman. 4) Ueber die Mitte, bis an die Nordgränze ist Nadsched verbreitet, das Bergland am El Ared-Gebirge, von den

Wechabiten in 7 Distrikten bewohnt, von einem Emir in der Hauptstadt Drehyeh beherrscht. 5) Hedschas, die nordwestliche Küste, mit Bebel el Haram, dem heiligen Lande der Araber, mit Mekka, unter einem Scherif, und Medinah, und dazu gehört noch die Halbinsel mit den Bergspitzen des Horeb und Sinai. — Und wieder östlich von Persien über die beiden indischen Halbinseln verbreitet sich in großer Mannigfaltigkeit eine Menge von Staatsgebieten, die hier folgenderweise zusammengeordnet sind: Man hat hier die beiden Hauptabtheilungen Vorderindien und Hinterindien. Die Bevölkerung Vorderindiens besteht aus den alten Hindus, mit ihrer uralten Lebensart, zu welchen noch Mahomedaner, Parsen und christliche Europäer kommen. Und die Staatsgebiete theilt man in die Regierungen der Indier und in die Regierungen der Europäer. — Die Regierungen der Indier im Innern sind: 1) die Länder der Scheiks im Norden mit der Provinz Lahor, in der Handelsstadt Lahore von einem Maja Raja und einem Priesterrath, Guru Mata, beherrscht. 1) Oestlicher das Land Nepal oder Nepaul, am Hochgebirge, unter einem despotischen Raja in der Hauptstadt Katmandu. 3) Der Marattenstaat Sindia, zwischen dem Ganges und Taptifluß, unter einem Raja, mit der Hauptstadt Udschin. 3) Der Distrikt Khalchkaun, aus Oasen der Sandwüste Multan bestehend, unter eigenen Häuptlingen. — Unter den Regierungen der Europäer treten am meisten hervor die Besitzungen der Britten, welche sich zu meist über den Süden verbreiten, und sie erscheinen wieder in zwei Hauptmassen, als unmittelbare Gebiete der Britten, und als mittelbare Gebiete derselben. Drei Präsidentschaften bilden die unmittelbaren Gebiete: 1) Die Präsidentschaft Bengalen, in der Ebene an der Mündung des Ganges, in 9 Provinzen zerlegt, unter welchen die Provinz Bengalen an der Küste Calcutta, die Hauptstadt des brittischen Indiens enthält; dann die Provinz Delhi, nördlicher, mit der Residenz des Großmoguls Delhi, und noch nördlicher die Provinz Gurwal mit dem Berge Dawalageri. 2) Die Präsidentschaft Madras verbreitet sich über die Ostküste des Dekan und über den südlichen Theil der Westküste mit 8 Provinzen. Im Carnatik liegt die Hauptstadt Madras, in Malabar Calikut, und in Mysore Seringapatnam. 3) Den nördlichen Theil der Westküste erfüllt die Präsidentschaft Bombay, mit 3 Provinzen, wozu die Inseln Bombai, Salsetta und Elefanta, die Halbinsel Guzurate, mit der Hauptstadt Surate, gehört. Die Landschaften Kandesch, Aurungabad und Bejapore sind neuerlich von den Maratten erworbene Landestheile. — Und mehr im Innern liegen die mittelbaren Gebiete der Britten, welche mit eigenen Beherrschern doch unter ihnen stehen, wie das Königreich Oude, die Dschatenfürstenthümer Bhurtpur und Dholpur, die 7 Radsbutten-Fürstenthümer, die Marattenstaaten, ferner Golkonda, Mysore und Travancore. — Gegen diese brittischen Besitzungen nun erscheinen gar gering: die Besitzungen der Franzosen mit Pondicheri im Karnatik, die der Portugiesen mit Goa und Diu auf der Westküste, und das Dänische Tranquebar im Osten. — Nun ferner sind die Staatsgebiete des zweiten Haupttheiles, Hinterindiens, folgenderweise geordnet. Zunächst an Vorderindien gränzt 1) das Brittische Hinterindien, wieder mit mittelbaren und unmittelbaren Besitzungen. Die mittelbaren sind: 1) Ascham, östlich an Bengalen gränzend, von einem Maha Raja regiert, in der Hauptstadt Jorbaut. 2) Das wenig bekannte aber schöne Land Kathen mit der Hauptstadt Munipore. Unmittelbare brittische Besitzungen sind: 1) Die Provinzen Arakan, Mareabar und Yte, südlicher liegend, die Prinz Wales Insel, das Gebiet von Malakka, und die Insel Sincapore. Nun folgen tiefer in die Halbinsel hinein: 2) das Birmanische Reich unter seinem Boa oder Kaiser, in 5 Provinzen getheilt, mit der Hauptstadt Amarapuram. 3) Südlicher das Königreich Siam, mit der Hauptstadt Banckock. 4) Das Kaiserthum Anam, mit den Provinzen Tunkin, Cochinchina und Camboja, in 6 Provinzen getheilt. Und endlich 5) die große und lange Halbinsel Malakka oder Malaya, zumeist von Malayen und Negern bewohnt, besteht aus 7 unabhängigen Gebieten, unter mehrere Sultane vertheilt, die Stadt Malakka aber besitzen die Britten.

§. 8. Das asiatische Rußland und die asiatische Türkei. — Zu dieser Anordnung der asiatischen Staatsgebiete über die Mitte und über den Süden des Welttheiles hin kommen nun noch zwei große Gebietsmassen im Norden und im äußersten Westen, welche nicht für sich bestehen, sondern mit europäischen Staaten zu einem Ganzen verknüpft sind. 1) Das asiatische Rußland, eine ungeheure Gebietsmasse verbreitet sich nördlich vom asiatischen Hochland und vom Kaukasus bis an die Meeresküsten im N. und O., und läßt sich in zwei Haupttheilen übersehen. Die westlichen Gouvernements und Landschaften, die eine Verbindungsreihe mit Europa bilden, das Gouvernement Astrakan im NW. des Caspischen Meeres mit der Hauptstadt gleiches Namens; von da südlich liegen Kaukasien mit einer Festungslinie, Grusien oder Russisch Georgien, mit der Hauptstadt Tiflis, und noch südlicher die Gränz-Provinz an Persien, Mingrelien und nahe dabei die große und kleine Kabardei, städteleere Nomadenstriche. Und nördlich von Astrakan liegen auf der Gränze der Welttheile in nördlicher Folge die Gouvernements Saratow, Pensa, Simbirsk, Kasan, Wiätka und Orenburg, immer die Hauptstadt von gleichem Namen. 2) Der ganze übrige Theil dieser großen Masse ist Sibirien, welches wieder in West- und Ostsibirien zerfällt. Zwei Gouvernements liegen in Westsibirien, Tobolsk und Tomsk, und südlich daneben die Provinz Omsk, in Ostsibirien liegen Irkutsk und Jeniseisk, immer mit Hauptstädten gleiches Namens; die Provinz Jakutsk, und am östlichsten die Seeprovinzen Ochotsk und Kamtschatka, an welche sich noch die Inseln im Eismeer und im Behringsmeer anschließen, von Neusibirien bis zu den Kurilen hin, so wie hier auch die russischen Besitzungen noch auf die Westküsten von Amerika hinüberreichen. Das ist das asiatische Rußland. — Die asiatische Türkei, von Klein-Asien aus sich bis an die Mündung des Euphrats und bis an die arabischen Gränzen verbreitend, besteht aus 7 Haupttheilen. Zunächst an Europa liegt Anadoli, (Natolien, Levante) mit den Städten Brusa und Smirna, Trebisonde und Tarsus, und mit den dortliegenden Inseln, von Lemnos bis Rhodus und Cypern. Tiefer hinein liegt Turkomanien mit der Hauptstadt Erzerum. Dann folgen tiefer hinein, am Euphrat und Tigris hinab, Tschaldir, Kurdistan, Irak Arabi, mit der Hauptstadt Bagdad, und Al Dschesira; und am mittelländischen Meere liegt Sirien mit der Hauptstadt Haleb, zugleich auch Palästina mit Jerusalem und Phönizien in sich fassend.

§. 9. Europa. Bevölkerungsverhältnisse. Bildung. Staatenentwicklung. Uebersicht. — Europa hebt sich durch seine Bevölkerungsmassen mit Auszeichnung vor den übrigen Welttheilen hervor. Nur von einer der beschriebenen Menschenracen ist es erfüllt, und zwar von der edelsten, indem nur Völker von kaukasischer Abstammung über diesen ganzen Welttheil hin wohnen, und nur der äußerste nordöstliche Streifen wird von der Ausbreitung der mongolischen Race berührt. Aber die kaukasische Bevölkerung Europas zerfällt wieder in zwei Hauptmassen, die Germanischen Völker im Westen und die Slavischen im Osten, von welchen die ersteren wieder als diejenigen hervortreten, die auf die Bildung des Welttheiles am meisten eingewirkt und ihm gleichsam seine Lebensgestalt gegeben haben. Zu diesen beiden Hanptvölkermassen Europas hat man sich die vereinzelten geringeren Bestandtheile seiner Bevölkerung zu denken, die entweder aus den Ueberresten alter verschwundener Völkermassen bestehen, oder aus den in die europäische Bevölkerung gemischten Theilen der nur vorübergehend aus Asien herübergedrungenen Völker. So wohnen auf den westlichsten Endpunkten, in Hochschottland und Irland, in Wales und in der Bretagne, so wie in den westlichen Pyrenäen noch Ueberreste des alten Celtischen Volksstammes, welcher in den ältesten Zeiten über West-Europa verbreitet gewesen ist. In Spanien haben sich die Spuren der arabischen Volkseigenthümlichkeit, in Italien und Griechenland die der alten pelasgischen Bevölkerung erhalten; und die Türken und Ungarn sind eingewanderte asiatisch-tartarische Völker. So ist also die europäische Völkerwelt aus zwei Hauptmassen zusammengesetzt, und mit vereinzelten alten und fremden Theilen untermischt. — Und über alle Völkermassen der Erde erhebt sich die europäische durch ihre Cultur, welche durch die natürliche Beschaffenheit des

Welttheiles und durch den Geist seiner Völker zugleich so hoch gestiegen ist, daß die niedrigeren Volkszustände des nomadisirenden Lebens nur auch noch im äußersten Nordosten erscheinen, und durch den ganzen übrigen Welttheil hin ist die höhere oder geringere Bildung der Völker auf geregelten Ackerbau mit Viehzucht verbunden, und auf lebhaften Handel gegründet. — Aber das Höchste in dem gebildeten europäischen Völkerleben ist die christliche Religion, welche beinahe über den ganzen Welttheil verbreitet ist, so daß nur in der Türkei dem asiatischen Islam ein beschränkter Raum vergönnt ist. Und wie diese beseeligende Religion die Grundlage ist für die hohe Geistesbildung Europas, so ist sie auch in Verbindung mit der lebhaften Handelsbeschäftigung, die hochwichtige Angelegenheit, durch welche die europäischen Völker bei ihrem Missionsbestrebungen in Verbindung treten mit allen übrigen auf der Erde verbreiteten Menschengeschlechtern, und durch welche sie ihre Bildung und ihr Ansehen in die anderen Welttheile verbreiteten, und so gleichsam die Herrschaft der Welt ergriffen. Und endlich zeigt sich die Entwickelung des europäischen Staatslebens am meisten in zwei Hauptzügen: einmal darin, daß die Staatsform der christlichen gemäßigten Monarchie hier am meisten verbreitet ist, dann aber auch darin, daß in Europa ein Staatssystem gebildet ist, das heißt, daß zwischen den Staaten dieses Welttheiles ein allgemeiner Zusammenhang und eine gegenseitige Verbindung statt findet, wodurch sie ein Ganzes bilden. Und diesem politischen System liegt die Anordnung der Staatsgebiete zu Grunde, wie sie nunmehr soll beschrieben werden.

§. 10. Das europäische Rußland. Die europäische Türkei. Griechenland. Die Jonischen Inseln. — In Europa tritt als größtes Staatsgebiet hervor das europäische Rußland, welches sich an den asiatischen Theil dieses größten Reiches der Erde so anschließt, daß es mit demselben ein ungeheueres Ganzes bildet. Dieses europäisch-russische Staatsgebiet verbreitet sich über den größten Theil des europäischen östlichen Flachlandes so, daß es mit seinen Ostgränzen am Ural Gebirge und an der Kama und Wolga, also auf der Gränze des Welttheiles, abwechselnd abweichend, hinzieht, dann im Süden die Nordküsten des schwarzen Meeres, vom Kuban bis zum Pruth, zur Gränze hat; dann wird es im südlichen Theil seiner Westgränzen durch den Pruth von dem türkischen, durch den Bug und die Newa vom ehemaligen polnischen und von dem preußischen Gebiet getrennt, und im nördlichen Theil derselben folgt erst die Begränzung dieses Gebietes durch die Gewässer der Ostsee, von der Memelmündung an bis zur Mündung des Tornea, bis es im äußersten Nordwesten durch den südlichen Lauf des Tornea und den nördlichen Lauf des Tana vom dem schwedischen Gebiet geschieden wird. Die Nordgränzen werden vollständig durch die Küsten des nördlichen Eismeeres gebildet. Innerhalb dieser Begränzung verbreitet sich dieses große Staatsgebiet so, daß es sich in fünf递 Haupttheile zerlegt, welche zusammen in 40 Gouvernements getheilt sind, auf folgende Weise. 1) Die Ostseeprovinzen, einen neuen Hauptbestandtheil dieses Reiches bildend, umgeben die angränzenden Gewässer der Ostsee und verbreiten sich über die dortige Seenplatte in 5 Gouvernements. Das Gouvernement Petersburg, mit der neugegründeten Hauptstadt dieses Namens, an der östlichen Spitze des finnischen Meerbusens, hat noch als merkwürdige Punkte in der Nähe der prächtigen Stadt, Kronstadt und Schlüsselburg, Oranienbaum und Peterhof. Vom finnischen und bothnischen Meerbusen bis zum äußersten Norden erstreckt sich Finnland, mit Wiborg, Helsinfors und Abo, und im äußersten Norden Enare, am See gleiches Namens. Und südlich von Petersburg folgen die 3 Gouvernements Esthland mit der Hauptstadt Reval, Liefland mit Riga, und Curland mit Mitau und Semgallen. Die Alands Inseln gehören zu Finnland, Dagoë und Oesel zu Esthland und Liefland. 2) Groß-Rußland, das alte Stammland des russischen Reiches, verbreitet sich über den größten Theil des Inneren, von dem Fluß Donez im Süden über die Wolga bis zu den Küsten des Eismeeres, von den Ostseeprovinzen bis zum asiatischen Gouvernement Kasan. Von den 19 Gouvernements, in welche es getheilt ist, und die hier immer nach ihrer Hauptstadt benannt sind, bilden die von Moskau, der alten hochmerkwürdigen Reichshauptstadt, von Wladimir und Jaroslaw, gleichsam die Mitte; westliche Gouvernements sind Smolensk, Pleskow und Nowgorod; dagegen beherrschen Olonetz und Archangel den ganzen Norden dieses Haupttheiles; dann liegen am östlichsten Niznei Nowgorod, und am südlichsten Woronesch. 3) Klein-Rußland, auch erst später mit jenem alten Haupttheil vereinigt, verbreitet sich mit 4 Gouvernements an dem mittleren Laufe des Dnjepr; sie heißen nach ihren Hauptstädten, Tschernikow, Kiew, Pultawa und Charkow mit der Slobodischen Ukraine. 4) Südrußland, aus noch neueren Erwerbungen bestehend, verbreitet sich am Unterlauf des Dnieper und Don, westlich bis zum Pruth, östlich bis zum Kuban, mit drei Gouvernements und hinzukommenden Landschaften. Das Gouvernement Jekatarinoslaw hat außer dieser Hauptstadt noch Taganrok und Asow, und im Gouvernement Cherson liegen auch noch Oczakow und Odessa; das Gouvernement Simferopol oder Taurien umfaßt mit der Krimm noch die nogaische Steppe und das Tschernomorische Kosackenland, am schwarzen Meere. Und zu diesen drei Gouvernements kommen im Osten das Land der Donischen Kosacken am Don, und im Westen Bessarabien oder die russische Moldau, zwischen dem Dniester und Pruth. 5) Westrußland oder Weißrußland, zwischen dem Dniester, Bug und der Düna, alte polnische Provinzen vereinigend, zu 7 Gouvernements, im Süden die Landschaften Podolien und Volhynien, und nördlich vom Dnieper Mohilew, Minsk und Witebsk, Wilna, Grodno und Bialystock. — So erscheint das europäisch-russische Gebiet in seiner Ausbreitung, Umgränzung und inneren Eintheilung. — Mit dem Staatsgebiet des Kaiserthums Rußland steht dann ferner das Gebiet des Königreichs Polen als ein zwar nicht einverleibter aber doch zugehöriger Staat, in enger Verbindung, indem der Kaiser von Rußland auch König von Polen ist. Es verbreitet sich an den beiden Ufern der Weichsel hin so, daß der obere Lauf der Weichsel die südliche Gränze gegen Oesterreich, der Unterlauf des Niemen die nördliche Gränze gegen Rußland bildet; im Osten wird es durch den Bug von dem eigentlich russischen, im Westen

sten durch die Prosna von dem preußischen Gebiet getrennt. Und innerlich ist es in 8 Woiwodschaften getheilt, von denen Masovien die Mitte bildet, und die Hauptstadt Warschau enthält. Gegen SO. liegt Lublin, gegen S. Sandomir, gegen W. Kalisch, gegen N. Plock. — Nun folgt im Süden die europäische Türkei, deren Gebiet von dem adriatischen Meere im W. und vom ägeischen und schwarzen Meere im O. umgeben und begränzt wird; im Norden bilden die Donau und die karpatischen Gebirgszüge die Gränze gegen das österreichische, und der Pruth im NO. die Gränze gegen das russische Gebiet, im S. wird es durch den Mb von Arta uud durch den Peneus von Griechenland geschieden. Und seine inneren Theile ordnen sich in zwei Hauptländermassen, die unmittelbaren Länder und die mittelbaren Länder. Um den Nordosten des ägeischen Meeres zieht sich Rumelien mit Macedonien, wo am äußersten östlichsten Punkte die große Hauptstadt des Reiches, Konstantinopel liegt; westlich davon zieht sich Arnaut oder Albanien am adriatischen Meere hin, mit der Hauptstadt Janina. Und wie diese Landschaften den ganzen Raum des Gebietes südlich vom Balkangebirge einnehmen, so zieht sich nördlich zwischen diesem Gebirge und der Donau noch eine Länderreihe hin: am östlichsten Bulgarien mit Sophia und Silistria, dann westlich Servien mit Belgrad; am westlichsten Bosnien, mit der Herzogewina und dem türkischen Theil von Kroatien und Dalmatien. Zu diesen Theilen sind noch die zugehörigen Inseln des ägeischen Meeres und die Insel Candia zu halten, welche zwei besondere Paschaliks, Statthalterschaften ausmachen, so wie auch die anderen unmittelbaren Länder ihre weitere Eintheilung haben, in Ejalets, Provinzen, Paschaliks oder Sandschaken, Statthalterschaften, Beglerbeglike, Distrikte. — Nördlich der Donau nach dem russischen Gebiete hin liegen die mittelbaren Länder, die Fürstenthümer Walachei und Moldau, welche von eigenen Fürsten, Hospodaren, unter der Hoheit der Pforte regiert werden. Bukarest ist die Haupstadt der Walachei, Jassy die der Moldau, an das russische Bessarabien gränzend. So ist die Uebersicht des türkischen Staatsgebietes. — An dasselbe schließt sich im Süden das Gebiet des neu errichteten Königreichs Griechenland, welches als südlichster Theil der großen Balkanhalbinsel in das mittelländische Meer hinausragt, und durch seine unzusammenhängende Verbreitung über die dortigen Gewässer sich in drei Haupttheile zerlegt, in 1) Livadien, 2) Morea, 3) die Inseln. Livadien, welches sich zwischen der türkischen Gränze im Norden und dem Meerbusen von Lepanto hinzieht, hat als städtische Hauptpunkte Missolunghi und Athen. Auf Morea, der Halbinsel, liegen Napoli di Romania, Korinth, Tripolitza und Navarin. Unter den Inseln treten hervor: Spezia, Hydra, Negroponte und die Cykladen. So sind die Gebietstheile des Königreichs Griechenland. Einen besonderen republikanischen Staat, unter englischem Schutz, bilden im Westen von Griechenland die sieben Jonischen Inseln, von denen Corfu am nördlichsten, Zante am südlichsten liegt, mit Hauptstädten gleiches Namens.

§. 11. Das Kaiserthum Oestreich. — Das Kaiserthum Oestreich verbreitet sein vielfältig zusammengesetztes Staatsgebiet von dem südöstlichen Deutschland aus nach Osten, über Ungarn und die karpatischen Gebirgsgegenden bis an den Pruth und bis jenseit des Dniesters, wo es mit dem russischen Gebiet zusammengränzt, und nach Südwesten über die Alpen hinein nach Italien, wo es durch den Lauf des Po von dem italienischen Kirchenstaat abgegränzt wird, wie im Südosten durch die Donau von der Türkei; im W. wird es durch den Rhein und Bodensee von der Schweiz, durch den Inn und durch den Böhmerwald von Baiern abgegränzt; die nördliche Gränze umziehen das Erzgebirge, das Lausitzer Gebirge, das Riesengebirge und die Sudeten. In dieser Umgränzung ordnen sich seine sämmtlichen Gebietstheile in zwei Hauptmassen: 1) Die deutschen Bundesstaaten, welche noch in das Gebiet des deutschen Bundes mit hereingehören; 2) die auswärtigen Staaten. Das Erzherzogthum Oestreich bildet am Ausfluß der Donau, aus Deutschland nach Ungarn, das Stammland der großen Monarchie, mit zwei Haupttheilen, dem Lande ob der Ens und unter der Ens, jeder wieder in Kreise zerlegt, und mit der prächtigen Hauptstadt Wien. Damit ist jetzt auch im W., als besonderer Kreis, das Bisthum Salzburg vereinigt, mit seiner schönen Hauptstadt Salzburg. Südlich folgt das Herzogthum Steiermark am Mur, mit seinen Haupttheilen Unter- und Obersteiermark, und ihren Kreisen, wo Grätz und Marburg liegen. Westlich aber liegt die gefürstete Grafschaft Tyrol mit Vorarlberg, am Inn an der Etsch und am Rhein in ihre Kreise getheilt, mit den Hauptstädten Inspruk, und Bregenz am Bodensee. Am südlichsten liegt das Königreich Illyrien, bis zum adriatischen Meere hin, mit drei Haupttheilen, den Herzogthümern Kärnthen und Krain, und dem Gouvernement Triest, mit den Hauptstädten Klagenfurth, Laibach und Triest. Nun schließen sich noch im Norden an das Stammland an: das Königreich Böhmen, an den Ufern der Moldau Elbe und Beraun, in 16 Kreise zerlegt, mit der Hauptstadt Prag; und die Markgrafschaft Mähren mit dem Herzogthum Schlesien, oder Oestreichisch Schlesien, mit ihren Kreisen und mit den Hauptstädten Olmüz, Brünn und Troppau. So bilden die östreichisch deutschen Bundesstaaten die Mitte des großen Reiches. Die auswärtigen Staaten sind: nach Süden hin das Königreich Dalmatien, an der Ostküste des adriatischen Meeres hin, zumeist aus Inseln bestehend, mit den Städten Zara, Spalatro und Ragusa. Das lombardisch-venetianische Königreich in Ober-Italien, einen Theil der großen Po-Ebene erfüllend, mit zwei durch den Mincio geschiedenen Gouvernements, dem lombardischen in Westen mit 9 Provinzen, mit der Hauptstadt Mailand, mit Pavia, Cremona, Mantua, und noch vielen anderen Städten, und dem venetianischen Gouvernement in O. mit 8 Provinzen, mit den Hauptstädten Venedig, Verona, Padua, Vizenza. — Es folgen nun die östreichischen Staaten im Osten: das Königreich Gallizien und Lodomirien mit der Bukowina, noch jenseits der Karpathen, am Dniester und San, wo die Hauptstädte Lemberg und Haliz und Chernowitz; das Königreich Ungarn, zwischen den Karpathen und der Drave und Donau, mit Kroatien und Slavonien, zwischen Drave und Save. Das eigentliche Ungarn hat zwei Haupttheile: Nieder Ungarn im W., mit zwei

Kreisen diesseits und jenseits der Donau, wovon jeder wieder in eine Menge Gespannschaften getheilt ist; und Ober Ungarn im O. wieder mit zwei Kreisen, diesseits und jenseits der Theiß, und ihre Gespannschaften. Presburg, Pesth und Ofen liegen in Nieder-Ungarn; Dobrezin in Ober-Ungarn. In Slavonien ist Esseck Hauptstadt, in Kroatien Agram. Es folgt wieder östlich von Ungarn, über die Karpathen sich ausbreitend nnd an beiden Ufern der Marosch, das Großfürstenthum Siebenbürgen, mit dem östlichen Gebirgsrand an die Moldau, mit dem südlichen an die Walachei gränzend. In drei Landschaften ist es getheilt, das Land der Madgyaren, mit eilf Gespannschaften im Nordwesten der Marosch mit der Hauptstadt Klausenburg, das Land der Sachsen, südöstlich an der Aluta, mit 9 Stühlen oder Distrikten, und der Hauptstadt Hermannstadt, und das Land der Seckler, oder Gränzwächter mit 5 Stühlen, an der südlichen und östlichen Gränze, mit der Hauptstadt Vasarhely. — So ist endlich überhaupt das östreichische Staatsgebiet längs der türkischen Gränze hin, an der Save, Donau und dem Südabfall der Karpathen, von Dalmatien bis zur Bukowina mit der sogenannten Militärgränze umgeben, von den Gränzen oder Granitzern bewohnt, durch eigenthümlich soldatische Verfassung von den übrigen Gebietstheilen unterschieden, und mit weiterer Eintheilung. Im Westen beginnt die Kroatische Militärgränze mit Kostainitza, wozu auch die Bannatgränze mit der Festung Petrinia an der Aluta gehört; östlich folgt die Slavonische Militärgränze mit Peterwardein und Semlin. Nun die Ungarsche Militärgränze oder das Bannat mit Alt-Orsowa, an welche sich die genannte Siebenbürgische, das Land der Seckler, anschließt. — Und so ist nun die Ausbreitung und innere Zusammensetzung der östreichischen Monarchie.

§. 12. Das Königreich Preußen. — Das Gebiet des Königreichs Preußen hat sein Stammland und seine Mitte in dem nordöstlichen Deutschland, von wo es sich östlich über die germanische und sarmatische Fläche ausbreitet, und außerhalb Deutschland hinaus, nordöstlich bis an die Gränzen des russischen Gebietes hinreicht; und westlich hin weiter in die germanische Fläche hineinreichend und südlich den Nordabfall des westeuropäischen Berggürtels berührend, zieht es sich, mit Unterbrechung seiner Ausbreitung an der Weser, an beiden Ufern des Rheins und über die rheinische Vorterrasse hin, weit nach Südwesten, bis an die Gränzen Frankreichs, wodurch die Eintheilung dieses großen Gebietes in zwei Haupttheile entsteht, in den östlichen größeren, und in den westlichen kleineren. Der östliche Theil gränzt im Osten beim Uebergang aus der germanischen in die sarmatische Fläche so an das russische Gebiet, daß diese nach NO. hin ausgebogene Gränze im S. durch die Prosna, in der Mitte durch die Drewenz, im N. durch die Szeschuppe und den Memel bezeichnet wird, welche Flüsse zum Theil auf ihr hinfließen. Im S. wird dieser Theil durch das Riesengebirge von dem östreichischen und durch die Elster und Unstrut von den sächsischen Gebieten geschieden; im W. bildet das Harzgebirge die Trennung vom Königreich Hannover, und im N. bildet, außer Mecklenburg, an der Niederelbe, die Ostsee mit ihren Küsten die Gränze. Der westliche Theil verbreitet sich vom Rhein, als seiner Mitte aus nach NO. hin bis zur Weser und ist im O. von den hannöverschen und von den hessischen Gebieten umgeben, wie es im W. auf der Gränze Frankreichs durch die Sare und Maas begränzt wird. Innerhalb dieses Umfanges und dieser Haupttheile verbreitet sich das preußische Gebiet mit seiner Eintheilung in 10 Provinzen, von denen jede wieder in Regierungsbezirke und diese wieder in Kreise zerlegt sind. Sieben der genannten Provinzen bilden den östlichen Theil, und von ihnen sind wieder vier als deutsche und drei als außerdeutsche zu unterscheiden. Unter den deutschen bildet die Provinz Brandenburg, an der Spree und Havel, das alte Stammland des Reiches, mit Berlin, der Hauptstadt, die einen eigenen Bezirk bildet, und mit den Regierungsbezirken Potsdam im W. und Frankfurth a. d. O. im O. — Daran gränzt am Unterlauf der Oder die Provinz Pommern, im äußersten Nordosten von Deutschland, mit dem Regierungsbezirk Stettin in der Mitte, dem Regierungsbezirk Stralsund im W. und dem Regbz. Cöslin im O., immer von den Hauptstädten benannt. Dagegen folgt südlich, am Oberlauf der Oder und am Nordabfall des Riesengebirges die Provinz Schlesien mit den Bezirken Breslau in der Mitte, Liegnitz im W. und Oppeln im S. Westlich an der Elbe und Saale liegt die Provinz Sachsen, mit drei Bezirken von N. nach S. Magdeburg, Merseburg, Erfurth. — Die außerdeutschen Provinzen sind: die Provinz Posen an der Warthe und Netze, mit den Bezirken Posen im S. und Bromberg im N., dann nordöstlich am Unterlauf der Weichsel die Provinz Westpreußen mit den Bezirken Danzig im N. und Marienwerder im S., und endlich im äußersten Nordosten die Provinz Ostpreußen am Pregel und Memel, mit den Bezirken Königsberg im W. und Gumbinnen im O. — Den westlichen Hauptheil des preußischen Gebietes erfüllen die drei übrigen Provinzen; nördlich liegt hier, von der Weser aus bis zur Lippe und Ruhr, die Provinz Westphalen mit drei Bezirken, Minden nördlich, Münster und Arnsberg südl. Dann an beiden Ufern des Rheins, von der Ruhr westlich bis zur Roer, liegt die Provinz Cleve Berg, mit dem Bezirk Düsseldorf im N. und Cöln im S. Und am westlichsten liegt die Provinz Niederrhein, von der Waal und Maas im N. bis zur Mosel und Saar im S., mit drei Bezirken Coblenz am Rhein, Trier an der Mosel im S., Achen gegen die Maas hin im N. — Zu diesem Umfang und inneren Gebietstheilen ist das Fürstenthum Neufschatel in der Schweiz zu denken, welches unter preußischer Oberherrschaft steht.

§. 13. Deutsche Bundesstaaten im Süden. — Zu denjenigen Theilen des Oestreichischen und des Preußischen Staatsgebietes, welche zugleich dem Gebiete der Deutschen Bundesstaaten angehören, und zumeist den Osten des eigentlichen Deutschlands erfüllen, kommen nun in dem westlichen größeren Theil von Deutschland die mannigfaltigen übrigen Gebiete des deutschen Bundes, die über den Süden und Norden folgenderweise vertheilt sind. — Im Süden tritt westlich vom östreichischen Gebiete das Königreich Baiern hervor, welches sich an beiden Seiten der Donau, nördlich bis zum Main und darüber verbreitet, wo es das sächsische und hessische Gebiet berührt, südlich hin reicht es an die Alpen, dort mit dem östreichschen Gebiet gränzend, von welchem letzteren es auch im SO. durch den Lauf des Inn, im NO. durch den Böhmerwald getrennt wird; westlich sind Iller und Kocher Gränzflüsse gegen das Königreich Würtemberg. In dieser Begränzung aber liegt nur der große Haupttheil des baierschen Gebietes, zu welchem noch ein abgetrennt gelegenes Stück Landes am Rhein gehört, mit dem Namen Rheinbaiern. Und acht Kreise bilden die innerlichen Gebietstheile. Im S., den Alpen genähert, liegt der Isarkreis, mit der Hauptstadt des Königreichs München. Durch die Mitte des Reiches ziehen sich mit dem Donaulauf der Ober-Donau Kreis mit Augsburg, der Regenkreis mit Regensburg, und der Unter-Donau-Kreis mit Passau. Nun folgt nördlich der Rezat-Kreis mit Nürnberg, und nun nördlicher wieder am Lauf des Maines hin, der Ober-Main-Kreis mit Baireuth und der Unter-Main-Kreis mit Würzburg. Und Rheinbaiern bildet den Rhein-Kreis, zwischen dem Rhein und der Saar und Glan, mit Speier. — Nun verbreitet sich westlicher an der rauhen Alp und am Oberlauf der Donau und am Nekkar das Königreich Würtemberg, nördlich bis an den Tauber, an das baiersche und hessische Gebiet reichend, südlich bis an den Bodensee, an die Schweiz gränzend, von der östlichen Begränzung mit Baiern, vom Kocher und Iller reicht es im W. bis zum Schwarzwald, durch welchen es von Baden getrennt wird. In dieser Begränzung zerfällt es in vier Kreise: der Neckar-Kreis im NW. mit der Hauptstadt des Reiches Stuttgard; der Jaxtkreis mit Ellwangen nordöstlich, der Schwarzwaldkreis mit Reutlingen südwestlich, der Donaukreis mit Ulm südöstlich. — Nun folgt wieder westlich das Großherzogthum Baden, vom Schwarzwald an der würtembergischen, und dem Rhein an der französischen Gränze, östlich und westlich eingeschlossen, vom Neckar und Main bei der hessischen Gränze bis zum Oberlauf des Rheins auf der Gränze der Schweiz reichend, in 6 Kreise getheilt, von denen der Seekreis mit Constanz der südlichste, der Main- und Tauberkreis mit Wertheim am nördlichsten; dazwischen der Tresamkreis, der Kinzig-,

Murg- und Neckarkreis, und die Hauptstadt Carlsruhe. — Im Süden von Würtemberg und auf der Gränze von Baden liegen, an dem Neckar und an der Donau, die Fürstenthümer Hohenzollern Hechingen und Hohenzollern Sigmaringen, mit den Hauptstädten gleiches Namens. Und noch südlicher am Rhein, zwischen dem östreichschen Voralberg und der Schweiz, liegt der kleinste deutsche Staat, das Fürstenthum Lichtenstein mit seinem Hauptort Vaduz. So ist die einfachere Verbreitung der süddeutschen Staaten, zwischen dem Main und den Alpen.

§. 14. Deutsche Bundesstaaten im Norden. Verwickelter liegen in Norddeutschland die übrigen Staatsgebiete, zwischen den beiden Theilen des Königreichs Preußen. — Als das größte tritt hier das Königreich Hannover hervor, welches zwischen der Niederelbe und der Ems, und vom Harzgebirge bis zur Nordsee sich so erstreckt, daß es im Westen an die Niederlande gränzt, und im Norden das Königreich Dänemark berührt, im S. ist es von Preußen und Hessen, im O. von Preußen umgeben. Es ist innerlich in 6 Landdrosteien eingetheilt, die aus vielen kleineren Gebieten zusammengesetzt sind; zu diesen gehören das Fürstenthum Grubenhagen im S., das Fürstenthum Lüneburg im NO., das Fürstenthum Ostfriesland im NW. Die Hauptstadt Hannover liegt im Fürstenthum Kahlenberg. Im N. von Hannover liegen an seiner Gränze noch drei deutsche Gebiete; westlich das Fürstenthum Oldenburg an dem Unterlauf der Weser und auf ihrem linken Ufer, mit der Hauptstadt gleiches Namens, nördlich das Herzogthum Holstein, zwischen der Elbe und Eider, schon der dänischen Monarchie angehörig, nordöstlich die Fürstenthümer Meklenburg Schwerin nnd Meklenburg Strelitz, mit den Hauptstädten gleiches Namens, zwischen der Elbe, der Ostsee und dem östl. preußischen Gebiete. Eben so reihen sich an den Süden von Hannover drei kleinere Gebiete: die Fürstenthümer Lippe, Lippe Detmold und Lippe Schaumburg, im SW. an der Weser, im S. das Herzogthum Braunschweig mit der Hauptstadt gleiches Namens, und südöstlich, jedoch schon ganz von Preußen eingeschlossen, die Fürstenthümer Anhalt, Anhalt Dessau, Bernburg und Köthen, mit den Hauptstädten gleiches Namens. — So erfüllen das Königreich Hannover und diese sechs umgebenden kleineren Gebiete die Gegenden vom Harzgebirge nordwärts bis zur Ost- und Nordsee. — Im Süden des Harzgebirges wird die eigentliche Mitte von Deutschland, von der Elbe an bis zum Rhein hin, vorzüglich durch zwei Gebiete ausgefüllt, durch die sächsischen Gebiete im O. und die hessischen im W. — Jene zerfallen in das Königreich Sachsen, am mittlern Laufe der Elbe, am Nordfuße des Erzgebirges, mit der Hauptstadt Dresden, und mit Leipzig; davon westlich, von der Saale bis zur Werra, am Thüringerwald, liegen die Sächsischen Fürstenthümer, Sachsen Meiningen Hildburghausen, Koburg Gotha, Weimar Eisenach und Altenburg, und mit diesen sächsischen Gebieten gränzen wieder am Fichtelgebirge die kleineren Reußischen Fürstenthümer im S., und die beiden Fürstenthümer Schwarzburg Sondershausen und Rudolstadt, mit Hauptstädten gleiches Namens, sind in sie eingeschlossen. Die sächsischen Gebiete selbst werden von Oestreich und Baiern im S. und von Preußen im N. eingeschlossen. — Die hessischen Gebiete sind, das Kurfürstenthum Hessen, nördlich dem Königreich Hannover angränzend, an der Fulda, und südlich davon das Großherzogthum Hessen, über den Main südlich bis zum Neckar an die Gränze von Baden reichend, mit der Hauptstadt Darmstadt. Zwischen beiden liegt die kleine Landgrafschaft Hessen-Homburg, und an der Nordseite Kur-Hessens liegt das Fürstenthum Waldeck mit der Hauptstadt Arolsen. — Endlich reihen sich noch an den westlichen Haupttheil des preußischen Staatsgebietes zwei kleine Staaten, das Herzogthum Nassau im SO. an der Lahn, mit der Hauptstadt Wisbaden, und auf der anderen Seite im SW. das Großherzogthum Luxenburg, mit der Hauptstadt gleiches Namens, als der westlichste deutsche Bundesstaat, an Frankreich und die Niederlande grenzend, und dem Gebiet des Königreichs Belgien angehörig. — Das sind die vielfältig in einander gelegenen Gebiete der deutschen Bundesstaaten.

§. 14. Die Schweiz. Italien. — Die Schweiz bildet unter den europäischen Staatsgebieten eine ganz eigenthümliche Region. In ihrer Ausbreitung, nördlich und östlich bis zum Oberlauf des Rheins, westlich zur Rhone nnd südlich zum Südabfall der Alpen, deren Ketten sie ganz erfüllen, enthält sie eine bedeutende Anzahl republikanischer Gebiete, nämlich 22 Cantone, mit eigenen republikanischen Regierungen und durch ein Föderativsystem einen allgemeinen Bund bildend. Man kann diese Menge von kleinen Staatsgebieten sich in folgende Uebersicht ordnen. Man unterscheide zuerst die äußeren Cantone, welche sich meist mit größerer Ausdehnung auf dem Vorlande der Alpen verbreiten, vom Bodensee nordöstlich beginnend, am Rhein, an der Aar und am Neufschatellersee hin zum Genfersee in folgender Ordnung: Thurgau, Schafhausen und Zürich, am Rhein; Aargau, Basel und Luzern, an der unteren Aar; Freyburg an der Sane; Waadland und Genf am Genfersee. Dann folgen die inneren, welche schon auf dem Gebirge selbst liegen bis südlich zum Ober-Rhein- und Rhonethal hin, vom Oberrhein im O. bis zum Einfluß der Aar in den Brienzer See im W. in folgender Reihe: Appenzell, St. Gallen, Schwyz, Glarus, Zug und Unterwalden; von der Aar und dem Haslithal bis zum Ostende des Genfersees liegen das Berner- und Freiburger Oberland. Dann folgen südlich des Rhein- und Rhonethales drei große an Italien gränzende Cantone, Wallis westlich im Ober-Rhonethal, Tessino in der Mitte bis an die oberitalienischen Alpenseen, östlich Graubünden mit Engaddin, am Hinterrhein und Inn. — So ist ferner auch die Eintheilung dieser Cantone nach den verschiedenen Sprachen aufzufassen. Vom Bodensee durch das Innere des Landes bis zur Rhone ziehn sich die deutschen Cantone; im Westen sind Genf, Waadland und Neufschatel französisch; im SO. ist Tessin italienisch, und in Graubünden kommt neben dem deutschen des romanische vor. — So übersieht man die Mannigfaltigkeit der Schweizer-Gebiete. — Auch über Italien ist eine zertheilte Gebietsbildung verbreitet, welche sich in ihrer Vertheilung und Anordnung über drei Haupttheile Italiens folgenderweise übersehen läßt. Im breiten Pothale, zwischen den

Alpen und Apenninen, liegt Ober-Italien mit vier Staatsgebieten. Hier gränzt im Westen an Frankreich, mit dem Gränzfluß Var, das Königreich Sardinien, nach der zugehörigen Insel genannt, östlich an das östreich-italienische Gebiet reichend, von demselben durch den Ticino und den Lago Maggiore geschieden; nördlich begränzen es die schweizer Alpen, südlich der Golf von Genua. Seine Gebiets-Eintheilung liegt in den älteren Gebieten, aus denen es zusammengesetzt ist. Das Hauptland ist das Fürstenthum Piemont, am oberen Lauf des Po, mit der Hauptstadt des Reiches Turin, und ihm einverleibt das Herzogthum Montferrat, nah dem Ticino mit der Hauptstadt Alessandria. Das Herzogthum Savoyen, nordwestlich, ein Alpenland an der schweizerischen und französischen Gränze, mit der Hauptstadt Chambery. An der Küste das Herzogthum Genua, und westlich davon das Fürstenthum Monaco und die Grafschaft Nizza, mit den Hauptstädten gleiches Namens. Und zu diesen Gebietstheilen des Festlandes kommt die Insel Sardinien mit 10 Provinzen und der Hauptstadt Cagliari. — Und wie der Nordosten von Ober-Italien durch das dem östreichischen Kaiserstaat angehörige Lombardisch-Venetianische Königreich erfüllt ist, welches bei der Beschreibung dieses Staates schon vorgekommen ist, so liegen außer diesen beiden großen Reichen, noch zwei kleine Gebiete in diesem Haupttheil: das Herzogthum Parma, zwischen dem Po und den Appenninen, von der Trebbia westlich bis zur Enza östlich, mit den Nebentheilen Piacenza und Guastalla; und weiter östlich von der Enza bis zum Reno, das Herzogthum Modena mit den Nebengebieten Reggio, Massa, und Carara, südlich und östlich vom Toskanischen und vom Kirchenstaat umgeben. — So hat auch Mittel-Italien zwei große und zwei kleine Gebiete. Das Großherzogthum Toskana verbreitet sich vom Appennin herab bis an die toskanische Meeresküste und die Stromgebiete des Arno und Ombrone, mit 5 Provinzen, mit der Hauptstadt Florenz und der zugehörigen Insel Elba, und nordwestlich davon das kleinere Fürstenthum Lucca mit der Hauptstadt gleiches Namens. — Der Kirchenstaat aber durchzieht vom Po bis zu den pontinischen Sümpfen die ganze Mitte Italiens, an beiden Seiten des Appennins, mit dem Distrikt von Rom, der Hauptstadt, Campagne di Roma, und 7 Delegationen, wovon Bologna und Ferara die nördlichsten sind, wie Benevento, schon vom Königreich Neapel eingeschlossen, die südlichste; die Republik St. Marino, aus dieser Stadt mit vier Dörfern bestehend, ist nur ein Punkt im Kirchenstaate. — Unter-Italien enthält nur das eine große Gebiet des Königreichs Neapel, mit welchem Sicilien zu dem einen Reich beider Sicilien vereinigt ist: das Königreich Neapel hat in vier Haupttheilen 15 Provinzen; 1) Terra di Labora, nordwestlich mit der Provinz gleiches Namens und der Hauptstadt Neapel, östlich davon 2) die Abruzzen, am adriatischen Meer; südwestlich 3) Apulien mit der Capitanata und der Hauptstadt Otranto, und endlich südwestlich 4) die Halbinsel Calabrien mit der Basilicata. — Das Königreich Sicilien hat 7 Provinzen mit der Hauptstadt Palermo und Messina. — So ist die Gebietsvertheilung über Italien und seine Inseln hin.

§. 15. Frankreich. Portugal und Spanien. — Das Gebiet des Königreichs Frankreich zieht sich mit seiner Ostgränze an vier Gränzländern hin, indem es im Süden durch die Seealpen von Italien und durch den Jura von der Schweiz getrennt wird; dann wird es durch den Rhein und durch die Ardennen von dem deutschen und niederländischen Gebiet geschieden. Von da wird die Nordgränze vom Kanal, die Westgränze vom atlantischen Meere umgeben; dann zeigt die Westhälfte der Südseite die Pyrenäen als Gränzmauer gegen Spanien, und die Osthälfte dieser Seite wird wieder vom mittelländischen Meer umgeben. So verbreitet es sich von Hochfrankreich im SO. hinab an die flachen Meeresküsten. Seine inneren Gebietstheile sind auf zweierlei Weise benannt und geordnet. Man kennt eine alte Eintheilung dieses Reiches in 17 Provinzen, welche mit der neueren in 66 Departements so vereinigt ist, daß jede Provinz in eine Anzahl von Departements zerlegt ist, die nach Flüssen und Gebirgen benannt sind. Die Provinz, in welcher die Hauptstadt Paris liegt, ist Isle de France, mit fünf Departements, nach fünf Strömen genannt, Seine, Seine und Oise, Marne, Oise und Aisne. Mit dieser Provinz bilden eine Reihe von NW. nach SO. die Picardie mit Flandern und Artois, die Champagne mit Brie, Lothringen und Elsaß. Dann liegen an der Ostseite in südlicher Folge Franche Comté oder Hochburgund, Bourgogne, Lyonnais mit Bourbonnais, Auvergne und Marche, Dauphiné und Provenz am südlichsten. Im S. liegen an der Garonne Languedoc und Guienne, mit Gascogne, mit Limousin und Navarra. Wieder im W. um den Unterlauf der Loire her, liegen zusammengehörig Orlanais mit Maine und Perche, Touraine, Angou, Berry und Nivernois. — Endlich an der Nordküste hin liegen Bretagne und Normandie. — So herrscht in dem Gebiete von Frankreich diese große Mannigfaltigkeit von innerer Eintheilung. Ein Gebietstheil von Frankreich ist auch die Insel Corsika. — Das Königreich Spanien verbreitet sich über den größten Theil der pyrenäischen Halbinsel so, daß es nur im Nordosten durch die Pyrenäen mit Frankreich zusammenhängt, und der größte Theil seiner Westseite gränzt mit Portugal zusammen; an den übrigen Theilen der Nord- und Westseite ist es vom atlantischen Meer, im S. und O. vom mittelländischen Meer umgeben. In dieser Ausbreitung hat es ebenso wie Frankreich, eine vereinigte ältere und neuere Gebiets-Eintheilung. Indem es durch die Vereinigung vieler einzelnen Königreiche entstanden ist, so sind für die inneren Landestheile die Namen dieser Königreiche noch geblieben, und diese Königreiche sind wieder in Provinzen eingetheilt; dabei zerfällt das ganze spanische Gebiet in zwei Haupttheile 1) die Königreiche der castilischen Krone, 2) die Königreiche der aragonischen Krone. — Die Königreiche der castilischen Krone nehmen den größten westlichen Theil des Gebietes ein. An dem obern Lauf des Duero und Tajo, von der Mitte der Halbinsel nur etwas nach Osten hin, liegen die beiden Reiche Alt Castilien mit der Hauptstadt Burgos, und Neu Castilien mit der Hauptstadt des ganzen Reiches Madrid. Von da nordwestlich am unteren Duero, an den nördlichen Gebirgen, liegen die Königreiche Leon mit der Hauptstadt gleiches Namens, Asturien mit Oviedo, Gallizien mit St.

Jago. Südwestlich am untern Lauf des Tajo und Guadiana, am Guadalquivir und der Sierra Nevada liegen: Estremadura mit Badajoz, Andalusien mit drei Provinzen: Cordova, Java und Sevilla und mit den Hauptstädten gleiches Namens, den ganzen Süden am Guadalquivir und an der Sierra Nevada einnehmend, und endlich im SO. an der Segura das Königreich Murcia, mit der Hauptstadt gleiches Namens. Den kleinern Theil in Osten erfüllen die Königreiche der aragonischen Krone: Aragonien selbst mit der Hauptstadt Zaragossa, am Mittellauf des Ebro; davon nordwestlich am obern Lauf des Ebro Navarra mit der Hauptstadt Pampelona, und an der biskaischen Meeresküste Biskaya mit Bilbao, und andererseits Catalonien mit Barcelona, an der Küste des Mittelmeeres, nördlich der Ebromündung, und südlich derselben Valencia, mit der Hauptstadt gleiches Namens am Xucar. Endlich gehört hierzu noch das Königreich Majorca, welches sich über die balearischen und pythyusischen Inseln verbreitet. — Das Gebiet des Königreichs Portugal verbreitet sich an dem größeren Theil des Westen der pyrenäischen Halbinsel hin, nur einen geringen Theil im Norden dem spanischen Gebiet überlassend, von dem es hier durch den Minho getrennt ist, wie an der Ostseite theilweise durch Gränzflüsse; die West- und Südseite sind von dem atlantischen Meer umgeben. Innerhalb dieser Begränzung liegen zwei an Größe ungleiche Reiche; das Königreich Portugal, beinah das Ganze einnehmend, mit 5 Provinzen. Estremadura mit der Hauptstadt Portugal, bildet die Mitte am Unterlauf und der Mündung des Tajo. Davon nördlich verbreitet sich, über die Sierra Estrella und den Mondejo, Beira bis zum Duero mit Coimbra. Jenseits des Duero liegen die beiden Nord-Provinzen, das Minho mit Oporto westlich, Tras os Montes mit Braganza östlich. Andererseits im S. folgt auf Estremadura das Alemtejo, das Land jenseits des Tajo. An der Südküste hin zieht sich das kleine Königreich Algarve mit der Hauptstadt Tavira.

§. 16. Die Niederlande, England und die Reiche des Nordens. — Die flachgelegenen Niederlande, von der Yssel bis zur Schelde hin, enthalten zwei Staatsgebiete. Das Königreich der Niederlande, das alte eigentliche Holland, bildet den nördlichen Theil, östlich durch die Maas und Vechte gegen das preußische Gebiet begränzt, südwestlich durch die Rheinmündungen gegen das belgische, im N. von der Nordsee umgeben. Zwölf Provinzen mit altberühmten Namen, jede wieder in Distrikte getheilt, bilden die reiche innere Gebietseintheilung dieses Reiches. Das eigentliche Holland im W. am Meere liegend, zerfällt in Nordholland mit Amsterdam, der Hauptstadt des Königreichs, und Süd-Holland mit dem Haag, dem Sitze des Königs. Südlicher um die Rheinmündungen her liegt Seeland, in drei Distrikten, aus verschiedenen Inseln bestehend; wie Walchern, Schouven u. a., und endlich südlich der Rheinmündungen an der Schelde liegt Ostflandern mit der Hauptstadt Gent. Zu diesen drei am Meer hin gelegenen Provinzen kommen östlich die inneren zwischen den Rheinmündungen, der Waal im N. und der Maas im O., Nord-Brabant, im N. mit Herzogenbusch; Antwerpen mit der Hauptstadt gleiches Namens im SW. und Limburg mit Mastricht im SO. an der Maas. Nördlich der Waal liegen von Holland aus nach NO. hin, in folgender Reihe: Utrecht am Lek, mit der Hapstdt. gl. N., Geldern an der Yssel, mit Nimwegen, Ober-Yssel mit Zwolle, Friesland mit Leuwarden, Groningen mit der Haupstdt. gleich. N. und Drenthe mit Assen. Aus diesen inneren Gebietstheilen besteht das eigentliche Königreich der Niederlande. — Davon westlich liegt das Königreich Belgien, zwischen den Rheinmündungen im N., der Sambre und Maas im S. und der Nordsee im NW. Innerlich ist es aus 6 Provinzen zusammengesetzt; davon bildet Süd-Brabant die Mitte, mit der Hauptstadt des Reiches Brüssel, und davon westlich liegen Hennegau mit Bergen, und Westflandern mit Brügge, und südöstlich Namur und Lüttich mit den Hauptstädten gleiches Namens. Dieses sind die Gebietstheile Belgiens. — Das Königreich Großbrittanien verbreitet sich über die beiden großen und viele dabei liegenden kleinen Inseln im nordatlantischen Ocean, so daß es von dem eigentlichen Nordmeer im

N., von dem atlantischen im W., von dem Kanal im S. und von der Nordsee im O. umgeben ist. In dieser Ausdehnung ist es, den drei Hauptländern nach, in drei Staaten getheilt, die mit einander verbunden sind, auf folgende Weise. — Den größten südlichen Theil der großen Insel erfüllt das Königreich England, nördlich bis zum Tweed reichend. Seine inneren Theile sind wieder: das Königreich England mit sieben ehemaligen Königreichen und dem Herzogthum Cornwallis, welche jetzt zusammen in 40 Landschaften, Grafschaften oder Sheirs eingetheilt sind, folgenderweise. Nördlich des Unterlaufs und der Mündung der Thames an der Ostküste liegen Essex mit der Hauptstadt des Reiches London, und nördlich davon Ostangeln mit den Landschaften Suffolk und Norfolk und Cambridge, mit den Hauptstädten gleiches Namens. — Von diesen Küstenlandschaften aus im Innern nach W. bis über die Severn hinaus, und von der Thames im S. bis zum Hunter im N. liegt das ausgebreitete Mercia mit vielen Grafschaften, wie Bukingham und Oxford im S., Warwik in der Mitte, Linkoln und Nottingham im N., Schrob mit Schrewsbury im W. und dabei noch viele andere. — Dann nördlich vom Hunter liegt Nordhumberland, mit mehreren Grafschaften, Manschester im S., York im O., Lankaster im W., mit Hauptstädten gleiches Namens, Westmoreland und Cumberland im NW. mit der Insel Man. — Dann liegt westlich von der Severn, als besonderer Haupttheil, das Fürstenthum Wales, in zwei Theilen mit kleineren Landschaften, südwärts mit Pembrok, nordwärts mit Montgomery, und dazu die Insel Angelsea. — Süd-England verbreitet sich südlich der Themse und des Bristol-Kanals mit seinen alten Königreichen und Schires, unter welchen Kent das östlichste mit der Hauptstadt Canterbury. Sussex und Wessex mit dem Herzogth. Cornwallis; und hierher gehörig die Insel Wight und Gernsey und Jersey. — Das Königreich Schottland, den nördlichen geringeren Theil dieser Insel einnehmend, besteht aus drei Haupttheilen mit ihren Schires: Süd-Schottland bis zum großen Fryth, mit der Hauptstadt des Reiches Edinburgh; Mittel-Schottland

jenseits

jenseits des Tay, mit Inverary; Nord-Schottland, das schottische Hochland, mit Inverneß. Zu diesem Königreich gehören auch die Hebridischen-, die Orkneys- und die Shetlands-Inseln. — Das Königreich Irland, auf der kleineren Insel, ist daselbst in vier Haupttheilen verbreitet, welche 32 Countys oder Grafschaften enthalten: Leinster im O. hat die Hauptstadt Dublin; westlich liegt Connaugt mit Galloway; nordöstlich Ulster mit Patrik, südwestlich Mounster mit Limmerich. — Außer diesen drei Königreichen gehören dem Großbrittanischen Gebiete noch vereinzelte kleinere Besitzungen in Europa an. Die Insel Malta mit Gozzo und Camino im Mittelmeer, die spanische Festung Gibraltar, und die Insel Helgoland, vor der Elbmündung. — So ist die europäische Ausbreitung des Großbrittannischen Gebietes. — Endlich über die nördlichen Halbinseln Europas verbreiten sich die drei Königreiche des Nordens: Dänemark, an den übrigen Seiten von der Nordsee und den Gewässern der Ostsee umgeben, im S. durch die Eider von Deutschland getrennt, verbreitet sein Gebiet in drei Haupttheilen, welche wieder in kleinere Stiftsämter zerlegt sind. Die dänischen Inseln, in der Ostsee zerstreut, umfassen drei Stifte: Seeland mit der Hauptstadt des Königreichs Koppenhagen, Fünen mit Odensee, und Laaland mit Mariboe; den zweiten größern und zusammenhängenden Haupttheil bildet die Halbinsel Jütland, wieder zerlegt in Nord-Jütland und Süd-Jütland. Nord- oder das eigentliche Jütland umfaßt vier Stifte: Aarhus mit der Hauptstadt gleiches Namens und mit der Insel Anholt östlich, Wiborg, mit der Hauptstadt gleiches Namens westlich. Aalborg nördlich und Ribe mit der Hauptstadt gleiches Namens und der Insel Fancë südlich. Süd-Jütland bildet das Herzogthum Schleswig mit der Hauptst. gl. N. — Den dritten Haupttheil des dänischen Gebietes bilden die deutschen Herzogthümer, zwischen Eider und Elbe, Holstein mit der Hauptstadt Kiel, und südöstlich davon Lauenburg mit der Hauptstadt gleiches Namens. Auch die entfernt liegende Insel Island und die Farder-Inseln gehören zu dem dänischen Gebiet. — Ueber die skandinavische Halbinsel verbreiten sich die beiden Königreiche Norwegen und

Schweden, die zu einem Reiche vereinigt sind. Das Gebiet des Königreichs Schweden erfüllt den östlichen größeren Theil, so daß es vom Tornea Strom, vom bothnischen Meerbusen und von der Ostsee im O., vom Skagerak und Kiölengebirge im W. eingeschlossen wird. Innerhalb dieser Begränzung hat es drei Hauptgebietstheile, die in kleinere Landschaften oder Läne getheilt sind. Das eigentliche Schweden bildet die Mitte, mit der Hauptstadt Stockholm, und hier liegen Wärmeland, Südermanland, Westmannland und andere Landschaften. Südlich liegt Gothland mit der Hauptstadt Gothenburg in Westgothland, und ferner liegen hier Ost- und Süder-Gothland, Schonen und Halland. Dagegen im N. liegt Nordland, mit den Landschaften Jämtland, Angermannland, Herjedalen und anderen. — Zwischen dem Kiölengebirg und dem Nordmeer, über den schmäleren Theil der Halbinsel, verbreitet sich das Königreich Norwegen, mit vier Stiftsämtern: Aggerhuus, mit der Hauptstadt des Reiches Christiania südöstlich, davon westlich liegen Christiansand und Bergen mit den Hauptstädten gleiches Namens, und nördlich Drontheim mit der Hauptst. gl. N., dazu kommen Nordland mit Wardöe, die Finnmarken und die umherliegenden Inseln.

§. 17. Amerika. Uebersicht der ethnographischen Verhältnisse, und der Staatsgebiete. — Der neue Welttheil Amerika ist hinsichtlich seiner Bevölkerungsmassen dadurch merkwürdig, daß er seine ursprüngliche Bevölkerung beinahe gänzlich verloren hat, indem die von Europa her eingewanderten kaukasischen Völker die alten Ureinwohner, die Indianer, aus den meisten Gegenden fast gänzlich verdrängt oder sie unterjocht haben, so daß der größte Theil dieses Welttheiles europäisirt ist. Vorzüglich Engländer und Spanier haben dieses bewirkt, jene in Nord- diese in Südamerika; sie haben mit der Besitznahme der Länder die europäische Lebensweise über dieselbe verbreitet, wodurch denn auch das Christenthum schon über den größten Theil dieser neuen Welt hin ausgebreitet ist. Bei diesen Verhältnissen unterscheidet man in der amerikanischen Bevölkerung vier ungleiche Massen, die Weißen, die Ureinwohner, die Neger, durch den sonstigen Sklavenhandel eingeführt, und die Mischlinge, aus der Verbindung derselben entstanden. Die Weißen haben sich über den Welttheil so ausgebreitet, daß sie die Urbewohner nach den westlichen Gegenden hingedrängt haben. — Merkwürdig ist auch die Anordnung der amerikanischen Staatsgebiete dadurch, daß sie, nachdem sie noch vor kurzem als ausländische Besitzungen zu europäischen Staatsgebieten gehört haben, sich nun von denselben losgerissen und zu selbstständigen meist republikanischen Staaten verwandelt haben, deren Aneinanderreihung von Norden nach Süden hin folgenderweise erscheint. — In Nordamerika liegen am nördlichsten die englischen Besitzungen, welche dort sieben Gouvernements umfassen, unter denen Untercanada mit der Hauptstadt Quebeck, und Obercanada mit York, am meisten hervortreten. Sie reichen im Süden bis zu den großen nordamerikanischen Seen, und verbreiten sich nach W. hin bis zur Meeresküste, wo sie mit den dortigen russischen Besitzungen zusammenstoßen. Zu ihnen gehören als eigene Gouvernements die Inseln Neufoundland, Prinz Eduard, Neuschottland, Neubraunschweig und die Bermuden. — Nun folgt südlich das große Gebiet der Vereinigten Staaten von Nordamerika, welches sich von dem atlantischen Meer im O. über die großen Ströme des Mississippi und Missouri hinüberverbreitet bis an die Küsten des großen Oceans, in die Nähe der englischen und russischen Besitzungen. Südlich reicht es bis an den Meerbusen von Mexico. — Durch diesen großen Raum hin liegen fünfundzwanzig kleinere und größere Staatsgebiete vertheilt, die mit einander zu einem Ganzen verbunden sind. Am nordöstlichsten stoßen an die englischen Besitzungen die ältesten dieser Gebiete, Maine, Neu York, Pensylvanien und Virginien, zwischen welchen letzteren der Distrikt Columbia liegt, mit der Haupt- und Bundesstadt Waschington. Im S. um den mexikanischen Meerbusen her liegen Florida und Louisiana und im W. Arkansas, Missouri und Oregan im äußersten Nordwesten. Zwischen diesen liegen noch viele andere inneren Gebiete. Südlich von diesem gewaltigen und vielfältigen Gebiet folgt das beinahe eben so große der Freistaaten von Mexiko, am Rio del Norte und am Coloredo, zwischen dem großen Ocean und dem mexikanischen

Meerbusen. Ueber diesen Raum sind wieder 19 republikanische Gebiete verbreitet, unter welchen das Gebiet von Mexiko, mit der Haupt- und Bundesstadt gleiches Namens, mehr nach S. hin liegt. Das südlichste bildet die Halbinsel Yucatan; nach NO. hin gränzt Cohaluila an Louisiana; im NW. liegem am äußersten Alt-Californien und Ober-Californien. — Das südlichste Gebiet von Nordamerika ist Mittel-Amerika, von der Halbinsel Yucatan bis zur Landenge von Panama hin, wieder fünf Gebiete umfassend, von welchen Guatimala und Honduras die Mitte bilden. So besteht Nordamerika aus vier großen Gebietsräumen, die innerlich in viele kleine Gebiete zerlegt sind. — In Südamerika liegt am nördlichsten der Freistaat Columbia, zwischen der Meerenge von Panama, der Mündung des Orinoco und dem Oberlauf des Marannon. Er ist in 12 Departements eingetheilt, und die Haupt- und Bundesstadt heißt Santa Fé de Bogota. — Es folgt südlich der Freistaat Peru, an der Westküste, südlich vom Oberlauf des Marannon, wieder mit sieben Gouvernements. An der Mitte der Küste liegt Lima als Haupt. und Congreßstadt. — Südöstlich wieder bis zum Paraguay hin liegt der Freistaat Bolivia, mit fünf Departements und ihren Provinzen, mit der Haupt- und Bundesstadt Chuquisaza. — Dann folgt auf einem langen und schmalen Küstenstrich der Westküste der Freistaat Chili mit acht Provinzen, und der Hauptstadt St. Jago de Chili. — Davon östlich liegen die vereinigten Staaten am La Platastrome, die 15 sind, und für welche Buenos Ayres die Bundesstadt bildet. Nordöstlich davon liegt der Freistaat Paraguay an dem Flusse gleiches Namens, mit der Hauptstadt Assumcion. Und endlich östlich von allen diesen republikanischen Staaten liegt das große Kaiserthum Brasilien, zwischen dem Amazonenstrom und der Mündung des La Plata, ein großes Gebiet ausbreitend. Es ist in 18 Provinzen getheilt, von denen Rio Janeiro, am südlichen Theil der Ostküste, auch die Hauptstadt gleiches Namens des großen Reiches enthält. — Im Norden dieses großen Staates, nach der Mündung des Orinoco hin, liegt noch Guyana, als europäisches Besitzthum, in drei

Theile getheilt: das französische Guyana mit Cayenne, das holländische mit Paramaribo und das englische mit Essequebo. — Zu dieser allgemeinen Gebiets-Uebersicht von ganz Amerika sind noch die freien Indianerländer zu denken, welche zwischen diesen Gebieten zerstreut liegen, so wie die Südspitze des Welttheils, Patagonien oder Magellansland, ohne eingerichtete Staaten, noch als spanische Besitzung zu betrachten ist.

Zweiter Abschnitt.

Darstellung der Größen-Verhältnisse der europäischen und außereuropäischen Staatsgebiete.

§. 18. Einleitung. Bei der vorausgegangenen Beschreibung der Staatsgebiete, ihrer Lage, Begränzung und Eintheilung nach, mußte auch schon der mannigfaltige Unterschied ihrer Größe im allgemeinen ins Auge fallen; man kann schon bei dem Ueberblick der ganzen Gebietsmassen ihr Verhältniß zu einander erkennen, so wie man leicht sieht, daß das russische Reich das größte der Erde ist, und daß zunächst auf dasselbe das chinesische folgt. Man sieht ferner, daß die kleinsten Gebiete in Europa vorkommen, namentlich in Deutschland und Italien. In Afrika und Amerika zeigen sich nicht sowohl große und weithin zusammenhängende Staatsgebiete, als vielmehr große Massen, die in viele einzelne kleine Gebiete zersplittert sind, woran sich vorzüglich der geringe Grad der politischen Entwickelung in diesen Welttheilen erkennen läßt. — Mit dieser allgemeinen Ansicht von der Größenverschiedenheit der Staatsgebiete vereinige man nun eine genaue Bestimmung ihrer einzelnen Größen, wie sie durch Messung und Berechnung gefunden und durch die Zahl ihrer Quadrat-Meilen angegeben werden. Weil aber ferner die Größe eines Gebietes nur dann für den darauf eingerichteten Staat eine werthvolle Bedeutung hat, wenn auf demselben auch eine entsprechende Bevölkerung vorkommt, so wird man die Lebendigkeit seiner Vorstellung von der verschiedenen Größe derselben dadurch erhöhen, daß man mit derselben auch die Vorstellung von der auf ihnen erscheinenden Bevölkerung vereinigt, wodurch man dann auch noch ein deutlicheres Bild gewinnt von der Ausbreitung des Völkerlebens über die Räume des Festlandes, und von der wechselnden Anhäufung und Verringerung des menschlichen Lebens in diesen Räumen. Diese Vorstellung soll hier durch eine Reihe von Tafeln so entwickelt werden, daß dabei von Europa ausgegangen, und mit der Ansicht seiner Gebietsgrößen und Bevölkerungsmassen die der übrigen Welttheile verglichen wird.

§. 19. Größenbestimmung der europäischen Hauptstaaten mit ihrer Bevölkerung. — Auf folgender Tafel wird zuerst die Reihe der europäischen Staaten so aufgestellt, daß auch die zusammengefaßten Staaten-Vereine als solche betrachtet werden. Und zu anschaulicher Auffassung ihres Größenverhältnisses werden sie in steigender Größe aufgeführt, wodurch auch die Verschiedenheit ihrer Bevölkerungsmassen deutlicher hervortritt.

I. Tafel. Europäische Staaten.

Namen der Gebiete.	Flächenraum in □ M.	Ganze Bevölkerung.	Bevölkerung der □ M.
Das Königreich Belgien .	480	2,732,000	5497
„ „ Holland .	535	2,445,000	4570
Griechenland	750	1,000,000	1330
Die Schweiz	880	2,050,000	2330
Das Königreich Portugal .	1900	3,650,000	1921
„ „ Dänemark	2848	2,069,000	1785
„ „ Polen . .	2330	4,174,000	1791
„ „ Preußen .	5069	13,000,000	2576
„ „ Großbrittanien mit Irland . .	5522	23,995,000	4345
Das ganze Italien . . .	5604	21,780,000	4000
Das Königreich Spanien .	8700	13,650,000	1569
Die europäische Türkei . .	7500	3,000,000	1000
Das Königreich Frankreich	10087	32,561,000	3228
Das ganze Deutschland .	11594	35,266,700	3041
Das Kaiserthum Oestreich .	12154	31,590,000	2629
Das Königreich Schweden	13734	4,000,000	417
Das europäische Rußland .	96000	54,000,000	560

Man fasse nun die Angaben-Reihe dieser Tafel so ins Auge, daß man sich die wirkliche Erscheinung der Gebiete in ihrer Lage und Ausdehnung, wie sie auf der Karte vorkommt, deutlich vorhält, wodurch man sich diese steigenden Zahlangaben zu lebendigen Größenerscheinungen verwandelt, und sie in ihrer immer größer werdenden Ausdehnung lebhaft vor Augen hat. Man sieht, daß man hierbei in dem europäischen Welttheile von Westen nach Osten fortgehen muß, daß sich in der Mitte des Westens die kleinsten Staatsgebiete hervorheben, und daß sie nach den übrigen Seiten, vorzüglich aber nach Nordosten hin, sich zu gewaltigen Massen ausdehnen, so daß jetzt das Königreich Belgien das kleinste, der europäische Theil des russischen Reiches aber das größte Staatsgebiet in Europa ist. Lebhaft vergleiche man nun ferner mit dieser Vorstellung der steigenden Gebietsgrößen auch das Verhalten der Volksmassen in denselben, wobei man sieht, wie diese Volksmassen der steigenden Größe des Gebietes nicht entsprechen, sondern wie im allgemeinen die kleineren Gebiete eine dichtgedrängte Bevölkerung zeigen, wogegen die größten nur mit sparsamen Menschenwohnungen und mit sehr zerstreuter Erscheinung des menschlichen Lebens zu denken sind, so wie man sich nach der Angabe der Tafel das kleine Königreich Belgien, das kleinste Staatsgebiet mit dichtgedrängter Bevölkerung zu denken hat, und Schweden und Rußland als menschenleere oft ganz öde Gebiets-Räume. Und da diese Verschiedenheit in der Dichtigkeit der Bevölkerung am deutlichsten ausgedrückt ist durch die Angabe der Volksmenge, welche auf der durchschnittlichen □Meile eines Gebietes wohnt, so kann man, indem man diese kleineren und faßlicheren Zahlangaben in der letzten Reihe der Tafel verfolgt, und sich die abnehmenden Zahlen aneinanderreiht, auch die Abnahme der Bevölkerung von der menschenreichen Mitte des Welttheiles aus nach den äußeren Gegenden hin auf der Karte anschaulich erkennen. Die höchste Bevölkerung herrscht in England und in den Niederlanden, wo auf der Meile 4—5000 Menschen wohnen; nach Süden hin, in Frankreich und Deutschland, in den östreichischen und preußischen Staaten geht es auf 3 und 2000 zurück, und nun im eigentlichen Süden, in den Ländern am mittelländischen Meere geht es wieder zurück, indem hier nur 1000 Einwohner auf die Meile kommen, wobei freilich Italien, welches mit England gleichzustellen, als bedeutende Ausnahme hervortritt. So zeigen sich also von der mittleren Gegend an der Nordsee aus drei abnehmende Regionen nach Süden hin. Nach Norden und Nordosten hin ergiebt sich eine plötzliche und auffallende Abnahme, indem schon in dem den Niederlanden benachbarten Dänemark die Bevölkerungszahl auf tausend Einwohner der □Meile herabsinkt, und nun in Schweden und Rußland die Zahl von 4 und 500 die große Bevölkerungs-Armuth erkennen läßt. So ist es mit der Größe und Bevölkerung der europäischen Staatsgebiete.

§. 19. Größe und Bevölkerungsmassen der deutschen Staatsgebiete. — Nach der anschaulichen Uebersicht der europäischen Gebietsgrößen kann man sich wieder die von Deutschland vergegenwärtigen, welche in mannigfaltiger Verschiedenheit hier neben und in einandergefügt liegen, wie es oben dargestellt wurde, und welche man sich zu leichterer Auffassung ihres Größenwechsels in einzelne Gruppen zusammenfassen kann, welche die Stufen ihrer steigenden Größe angeben, wie es auf folgenden Tafeln zu sehen ist, welche auch wieder die Bevölkerungsverhältnisse darstellen.

II. Tafel. Deutsche Staaten.

1. Gebiete mit der Mittelzahl von 5 □M.

Namen der Gebiete.	Flächenraum in □M.	Ganze Bevölkerung.	Bevölkerung der □M.
Das Fürstenthum Lichtenstein	2½	6,000	2400
Die Republik Frankfurth a. M.	4	65,000	16250
Hamburg	4	145,000	36250
Bremen	5	59,000	11800
Lübeck	5½	48,000	9600
Hohenzollern Hechingen .	5	16,000	3200
Reuß ältere Linie . . .	6½	26,000	4333
Lippe Schaumburg . . .	7½	25,000	3571

So sind nach dieser Tafel die kleinsten Staaten in Deutschland gar ansehnlich und zum Theil hochbevölkert;

letzteres zeigt sich vorzüglich in den Gebieten der freien Städte, wie es bei Hamburg gar auffallend ist. Ueberhaupt sind bei der ganzen Bevölkerungsansicht eines Landes, die großen Städte als Punkte mit einer höchst gedrängten Bevölkerung hervorzuheben.

2. Gebiete mit der Mittelzahl von 20 □M.

Namen der Gebiete.	Flächenraum in □M.	Ganze Bevölkerung.	Bevölkerung der □M.
Das Fürstenthum Anhalt Köthen	15	36,000	2400
Fürstenthum Bernburg . .	16	40,000	2500
— Schwarzburg Sondershausen	16½	52,000	3150
Fürstenthum Anhalt Dessau	17	60,000	3529
— Schwarzburg Rudolstadt	19	60,000	3158
Fürstenth. Hohenzollern Siegmaringen	20	45,000	2250
Fürstenthum Reuß jüngerer Linie	21	60,000	2857
Fürstenthum Waldeck . .	21½	56,000	2666
— Lippe Detmold	21	74,000	3524

Aus der Ansicht dieser Tafel ergiebt sich wieder, daß die Gebiete dieser Größe schon weniger gut bevölkert sind, als die vorhin zusammengestellten kleinsten. Es ergiebt sich ferner, daß aus dieser Reihe die in den niedrigeren Ackerbauflächen gelegenen, eine höhere Bevölkerung haben, als die am Gebirge gelegenen.

3. Gebiete mit der Mittelzahl zwischen 40—80 □M.

Namen der Gebiete.	Flächenraum in □M.	Ganze Bevölkerung.	Bevölkerung der □M.
Herzogthum Meiningen Hildburghausen	42	136,000	3238
Hrzth. Mecklenburg Strelitz	47	84,000	1787
— Koburg Gotha . .	48	155,000	3290
— Sachsen Weimar .	67	233,000	3477
— Braunschweig . .	71	250,000	3521
— Nassau	83	356000	4290

Bei der Ansicht dieser Tafel von deutschen Gebieten, die noch immer nicht die Größe von hundert □Meilen erreichen, erkennt man zugleich die Verschiedenheit der deutschen Gegenden hinsichtlich der Bevölkerung. Das Herzogthum Nassau hat hier als ein am Rhein gelegenes Gebiet die höchste Bevölkerungszahl, wie das Herzogthum Meklenburg, als dem Norden Deutschlands angehörig, hier wieder die geringste Bevölkerung zeigt. Die übrigen sind ziemlich volkreiche Gebiete in den Ackerbau-Gegenden des mittleren Deutschlands.

4. Deutsche Gebiete von der Größe zwischen 100—400 □M.

Namen der Gebiete.	Flächenraum in □M.	Ganze Bevölkerung.	Bevölkerung der □M.
Das Herzogthum Oldenburg	117	255,000	2179
— — Luxenburg	126	305,000	2420
— Fürstenthum Holstein	127	454,000	2639
Großherzogthum Hessen .	185	750,000	4054
Kurfürstenthum Hessen . .	208	620,000	2980
Fürstenthum Mecklenburg Schwerin	228	453,000	1985
Großherzogthum Baden .	280	1,280,000	4571
Königreich Sachsen . . .	271	1,450,000	5340
— Würtemberg .	359	1,570,000	4373

Wiederum zeigt sich auch an dieser Tafel die Stärke der Bevölkerung in den rheinischen Ländern Hessen, Baden und Würtemberg, im Gegensatz gegen die geringere Volksmenge der nordischen Gebiete, Meklenburg, Holstein, Oldenburg. Merkwürdig ist aber auch hier zugleich die hohe Bevölkerung des Königreichs Sachsen, welches beinahe die Bevölkerungshöhe von Belgien erreicht, und so unter allen deutschen Staatsgebieten als das volkreichste hervortritt. Die im Verhältniß zu seiner Lage geringe Bevölkerung des Herzogthums Luxemburg hat seinen Grund im Ardennengebirge, welches dem Anbau nicht günstig ist.

5. Die größten Gebiete im deutschen Staatenbunde.

Namen der Gebiete.	Flächenraum in □ M.	Ganze Bevölkerung.	Bevölkerung der □ M.
Das Königreich Hannover	695	1,550,000	2230
— — Baiern .	1427	4,170,000	2922 (?)
Das Preußische Gebiet in Deutschland	3344	9,926,000	2878
Das Oestreichische Gebiet in Deutschland	3580	10,250,000	2863

So zeigt sich nun an dieser letzten Tafel, daß auch in Deutschland gerade die größten Staatsgebiete zugleich auch die geringste Bevölkerung haben, und daß sich hierin das Verhältniß von ganz Europa wiederholt. — Durch diese Zusammenstellung der drei und dreißig deutschen Staaten in diese fünf Gruppen, wird man sich ihr steigendes Größenverhältniß wiederum deutlicher machen.

§. 20. **Größen und Bevölkerungs-Verhältnisse des preußischen Staates.** — Bei der besonderen Betrachtung der preußischen Monarchie in ihrer Größe und in ihren Bevölkerungsmassen übersehe man nun das Verhältniß der zehn preußischen Provinzen zu einander, wie es folgenderweise zusammengestellt ist.

III. Tafel. Der Preußische Staat und seine Provinzen.

Namen der Provinzen.	Flächenraum in □ M.	Ganze Bevölkerung.	Bevölkerung der □ M.
Cleve, Berg	160	1,075,000	6718
Niederrhein	306	1,122,000	3666
Westphalen	367	1,261,996	3427
Sachsen	460	1,449,587	3151
Westpreußen	471	782,356	1675
Posen	536	1,056,278	1970
Pommern	567	912,223	1676
Ostpreußen	706	1,243,578	1931
Brandenburg	730	1,529,939	2164
Schlesien	748	2,464,414	3004

Auch auf dieser Tafel zeigt sich in der Zusammenstellung der preußischen Provinzen dasselbe Verhältniß der Größe zur Bevölkerung, wie bei Europa und Deutschland, daß nämlich die Bevölkerung mit der steigenden Größe des Gebietstheiles abnimmt. Nur Schlesien macht hiervon eine Ausnahme, indem es als größte Provinz des Staates zugleich auch eine höhere Bevölkerungszahl hat. Dagegen zeigt die kleinste Provinz des Staates Cleve Berg eine Bevölkerungshöhe, welche über die von Belgien und Sachsen hinausgeht, was hier nicht blos in der Lage an den volkreichen Rheinufern liegt, sondern am meisten in der Industrie-Beschäftigung dieser Provinz. Sonst sieht man auch hier die herrschende Abnahme der Volksmenge von den bevölkerten Rheingegenden aus in der Richtung nach Nordosten hin, so daß die westlichen obgleich kleineren Provinzen Preußens hinsichtlich der Bevölkerung am wichtigsten sind.

Zu der bisher aufgestellten Ansicht von den Gebietsgrößen und Bevölkerungsmassen in Europa, Deutschland und Preußen, aus welcher sich zugleich eine im Allgemeinen herrschende Regel für die Vertheilung der Bevölkerungsmassen ergab, füge man auch noch die Vorstellung von einzelnen Gegenden unseres europäischen Welttheils, die ohne den Besitz großer Städte, doch mit einer so ausgezeichnet hohen Bevölkerung erfüllt sind, daß die Bevölkerungszahl ihrer □Meile die höchste der oben aufgestellten Zahlen, nämlich die von Belgien, noch weit übertrifft. Dahin gehören einzelne Stellen am Rhein, das Herzogthum Lucca in Italien, die jonischen Inseln und die Insel Maltha, in welchen Gegenden die Bevölkerung auf das höchste steigt.

§. 21. Gebietsgrößen und ihre Bevölkerung in Asien. — Mit der gewonnenen Vorstellung der europäischen Größen und Bevölkerungsverhältnisse blicke man nun auf den großen Welttheil Asien, um sich durch Vergleichung die Gebietsausdehnungen und Volksmassen desselben anschaulicher zu machen. Und man unterscheide hier die kleineren Gebiete in Ostindien von den riesenmäßigen Ausdehnungen der andern asiatischen Staatenmassen, nach folgenden Tafeln.

IV. Tafel. Gebiete in Asien.

1. Einzelne Staaten in Indien.

Namen der Gebiete.	Flächenraum in □ M	Ganze Bevölkerung.	Bevölkerung der □ M.
a) Freie Staaten der Indier.			
Der Mahrattenstaat Sindia	1860	4,000,000	2151
Das Land Nepaul . . .	2500	1,000,000	600
Länder der Seiks . . .	3300	4,000,000	1212
Das Kaiserthum Anam .	6700	10,000,000	1492
Das Königreich Siam . .	9000	15,000,000	1666
Das Birmanische Reich .	12000	8,000,000	666
b) Die Präsidentschaften der Britten.			
Bombai	512	2,500,000	4886
Madras	7163	5,000,000	697
Bengalien	18000	65,000,000	3055

Man sieht in dieser Tafel, daß diese einzelnen Staatsgebiete in Indien sich im Allgemeinen mit größeren und kleineren Staaten in Europa vergleichen lassen, und auch in der Bevölkerung zeigen sich Verhältnisse, die den europäischen ziemlich gleich kommen. Nur springt es sogleich in die Augen, daß die Gebiete der europäischen Colonisation, die höhere europäische Volkszahl haben, die indischen aber die niedrigere.

2. Die großen Staatsgebiete in Asien, in steigender Größe.

Namen der Gebiete.	Flächenraum in □ M.	Ganze Bevölkerung.	Bevölkerung der □ M.
Korea	7000	8,500,000	1214
Japan	10,000	30,000,000	3000
Kleine Bucharei	22,000	1,500,000	55
Tibet	27,000	12,000,000	444
Die Tartarei	32,000	6,000,000	187
Tungusien	34,000	1,700,000	50
Hinter-Indien	40,000	40,000,000	1000
Arabien	42,000	12,000,000	255
Persien	50,000	25,000,000	500
Vorder-Indien	60,000	132,000,000	2200
China (das Land) . . .	70,000	148,000,000	2101
Die Mongolei	91,000	3,000,000	32
Das ganze Chinesische Reich	248,000	234,000,000	943
Das asiatische Rußland .	276,000	12,000,000	43

Nach Ueberschauung dieser Tafel und durch Zusammenhalten derselben mit der vorigen, sieht man nun am Ganzen der asiatischen Gebietsgrößen und Bevölkerungsverhältnisse, daß sich die Gebietsvertheilung und Bevölkerung der ostindischen Halbinseln der europäischen nähert, und dadurch gleichsam eine besondere Abtheilung des ganzen Welttheiles bildet; durch den ganzen übrigen Welttheil hin erscheinen steigende Ausdehnungen, welche über die europäischen Gebietsgrößen weit hinausgehen; dabei aber sind ihre Bevölkerungsmassen auf das höchste verschieden und in ihrer Zahl weit auseinandergehend, und die höhere Bevölkerungsfülle, die jedoch für Europa schon die geringere wäre, zeigt sich dort in den fernen Ostländern und sinkt nach der Mitte und nach Norden hin immer mehr herunter, und auf so geringe Zahlen, wie sie in Europa nicht vorkommen. Wie man sich schon in dem östlichen Europa, im Innern von Rußland, eine immer größer werdende Menschenleere des Landes zu denken hat, so wird es noch leerer nach dem Innern von Asien hin, und mit einem Ueberblick über die ganze europäisch-asiatische Kontinenthalbe kann man bemerken, daß sich die Fülle des Menschenlebens nur auf den äußeren gegliederten Umfang derselben zeige, und daß dieselbe nach dem Innern hin immer mehr schwinde.

§. 22. **Gebietsgrößen und Bevölkerung in Afrika, Amerika und Australien.** — Hat man nun schon bei dem Uebergang aus Europa nach Asien eine große Abnahme in der Bevölkerung der Länder wahrgenommen, so zeigt sich ein noch grösseres Zurücktreten des Menschenlebens in den übrigen Welttheilen, wie es sich nun wieder an folgenden Tafeln erkennen läßt.

V. Gebiets-Größen und Bevölkerungs-Verhältnisse von Afrika.

Namen der Gebiete.	Flächenraum in □M.	Ganze Bevölkerung.	Bevölkerung der □M.
1) Einzelne Staaten.			
Das Reich der Aschantis in Ober-Guinea . . .	660	1,000,000	1515
Tunis	3400	3,000,000	882
Algier	4218	2,500,000	592
Kongo	5000	6,000,000	1200
Kapland	6000	1,250,000	20
Aegypten	8800	2,500,000	287
Tripoli	8900	1,500,000	168
Burnu	12000	2,000,000	166
2) Staaten-Massen.			
Habessinien	10,000	5,000,000	500
Nubien	15,000	4,000,000	333
Senegambien	16,000		
Nigritien	80,000		

An diese Tafel der afrikanischen Gebiete lassen sich noch folgende Bemerkungen knüpfen. Einmal sieht man im Allgemeinen, wie hier die höchste Bevölkerungszahl noch nicht die europäische Mittelzahl von 2000 Einwohner auf die □Meile erreicht. Man sieht ferner, was auffallend ist, wie auf den Westküsten eine stärkere Bevölkerung vorkommt, als auf den Nordküsten, wo die Cultur des Menschenlebens älter ist. — Man sieht endlich im Ganzen, daß die auf dieser Tafel aufgeführten Gebietsgrößen sich noch leicht mit den europäischen vergleichen lassen, was freilich nur von den hier namhaft ausgesonderten gilt, um und zwischen welchen man die großen Räume denken muß, in welchen noch gar keine politische Entwickelung statt findet, daß auch die weithin verbreiteten geschlossenen Staatsgebiete fehlen.

VI. Gebietsgrößen und ihre Bevölkerung in Amerika.

Namen der Gebiete.	Flächenraum in □M.	Ganze Bevölkerung.	Bevölkerung der □M.
Republik Haiti	1361	1,000,000	735
— Uruguay . . .	3600	175,000	48
— Paraguay . . .	4200	600,000	143
Central Amerika	8660	2,000,000	230
Freistaat Chile	10,000	1,060,000	100
Republik Bolivia . . .	20,000	1,500,000	75
— Peru	30,000	2,000,000	66
— La Plata . . .	40,000	2,300,000	57
— Columbia . . .	51,700	3,000,000	58
— Mexico	76,000	8,000,000	105
Freistaat von Nordamerika	96,000	13,000,000	135
Brasilien	125,000	7,000,000	56
Canada	130,000	760,000	6

So zeigt diese Tafel von Amerika ein noch größeres Verschwinden des Menschenlebens in diesem riesenmäßigen Welttheile. Nirgends steigt hier die Bevölkerungszahl der □Meile auf 1000 Einwohner. Und wie man sich die kleineren nach der Mitte hin liegenden Gebiete noch am belebtesten denken muß, und die größeren nach den beiden Endgegenden hin, im allgemeinen, immer menschenleerer, so zeigt hier Canada als der äußerste Norden die größte Oede, wie auf der andern Seite Patagonien als beinahe völlig menschenleer zu denken ist. Dabei muß man sich aber doch einzelne kleinere Gebiete, vorzüglich wo Städte gegründet sind, mit hervorstechend dichter Bevölkerung denken, wie in den Nordamerikanischen Freistaaten der Distrikt von Columbia über 13000 Einw. auf einer □M. haben soll, wogegen der ihm zunächst stehende Connecticut nur 1400 Einw. auf der □M. hat, so daß sich hier schnelle Abstände zeigen.

In dem letzten Welttheil Australien, welcher noch ziemlich ganz der ursprünglichen Natur angehört, zeigt sich nur ein geringer Anfang von Gebiets-Anlegungen in den engl. Colonien, indem die Engländer dort Küstenstriche cultivirt und unter eine Regierung gestellt haben. So sollen ohne Angabe des Flächenraums, auf Neu-Süd-Wales 40,000 und auf Van Diemensland 20,000 Menschen wohnen.

Dritter Abschnitt.

Städte=Beschreibung in Tafeln.

In den Staatsgebieten und Gebietstheilen übersehe man nun die vorzüglichsten städtischen Punkte, nach Anleitung der hier folgenden Tafeln. Man achte darauf, wie in den Gebieten und in ihren Theilen, die in der ersten Reihe genannt werden, die einzelnen Städte um diejenige unter ihnen her verbreitet liegen, welche entweder ihrer Größe oder ihrer sonstigen Bedeutung wegen als Hauptstadt hervortritt, welche letztere auf dem Verzeichniß in der zweiten Reihe der Tafel immer voransteht, mit der Bezeichnung der Weltgegend, wohinwärts sie in dem kleineren oder größeren Umfang der Landesabtheilung liegt, so daß dann die Lage der übrigen Städte von ihr aus bezeichnet wird. Die Angabe des Flusses, See's, oder sonst einer natürlichen Landeserscheinung, in der dritten Reihe, soll die Vorstellung von der Lage einer Stadt lebendiger machen. In der vierten Reihe übersehe man die Bevölkerungsverhältnisse der verschiedenen Städte, und in der fünften und letzten sind die hervorspringenden Hauptzüge in dem Charakter einer Stadt angegeben, welchen sie durch ihr Verhältniß zur allgemeinen Landesregierung, oder durch die Hauptbeschäftigung ihrer Einwohner, oder durch sonst eine Erscheinung erhält, so daß man, wenn man diese Angaben für einen ganzen Landestheil übersieht, dadurch auch eine anfängliche Vorstellung gewinnt von der Einrichtung und Ausbildung des menschlichen Lebens in demselben, welches jedoch nicht mehr der Gegenstand der reinen Erdbeschreibung ist, sondern schon der höheren Statistik angehört.

Städte im

Gebietstheil.	Name und Lage von der Hauptstadt des Gebietstheils.	Lage an einem Fluß oder Meere ꝛc.
Provinz Brandenburg.	Berlin in der Mitte; von da	Spree
	Potsdam SW.	Havel
	Brandenburg SW.	Havel, Insel
	Stendal W.	Uchte
	Lübben SO.	Spree
	Guben SO.	Neiße
	Frankfurth SO.	Oder
	Küstrin O.	Warthe, Oder
	Prenzlau N.	Ucker, See
Pommern.	Stettin W. von da	Oder Mündung
	Cöslin NO.	Gollenberg
	Greifswalde NW.	Ryk, Ostsee
	Stralsund NW.	Gellensund
Westpreußen.	Danzig N. von da	Weichsel
	Thorn S.	Weichsel
	Culm S.	Weichsel
	Graudenz S.	Weichsel
	Marienwerder S.	Liebe
	Marienburg SO.	Nogat
	Elbing SO.	Drausensee
Süd-Preußen oder Posen.	Posen NW.	Warte
	Gnesen O.	Seen und Hügel
	Bromberg NO.	Brahe
	Lissa SW.	
Ost-Preußen.	Königsberg NW. von da	Pregel
	Braunsberg SW.	Passarge
	Frauenburg SW.	Frisches Haf
	Pillau W.	Gatt
	Insterburg O.	Angerap
	Gumbinnen O.	Pissa
	Tilsit NO.	Niemen
	Memel N.	Kurisches Haf

Königreich Preußen.

Einwohner-zahl.	Hauptzüge des Charakters.
236,800	Residenz. Universität und viele Bildungs-Anstalten. Große Bauwerke.
30,000	Zweite Residenz mit schöner Umgebung.
13,000	Älteste Stadt des Landes. Domstift. Ritterakademie.
5,500	Fruchtbare Wische, Viehzucht.
4,000	Tuch- und Leinwandfabriken.
7,500	Weinbau. Lehrerschule in Neuzelle benachbart.
16,000	Regierungs-Sitz. Messe.
5,000	Festung in Sümpfen.
9,500	Kornhandel.
32,200	Regierungs-Sitz. Festung. Hafen.
5,000	Regiernngs-Sitz.
7,700	Universität. Salzsiederei.
16,000	Regierungs-Sitz. Hafen.
62,000	Regierungs-Sitz. Festung. Hafen. Getreide-handel.
10,500	Festung. Getreide- und Holzhandel.
4,400	Bisthum. Handel.
8,400	Festung. Lehrerschule. Getreide.
6,000	Regierungs-Sitz. Obstbau.
6,000	Alter Ritterorden-Sitz. Bier.
20,000	Werfte. Handel.
26,090	Regierungs-S. Festung. Bisthum. Handel.
4,800	Erzbisthum. Tuchfabriken. Viehhandel.
7,600	Regierungs-Sitz. Seminar. Lederhandel.
7,800	Lederhandel.
70,000	Universität und viele Bildungsanstalten. Fabriken. Handel.
6,500	Seminar. Garn- und Linnenhandel.
2,000	Fischerei und Holzhandel.
4,600	Festung. Hafen. Schiffbau.
5,800	Handel mit Bier.
5,800	Regierungs-S. Linnen- und Getreidehandel.
12,900	Holz- und Getreidehandel.
8,500	Werfte. Holzhandel.

Gebietstheil.	Name und Lage von der Hauptstadt des Gebietstheils.	Lage an einem Fluß oder Meere rc.
Schlesien.	Breslau in der Mitte; von da	Oder
	Neiße S.	Oder
	Glaz SW.	Neiße
	Brieg SO.	Neiße
	Oppeln SO.	Oder
	Kosel SO.	Oder
	Ratibor SO.	Oder
	Liegniz W.	Katzbach
	Glogau NW.	Oder
	Grüneberg NW.	Oder
	Hirschberg W.	Bober
	Bunzlau W.	Bober
	Görliz W.	Neiße
Prov. Sachsen.	Magdeburg von da	Elbe
	Torgau SO.	Elbe
	Wittenberg SO.	Elbe
	Halle S.	Saale
	Zeiz SO.	Elster
	Merseburg SO.	Saale
	Nordhausen SW.	Zarge
	Erfurt S.	Gera
	Quedlinburg SW.	Bode
Prov. Westphalen.	Münster in der Mitte; von da	Aa
	Bielefeld O.	Ems
	Paderborn SO.	
	Minden NO.	Weser
	Arnsberg S.	Ruhr
Provinz Cleve Berg.	Cöln in d. M. v. da	Rhein
	Düsseldorf N.	Rhein
	Elberfeld NO.	Wipper
	Wesel NW.	Rhein = Lippe
	Bonn S.	Rhein
Provinz Niederrhein.	Coblenz O. von da	Rhein = Mosel

Einwohner-zahl.	Hauptzüge des Charakters.
90,000	Regierungs-Sitz. Viele Bildungsanstalten.
10,000	Festung.
5,500	Festung. Leinwanddruckerei.
12,000	Gelehrte Schule. Wachsbleichen.
5,000	Regierungs-Sitz.
3,600	Festung in Sümpfen.
5,000	Oberlandesgericht.
9,700	Regierungs-Sitz. Strumpfweberei.
11,200	Festung. Wachsbleichen.
8,800	Tuchfabriken. Weinbau.
6,200	Leinwandfabriken.
5,000	Töpferarbeit.
10,000	Tuchfabriken.
22,000	Festung. Regierungs-Sitz.
7,200	Festung.
6,700	Festung. Prediger-Seminar.
24,000	Universität. Salzwerk.
7,000	Fabriken.
8,800	Regierungs-Sitz. Bier.
10,500	Brandweinbrennereien.
21,000	Festung. Regierungs-Sitz. Gemüsebau.
12,000	Brandweinbrennereien.
16,000	Regierungs-Sitz. Katholische Universität. Handel.
6,500	Leinwandfabriken und Bleichen.
8,000	Regierungs-Sitz. Handel und Schifffahrt.
3,100	Regierungs-Sitz.
60,000	Regier.-S. Erzbisthum. Bildungsanstalten.
26,000	Regierungs-Sitz. Malerschule.
20,000	Großes Fabrikwesen.
12,000	Festung.
10,600	Universität.
15,000	Regierungs-Sitz. Festung.

Gebietstheil.	Name und Lage von der Hauptstadt des Gebietstheils.	Lage an einem Fluß oder Meere ꝛc.
Prov. Niederrhein.	Trier SW.	Mosel
	Saarlouis SW.	Saar
	Aachen NW.	w. v. Rhein
	Jülich NW.	Roer

Städte in Deutschland

Oestreichisches Gebiet in Deutschland.	Wien O. von da	Donau
	Salzburg SW.	Salzach
	Insbruk SW.	Inn
	Gräz S.	Muhr
	Klagenfurth SW.	Glan
	Iglau NW.	Iglawa
	Ollmüz NO.	March
	Brünn NO.	Schwarza
	Prag NW.	Moldau
	Eger NW.	Eger
	Karlsbad	Eger
Königreich Baiern.	München S. v. d.	Isar
	Augsburg NW.	Lech
	Regensburg NO.	Regen
	Freisingen N.	Isar
	Landshut NO.	Isar
	Nürnberg NW.	Regnitz
	Erlangen NW.	Rednitz
	Bamberg NW.	Main
	Baireuth NO.	Main
	Schweinfurth NW.	Main
	Würzburg	Main
Königreich Würtemberg.	Stuttgart W. v. d.	ohnweit Neckar
	Tübingen S.	Neckar
	Ludwigsburg	
	Heilbron N.	Neckar
	Ulm SO.	Donau Iller

Einwohner-zahl.	Hauptzüge des Charakters.
15,400	Regierungs-Sitz. Festung.
7,000	Festung. Eisenwerke.
36,000	Regierungs-Sitz. Bäder.
4,000	Festung.

außer Preußen.

270,000	Kaiser-Residenz. Erzbisthum. Universität. Viele Bildungsanstalten.
9,000	Erzbisthum. Städte mit Salzwerken umher, Hall, Hallstadt u. s. w.
10,000	Alte Residenz. Salzwerke in Hall.
35,000	Bisthum. Stahlarbeiten.
7,500	Tuch- und Bleiweißfabriken.
11,000	Hopfenbau.
13,000	Erzbisthum. Festung.
30,000	Bisthum. Tuch- und Sammtfabriken.
91,000	Universität. Gold- und Silberarbeiten.
8,000	Festung. Bad.
2,400	Schwefelbad.
88,000	Residenz. Erzbisthum. Universität und Bildungsanstalten und Sammlungen.
33,500	Silberarbeiten.
26,000	Sonstige Reichstagsstadt.
4,000	Seminar. Taubstummen-Anstalt.
8,000	Kupferwerke.
32,000	Spielwaaren.
11,600	Universität. Bierbrauerei.
20,600	Erzbisthum.
12,000	Glasfabriken.
7,200	Leinwandwebereien.
20,000	Bisthum. Universität. Weinbau.
25,000	Residenz. Bildungsanstalten.
6,500	Universität.
5,500	Zweite Residenz.
7,000	Weinbau und Handel.
14,000	Schifffahrt und Handel.

Gebietstheil.	Name und Lage von der Hauptstadt des Gebietstheils.	Lage an einem Fluß oder Meere 2c.
Großherzogthum Baden.	Karlsruhe N. v. d.	Hartwald
	Heidelberg N.	Neckar
	Manheim NW.	Neckar
	Rastadt S.	Murg
	Baden S.	
	Freyburg S.	Treisam
Königreich Sachsen.	Dresden O. v. da	Elbe
	Leipzig NW.	Pleiße
	Bauzen NO.	Spree
	Zittau SO.	Neiße
	Meißen NW.	Elbe
	Freiberg SW.	Mulde
	Annaberg SW.	Tschoppau
	Chemniz SW.	Chemniz
	Zwikkau SW.	Mulde
	Plauen SW.	Elster
Königreich Hannover.	Hannover SO. v. d.	Leine
	Zelle NO.	Aller
	Osnabrück W.	Hase
	Papenburg NW.	Ems
	Emden NW.	Ems
	Goslar SO.	Ocker
	Klausthal SO.	im Harz
	Münden S.	Werra
	Lüneburg NO.	Ilmenau
	Stade NW.	Schwinge
Die Fürstenthümer Mecklenburg.	Schwerin W. v. d.	Schweriner See
	Neu-Streliz SO.	Zirker See
	Wismar N.	Meerbusen
	Rostock NO.	Warne
Dänische Fürstenthümer Holstein und Lauenburg.	Lauenburg SO. v. d.	Elbe
	Altona NW.	Elbe
	Glückstadt NW.	Elbe
	Kiel N.	Ostsee
	Rendsburg N.	Eider

Einwohnerzahl.	Hauptzüge des Charakters.
18,000	Residenz.
10,400	Universität.
4,200	Seminar.
3,200	Bäder.
13,000	Universität.
60,000	Residenz. Bildungsanstalten und Kunstsammlungen.
42,000	Universität. Größte Messen in Deutschland.
11,000	Seminar.
8,000	Damastwebereien.
4,200	Porzellanfabriken.
12,000	Größte Silberbergwerke.
5,100	Spizzenklöppeln.
16,000	Leinwand und Baumwollenwebereien.
6,000	Steinkohlen. Farbewerk.
7,000	Leinwandbleichen.
24,000	Residenz.
8,500	Schifffahrt. Bierbrauereien.
11,000	Bisthum.
4,000	Torfstechereien. Schiffbau.
11,500	Hafen. Heringsfang.
5,500	Bierbrauerei.
11,000	Bergbau.
5,600	Schiffbau.
12,000	Salzwerke. Haide mit Bienenzucht und Schaafzucht.
5,000	Schifffahrt.
10,500	Hauptstadt. Lehranstalten.
5,200	Hauptstadt. Lehranstalten.
8,300	Vortrefflicher Hafen. Handel.
15,300	Universität. Aepfel.
2,300	Hauptstadt. Handel.
22,000	Schiffswerfte. Seehandel.
5,200	Hauptstadt. Festung. Hafen.
7,100	Universität. Hafen.
7,500	Festung.

Gebietstheile.	Name und Lage von der Hauptstadt des Gebietstheils.	Lage an einem Fluß oder Meere rc.
Fürstenthum Oldenburg.	Oldenburg N.	Hunte
Freie Reichsstädte.	Lübeck N. von da Hamburg SW. Bremen SW. Frankfurth S.	Trave Elbe Weser Main
Großherzogthum Luxemburg.	Luxemburg	Elze
Fürstenth. Lippe.	Detmold S.	
Fürstenth. Waldeck.	Aroldsen N. Pyrmont N.	 an der Weser
Herzogthum Braunschweig.	Braunschweig NO. von da Wolfenbüttel S.	Ocker Ocker
Fürstenthümer Anhalt.	Dessau O. von da Zerbst NW.	Mulde Nuthe
Sächsische Fürstenthümer.	Weimar O. von da Jena O. Gotha W. Altenburg O.	Ilm Saale Leine Pleiße
Reußische Fürstenthümer.	Gera N.	Elster
Schwarzburg. Fürstenthümer.	Sondershausen Rudolstadt	Wipper Saale
Kurfürstenthum Hessen.	Kassel N. von da Fulda S. Marburg SW.	Fulde Fulda Lahn
Großherzogthum Hessen.	Darmstadt S. von da Mainz SO. Gießen N.	Darmstadt Rhein
Fürstth. Nassau.	Wisbaden	Taunus

Einwohnerzahl.	Hauptzüge des Charakters.
5,500	Hauptstadt. Hafen.
28,000	Hafen.
107,000	Hafen. Zuckersiedereien. Handel.
38,000	Hafen. Handel. Zuckersiedereien.
42,000	Bundesstadt. Messen.
9,500	Bundesfestung.
2,400	Residenz.
1,700	Residenz.
1,000	Gesundbrunnen.
32,500	Residenz. Messen.
6,800	Berühmte Bibliothek.
9,500	Residenz.
7,300	Residenz.
9,000	Residenz. Sammlungen.
4,800	Universität.
13,000	Residenz. Sammlungen.
11,000	Residenz.
6,700	Residenz. Porzellan.
4,500	Residenz.
4,500	Residenz.
23,300	Residenz.
8,300	Holzwaaren.
6,600	Universität.
20,000	Residenz.
26,600	Bundesfestung.
	Universität.
6,100	Heiße Quellen.

Städte im

Provinzen.	Name und Lage von der Hauptstadt des Gebietstheils.	Lage an einem Fluß oder Meere rc.
Gröningen.	Gröningen NW.	Hunse
Friesland.	Lieuwerden NW.	Friesl. Kanal
Holland.	Amsterdam O. v. d.	Amstel
	Alkmaar NW.	Kanal
	Harlem W.	Harlemmer Meer
	Leyden SW.	Rhein
	Haag	Nordsee
	Rotterdam	Maas
	Dortrecht	Maas
Utrecht.	Utrecht S.	Rhein
Geldern.	Nimwegen S.	Waal
Oberyssel.	Deventer SW.	Yssel
Drenthe.	Koeverden SO.	Vechte
Nordbrabant.	Hertogenbusch N. v. d.	Dommel
	Breda W.	Aa
Seeland.	Middelburg W.	Insel Walchern

Städte im

Westflandern.	Brügge NO. v. d.	Schiffsgraben
	Ostende W.	Nordsee
Ostflandern.	Gent N.	Schelde
Antwerpen.	Antwerpen W.	Schelde
	von da	Dyle
	Mecheln S.	Senne
Südbrabant.	Brüssel W. von da	
	Löwen O.	Dyle
Limburg.	Mastricht SO.	Maas
Namur.	Namur N.	Maas
Hennegau.	Bergen SO. von da	Trouille
	Dornik NW.	Schelde

Königreich Holland.

Einwohner-zahl.	Hauptzüge des Charakters.
27,800	Festung. Universität.
17,000	
200,000	Werfte. Schifffahrt. Handel.
8,000	Hyazinthen-Gärten.
21,200	Blumenzucht.
28,600	Universität.
44,000	Residenz. Kunstsammlungen.
60,000	Seehafen. Schiffswerfte.
17,400	Hafen. Werfte. Bleichen.
33,700	Universität. Erzbisthum.
13,300	Festung. Schifffahrt.
10,000	—
1,500	—
13,100	—
9,000	—
13,200	Hafen.

Königreich Belgien.

34,300	Festung. Werfte. Seehandel.
10,600	Hafen. Festung.
60,000	Universität. Bisthum.
60,000	Festung. Hafen. Werfte.
20,000	Erzbisthum. Fabriken.
11,000	Residenz. Kunstsammlnng. Kanten. Fabriken.
25,500	Universität.
18,500	Festung. Viehzucht.
16,600	Festung. Kupfergeschirr.
20,000	Festung.
21,000	Bisthum. Fabriken.

Städte in

Gebietstheile.	Name und Lage von der Hauptstadt des Gebietstheils.	Lage an einem Fluß oder Meere ꝛc.
Seeland.	Kopenhagen O. v. d.	Oeresund
	Odensee SW.	auf Fünen
Schleswig.	Flensburg O. v. d.	Meerbusen
	Schleswig SO.	Schlei
	Rendsburg S.	Eyder
	Tönningen SW.	Nordsee
Jütland.	Aarhus O. von da	Kattegat
	Aalborg N.	Lymfiord
	Ribe SW.	Nordsee

Städte in Schweden

Südschweden: Gothland.	Gothenburg W. von da	Göthe Elf
	Wennersburg NO.	Göthe Elf
	Halmstadt SO.	Nissa
	Helsingborg SO.	Oeresund
	Malmö S.	Oeresund
	Carlskrone	
	Calmar	Calmarsund
	Wisby	Insel Gothland
	Jönköping	Wettersee
Mittelschweden: Swerike.	Stockholm O. v. d.	Mälarsee
	Nyköping SW.	
	Orebro W.	Hielmarsee
	Upsala NW.	Sala
	Fallun NW.	Run See
	Gefle N.	Gefle Elf
Nordschweden: Nordland.	Sundswall O. v. d.	Ammerfiord
	Herndsund N.	Küsteninsel
	Umeo NO.	Umea Elf
	Lulea NO.	Lulea Elf
	Tornea NO.	Tornea Elf

Dänemark.

Einwohner-zahl.	Hauptzüge des Charakters.
103,000	Residenz. Bisthum. Schifffahrt.
6,500	Bisthum. Schifffahrt.
16,000	Hafen. Handel.
7,800	Hauptstadt. Steingut.
7,500	Holzhandel.
2,000	Hafen. Handel.
6,000	Kornhandel.
6,600	Hafen. Handel.
3,000	Schifffahrt. Handel.

und Norwegen.

21,000	Zweite Stadt. Hafen. Werfte.
1,500	Handel. Heringsfang.
1,500	Lachsfang. Tuchweberei.
2,200	Hafen. Gewehrfabrik. Zuckersiederei.
3,500	Wollenwaaren.
10,500	Hafen. Werfte. Marmorwaaren.
4,300	Hafen. Bisthum. Wollenwaaren.
4,000	Bisthum. Hafen. Handel.
3,000	Gewehrfabrik. Holzhandel.
75,000	Residenz. Handel. Fabriken.
3,000	Hopfen. Stückgießerei. Handel.
3,000	Hopfen. Eisenwerke.
5,000	Erzbisthum. Universität. Tuchfabriken.
4,800	Kupfergruben. Baumwollenspinnereien.
6,000	Hafen. Werfte. Segel. Tuchfabr. Eisenhandl.
1,600	Hafen. Werfte.
1,850	Bisthum. Hafen. Werfte.
1,000	Hafen. Handel.
950	Hafen. Silber- und Eisenwerke.
700	Eisen- und Holzhandel.

Städte in

Gebietstheile.	Name und Lage von der Hauptstadt des Gebietstheils.	Lage an einem Fluß oder Meere rc.
West-Norwegen.	Drontheim W. v. d.	Nid
	Bergen SW.	Waagfiord
	Stavanger SW.	Tungfiord
	Hammerfest	Strömmersund
Süd-Ost-Norwegen.	Christiania SO.	Christiansfiord
	Kongsberg SW.	Laven
	Arendal SW.	
	Christiansand SW.	Toridal
	Laurwig S.	Laven

Städte im

In den Ostseeprovinzen.	Petersburg NO. von da	Newa
	Reval W.	Meerbusen
	Riga SW.	Düna
	Mitau SW.	Aa
	Wiborg NW.	Finnisch. Meerb.
Groß-Rußland.	Moskau i. d. M. v. d.	Moskwa
	Smolensk W.	Dneper
West-Rußland.	Witebsk W.	Düna
	Mohilew SW.	Dnieper
	Wilna W.	Wilia
	Bialystok SW.	Biala
	Nowgorod NW.	Ilmensee
	Pleskow NW.	Welikq
	Archangel N.	Dwina
	Wladimir NO.	Kläsma
	Kasan O.	Kasanka
	Saratow SO.	Wolga
	Woronesch SO.	Woronesch
Klein-Rußland.	Pultawa S. v. da	Pultowka
	Kiew NW.	Dnieper

Norwegen.

Einwohner-zahl.	Hauptzüge des Charakters.
8,850	Bisthum. Hafen. Zucker- und Salzsiederei.
20,000	Bisthum. Handel.
2,500	Fischerei.
40	Hafen. Handel.
12,000	Hafen. Hauptstadt. Handel. Fabriken.
6,850	Silbergruben. Bergbau.
1,800	Hafen. Eisenwerke.
4,850	Bisthum. Hafen. Handel.
2,000	Hafen. Eisen. Bretter.

europäischen Rußland.

422,000	Residenz. Kunst- und Natursammlungen. Fabriken und Handel.
15,000	Hafen. Fabriken. Handel.
35,000	Festung. Hafen. Handel mit Leinsamen.
12,500	
3,500	Festung. Hafen. Handel.
300,000	Alte Hauptstadt. Viele Bildungsanstalten.
13,000	Festung. Fabriken. Handel.
15,000	Lederfabriken. Honig. Meth.
13,000	Erzbisthum. Eisenfabriken. Handel.
25,000	Universität
6,000	Pelzhandel.
11,000	Erzbisthum. Schifffahrt. Handel mit Leder und Segeltuch.
8,000	Bisthum. Handel.
15,000	Erzbisthum. Schifffahrt. Pelzhandel.
2,000	Seidenwebereien.
50,000	Festung Universit. Werfte. Fabriken. Handl.
12,000	Festung. Tau- und Seidenfabriken. Fischerei. Schifffahrt. Handel.
12,000	Bisthum. Schifffahrt. Handel.
9,000	Festung. Obstbau.
40,000	Festung. Messen.

Gebietstheile.	Name und Lage von der Hauptstadt des Gebietstheils.	Lage an einem Fluß oder Meere 2c.
Süd-Rußland.	Cherson S.	
	Jekatrinoslav NO.	Kidak
	Odessa W.	
	Oczakow W.	

Städte in

Königreich Polen.	Warschau in der Mitte; von da	Weichsel
	Plozk NW.	Weichsel
	Kalisch W.	Prosna
	Sandomir S.	Weichsel
	Lublin SO.	Bistriza
Königreich Gallizien.	Lemberg NO. v. d.	Peltew
	Brody NO.	Styr
	Halicz SO.	Dniester
	Jaroslaw NW.	San
	Tarnopol SO.	Sereth
	Czernowitz SO.	Pruth
Freistaat Krakau.	Krakau, westlich von Lemberg	Weichsel

Städte in Ungarn, Slavonien,

Königreich Ungarn.	Ofen W.	Donau
	Pesth	Donau
	Komorn NW.	Donau
	Presburg NW.	Donau
	Oedenburg NW.	Neusiedler See
	Kremnitz N.	Gran
	Schemnitz N.	Schemnitz
	Gran SW.	Gran
	Stuhlweißenburg SW.	Sarwiz
	Tokai NO.	Theis
	Erlau NO.	Erlau

Einwohner-zahl.	Hauptzüge des Charakters.
2,000	Tuchfabriken.

Polen.

Einwohner-zahl.	Hauptzüge des Charakters.
120,000	Regierungs-Sitz. Universität. Fabriken. Messen.
6,000	Bisthum. Getreidehandel.
7,500	Grenzstadt. Tuchfabriken.
6,000	Handel.
10,500	Messen.
41,000	Erzbisthum. Universität. Leinwandhandel.
17,000	Universität. Handel.
4,000	Salzquellen. Seifensiederei.
7,000	Wachsbleichen. Linnenfabriken.
7,000	Gerbereien.
5,500	Bisthum. Handel.
26,000	Alte Residenz. Bisthum. In der Nähe die Salzwerke von Wilizka.

Croatien und Siebenbürgen.

Einwohner-zahl.	Hauptzüge des Charakters.
30,000	Sitz des Statthalters. Bisthum.
48,000	Universität.
12,000	Festung.
35,000	Krönungsstadt.
12,000	Weinbau. Viehhandel. Steinkohlen.
10,000	Silber- und Goldbergwerke.
20,000	Gold-, Silber- und Kupferbergwerke.
11,000	Erzbisthum. Warme Bäder.
12,000	Bisthum. Tuchfabriken.
4,000	Weinbau.
16,000	Weinbau.

Gebietstheil.	Name und Lage von der Hauptstadt des Gebietstheils.	Lage an einem Fluß oder Meere ꝛc.
Königreich Ungarn.	Debrezin O.	
	Temeswar SO.	Bega
Slavonien und Kroatien.	Semlin O. von da	Donau und Sau
	Agram NW.	Sau
	Warasdin NW.	Drau
	Esseck NW.	Drau
Siebenbürgen.	Hermannstadt S. v. d.	Zibin
	Klausenburg NW.	Szamos

Städte in der

Rumilien, Thrazien.	Konstantinopel O. in der Mitte; von da	Bosporus
	Gallipoli SW.	Hellespont
	Adrianopel NW.	Mariza
	Felibe NW.	Mariza
Macedonien.	Salonichi O. v. d.	Meerbusen
	Seres NO.	Strymon
Livadien.	Larissa N. von da	Peneus
	Volo S.	Meerbusen
Arnaut.	Jannina S. v. d.	See
	Prevesa SW.	See
	Durazzo NW.	am Meer
	Skutari NW.	Bojana
Bulgarei.	Sofia W.	Bojana
	Widdin NW.	Donau
	Rustschuk NO.	Donau
	Schumla NO.	am Balkan
Serbien.	Belgrad N.	Donau
Bosnien.	Bosna Serai SO.	Bosna
Walachei.	Bukarest SO. v. d.	Dumbroviza
	Giurgewo SW.	Donau
	Brailow NO.	Donau
Moldau.	Jassy NO. von da	Bachlin
	Galatsch SO.	Donau

Einwohner-zahl.	Hauptzüge des Charakters.
38,000	Melonenbau.
11,000	Hauptort des Landes. Festung.
8,300	Handelsstadt.
10,000	Sitz des Stadthalters.
4,000	Handel. Bäder.
9,500	Festung. Handel.
40,000	Hauptstadt des Bezirks.
20,000	Hauptstadt des Bezirks.

europäischen Türkei.

600,000	Hauptstadt des türkischen Reiches. Seiden- und Saffianmanufakturen. Handel.
17,000	Bisthum. Festung. Hafen.
100,000	Handel mit Leder.
30,000	Erzbisthum. Reisbau. Baumwollen- und Seidenfabriken.
70,000	Erzbisthum. Handel und Fabriken.
30,000	Erzbisthum. Getreide- und Obstbau. Handel und Fabriken.
30,000	Erzbisthum. Weinbau.
3,000	Erzbisthum. Handel.
30,000	Lebhafter Handel.
8,000	Festung.
5,000	Hafen.
9,000	Bisthum.
46,000	Sitz des Statthalters. Erzbisthum.
25,000	Erzbisthum. Festung. Salz- u. Getreidehadl.
30,000	Festung. Handel. Fabriken.
30,000	Hauptpaß.
30,000	Festung.
65,000	Festung. Gewehrfabriken.
60,000	Residenz. Universität.
18,000	Festung.
30,000	Festung. Getreidehandel.
25,000	Residenz.
5,000	Hafen. Seehandel.

Städte in

Gebietstheile.	Name und Lage von der Hauptstadt des Gebietstheils.	Lage an einem Fluß oder Meere ꝛc.
Morea.	Naplion NO. v. d.	Meerbusen gl. N.
	Malvasia S.	Felseninsel
	Mistra SW.	Eurotas
	Tripolitza W.	arkadische Bergebene gl. N.
	Koron SW.	mess. Meerbusen
	Navarin SW.	Jonisches Meer
	Patras NW.	Meerbusen gl. N.
	Korinth NO.	Isthmus
Hellas.	Athina SO. von da	Ilissos
	Thiba N.	Asopos
	Lepanto W.	Korinth. Meerb.
	Mesolonghi NW.	Meerb. v. Patras
Auf den Inseln.	Negroponte W.	Kanal v. Talanti
	Hydra S.	Insel gl. N.
	Kandia	Insel gl. N.

Städte auf den Jonischen Inseln

Jonische Inseln.	Zante S. von da	Insel gl. N.
	Argostolo N.	auf Kefalonia
	Bathi N.	auf Theaki
	Santa Maura N.	Insel gl. N.
	Korfu N.	Insel gl. N.
Königreich Dalmatien.	Zara W. von da	Erdzunge
	Zeng N.	am Meer
	Spalatro S.	Halbinsel
	Ragusa S.	Halbinsel
	Cattaro S.	Bucht

Städte in

In der deutschen Schweiz.	Basel NW. von da	Rhein
	Zürich SO.	Zürcher See
	Lucern SO.	Lucern See

Griechenland.

Einwohner-zahl.	Hauptzüge des Charakters.
15,000	Erzbisthum. Festung. Hafen.
2,000	Erzbisthum. Festung. Hafen. Wein.
6,000	Erzbisthum. Hauptort in Maina.
12,000	
5,000	Bisthum. Festung. Hafen.
3,000	Festung. Hafen.
6,000	Erzbisthum. Festung. Hafen.
4,000	Festung. Erzbisthum. Weinbau.
10,000	Residenz.
6,000	Bisthum.
2,000	Erzbisthum. Festung. Hafen. Lederfabriken.
6,000	Festung. Hafen.
16,000	Bisthum. Hafen. Festnng.
45,000	Hafen.
15,000	Erzbisthum. Hafen. Festung.

und im Königreich Dalmatien.

19,000	Bergfestung. Hafen.
5,000	Hafen. Werfte.
2,000	Großer Hafen.
2,000	Festung.
16,000	Erzbisthum. Hafen. Werfte.
5,000	Hauptstadt. Erzbisthum. Hafen.
3,600	Hafen. Messen.
7,000	Hafen. Handel.
12,000	Erzbisthum. Hafen. Handel.
3,000	Großer Hafen. Handel.

der Schweiz.

16,500	Universität und Bildungs-Anstalten.
10,600	Universität.
5,000	Bisthum.

Gebietstheile.	Name und Lage von der Hauptstadt des Gebietstheils.	Lage an einem Fluß oder Meere ꝛc.
In der deutschen Schweiz.	Bern S.	Aar
	Schaffhausen NO.	Rhein
	Chur SO.	Rhein
Italienische Schweiz.	Bellinzona SO.	Tessin
Französische Schweiz.	Lausanne O. v. d.	Genfer See
	Genf W.	Genfer S.
	Neuschatel	Neuschatell. See

Städte in

In den Gegenden der Rhone.	Lyon SO. von da	Rhone
	Macon N.	Saone
Burgund.	Bourg NO.	Neysouza
	Lons le Saunier SW.	
	Dijon N.	Oucha
Franche Comté.	Besancon NO.	Doubs
	Vesoul NO.	Saone
Dauphiné.	Valence S.	Rhone
	Grenoble SO.	Isere
	Avignon S.	Rhone
Provence.	Marseille SO.	Rhone
	Toulon SO.	Mittelmeer
Languedoc.	Montpellier SW.	Kanal
	Cette SW.	Landzunge
	Beziers SW.	Kanal
In den Gegenden der Garonne.	Perpignan SW.	Ter
	Bordeaux SW. von da	Garonne
Guienne.	Bergerac O.	Dordogne
	Aurillac O.	Jourdan
	Cahors SO.	Lot
	Agen SO.	Garonne
Languedoc.	Toulouse SO.	Garonne
	Foix SO.	Arriege
	Tarbes SO.	Adour

Einwohnerzahl.	Hauptzüge des Charakters.
14,000	Hauptstadt. Universität.
5,000	Handel.
3,300	Bisthum. Handelsstraße.
1,520	Handelsstraße.
10,200	Handel.
24,000	Universität.
	Uhrmacherei.

Frankreich.

Einwohnerzahl.	Hauptzüge des Charakters.
146,000	Erzbisthum. Seidenfabriken.
10,500	Weinbau.
7,100	Fabriken.
7,200	Silberarbeiten.
23,800	Schöne Ebene.
28,800	Erzbisthum. Burgunder-Wein.
5,500	Eisenwerke.
9,800	Bisthum. Tuchfabriken.
21,400	Lederfabriken.
30,000	Bisthum. Seidenbau.
116,000	Großer Hafen. Fabriken. Handel.
30,700	Kriegs-Hafen. Festung.
36,000	Bisthum. Chemische-Fabrik.
7,000	Hafen. Salz. Soda.
15,000	Oel- und Weinbau.
14,900	Festung. Weinbau.
94,000	Erzbisthum. Hafen. Weinhandel.
8,500	Weinbau.
10,000	Kupferwerke.
12,200	Tuchfabriken. Weinhandel.
11,700	Leinwand- und Tuchfabriken.
54,000	Erzbisthum.
4,600	Eisen- und Kupferwerke.
8,000	Leinwandhandel. Kupferhandel.

Gebietstheil.	Name und Lage von der Hauptstadt des Gebietstheils.	Lage an einem Fluß oder Meere ꝛc.
	Mont de Marsan S.	Douze
	Bayonne S.	Adour
	Pau S.	Gava
	Perigeux NO.	Jlle
	Tulle NO.	Lorreze
Poitou.	Angouleme NO.	Charente
	Rochefort NW.	Charente
In den Gegenden	Rochelle NW.	
der Loire.	Orleans NO. in der Mitte; von da	Loire
Maine.	Blois SW.	Loire
	Tours SW.	Loire
	Le Mans NW.	Sarte
	Laval W.	Mayenne
	Alencon NW.	
Bretagne.	Rennes W.	Vilaine
	Brest W.	Bucht
	Nantes SW.	Loire
Vendée.	BourbonVendee SW	Yon
	Niort SW.	Sevre
	Poitiers SW.	Clain
	Chatauroux S.	Jndre
Nivernois.	Bourges S.	Evre
	Limoges S.	Vienne
	Nevers SO.	Nievre
Auvergne.	Moulins SO.	Allier
	Clermont SO.	Allier
	Montbrisson SO.	
In den Gegenden	Puy SO.	Loire
der Seine.	Paris NO. in der Mitte; von da	Seine
Jsle de France.	Melun S.	Seine
	Auxerre SO.	Yonne
	Troyes SO.	Seine
	Chalons s. M. O.	Marne
	Soissons NO.	Aisne
	Compiegne NO.	Oise

Einwohner-zahl.	Hauptzüge des Charakters.
5,500	Getreide- und Obsthandel.
13,200	Seehafen.
11,200	Tuch- und Leinwandhandel.
8,400	Trüffeln.
8,100	Gewehrfabriken. Wachsbleichen.
15,000	Safranbau.
15,000	Hafen. Festung. Seesalz.
72,000	Bisthum. Hafen. Festung.
40,300	Fabriken und Handel.
15,200	Bisthum.
21,000	Seidenfabriken. Handel.
18,600	Bisthum. Wachskerzen.
15,700	Leinwandfabriken.
29,400	Fabriken.
26,700	Kriegshafen.
72,000	Werfte. Handel.
2,700	Viehhandel.
15,500	Blei- und Silberminen.
21,300	Leder- und Linnenfabriken.
10,400	Messen.
19,000	Erzbisthum. Leinwandfabriken.
25,600	Bisthum.
12,300	Steingutfabriken. Glas.
14,000	Messerschmieden.
30,000	Leder- und Leinwandfabriken.
5,500	Leinwandfabriken.
14,800	Leinwandfabriken.
890,000	Residenz. Bildungs-Anstalten und Sammlungen.
6,800	Gerbereien.
12,000	Weinhandel.
25,600	Bisthum. Flachs- und Hanfbau.
11,600	Champagner Wein.
7,300	Bisthum. Festung.
7,000	Weinbau.

Provinzen.	Name und Lage von der Hauptstadt des Gebietstheils.	Lage an einem Fluß oder Meere ꝛc.
Jsle de France.	St. Quentin NO.	Somme
	Amiens N.	Somme
	Arras N.	Scarpe
	Abbeville NW.	Somme
	Boulogne NW.	Küste
	Calais NW.	Meerenge
	Dünkirchen N.	Küste
	Rouen NW.	Seine
Normandie.	Evreux NW.	Jkon
	Chartois SO.	Eure
	Caen NW.	Orne
	Havre d. G. NW.	Seinemündung
In den Gegenden des Rheins.	Cherbourg NW.	
	Nancy NO. von da	Muerte
	Metz N.	Mosel
	Bar le Duc W.	Ornain
	Epinal S.	Mosel
	Strasburg SO.	Jll
	Mezieres NW.	Maas
	Lille NW.	

Städte in

In Neu-Castilien.	Madrid NW. v. d.	Manzanares
	Guadalaxara NO.	Henares
	Toledo S.	Tajo
Estramadura.	Badajoz W. v. d.	Guadiana
	Merida O.	Guadiana
Andalusien.	Granada O. v. d.	Genil
	Sevilla W.	Guadalquivir
	Cadix SW.	Insel Leon
	Gibraltar SW.	Felsen
	Cordova NW.	Guadalquivir
	Jaen N.	Guadalballon
	Malaga S.	Küste

Einwohnerzahl.	Hauptzüge des Charakters.
10,500	Fabriken.
42,000	Bisthum. Festung.
22,200	Bisthum. Festung. Teppiche.
18,600	Seehandel.
17,700	Bisthum. Hafen.
8,500	Hafen.
24,500	Hafen. Festung. Tabackshandel.
90,000	Erzbisthum. Fabriken.
9,306	Bisthum.
13,700	Wollenfabriken.
38,200	Fabriken. Handel.
21,000	Hafen. Werfte.
15,900	
30,000	Bisthum. Fabriken. Marmor.
45,300	Bisthum. Festung.
11,500	Weinbau.
7,500	Papierfabriken.
50,000	Festung.
3,400	Festung. Marmorarbeiten.
70,000	Festung. Fabriken.

Königreich Spanien.

170,000	Residenz. Porzellan und Tapetenfabriken.
12,000	Tuchfabriken.
25,000	Universität.
10,000	Festung. Färbereien.
4,500	Getreidehandel.
70,000	Erzbisthum. Universität. Seiden- und Lederfabriken.
80,000	Erzbisthum. Universität. Tabackfabriken.
80,000	Festung. Handelsstadt. Seiden- und Wollenfabriken.
8,000	Festung.
35,000	Bisthum. Leder- und Seidenfabriken.
27,000	Bisthum. Seiden- und Leinwandfabriken.
53,000	Weinbau und Handel.

Gebietstheil.	Name und Lage von der Hauptstadt des Gebietstheils.	Lage an einem Fluß oder Meere ꝛc.
Murcia.	Murcia O.	Segura
Alt-Castilien.	Burgos N. von da	Arlanzon
	Soria SO.	
	Segovia S.	
Leon.	Leon N. von da	Esla
	Salamanca S.	Tormes
	Valladolid SO.	Pisuerga
	Valenzia SO.	Carrion
Biscaya.	Bilbao N. von da	Ibaichalval
	San Sebastian NO.	Urumia
	Santander NW.	am Meere
Asturien.	Oviedo N.	Xalon
Gallizien.	St. Jago NW. v. d.	Sar
	Lugo NO.	Minho Quelle
	Vigo SW.	Bai von Vigo
	Corunna NW.	Bucht von Ferrol
Aragonien.	Zaragossa W. v. d.	Ebro
	Huesca NO.	Isuela
	Lorida O.	Segre
	Calatayud SW.	Xalon
Navarra.	Pampelona N. v. d.	Arga
	Tudela S.	Ebro
Catalonien.	Barzelona NO. v. d.	Mittelmeer
	Torragona SW.	Francoli
	Trotosa SW.	Ebro
Valenzia.	Valenzia O. von da	Guadalaviar
	Alicante S.	am Meer

Städte in

Estremadura.	Lissabon SW. v. d.	Tajo
	Santaren NO.	Tajo
	Setuval SO.	Sado
Beira.	Coimbra W. von da	Mondego
	Viseu NO.	Bergebene
	Lamego NO.	Balsamo

Einwohnerzahl.	Hauptzüge des Charakters.
40,000	Seidenfabriken.
11,000	Alte Residenzstadt.
6,200	Bisthum.
14,000	Bisthum. Universität.
30,000	Bisthum. Universität.
8,500	Bisthum.
15,000	Handel und Fabriken.
13,000	Hafen. Handel.
9,000	Bisthum. Eisenhammer. Werfte.
7,500	Bisthum. Universität.
25,000	Erzbisthum. Universität. Leinweberei.
5,000	Bisthum.
8,000	Hafen.
11,000	Hafen. Fabriken.
40,000	Erzbisthum. Universität. Festung.
7,000	Bisthum. Universität.
17,000	Bisthum. Festung.
1,500	Getreide-, Obst- und Weinbau.
14,000	Bisthum.
7,000	Bisthum.
130,000	Bisthum. Hafen. Festung. Fabrik. Handel.
7,500	Erzbisthum. Hafen.
11,000	Bisthum. Festung.
100,000	Erzbisthum. Universität.
17,000	Hafen. Weinbau.

Portugall.

270,000	Residenz. Hafen. Handel.
8,007	Bisthum.
12,000	Hafen. Seesalz.
15,000	Bisthum. Universität.
5,000	Bisthum. Gemüse- und Weinbau.
7,000	Bisthum.

Gebietstheil.	Name und Lage von der Hauptstadt des Gebietstheils.	Lage an einem Fluß oder Meere ꝛc.
Minho.	Braga O. von da	Este
	Oporto SW.	Douro
Tras os Montes.	Braganza NO.	Berglandschaft
Alemtejo.	Evora SN. von da	Höhe
	Elvas NO.	Wasserleitung
Algarbien.	Lagos W.	Lagos
	Foro O.	Valfermoso

Städte in

Süd-England.	London NO. v. d.	Themse
Sussex. Wessex. Middelsex.	Canterbury SO.	Stour
	Portsmouth SW.	Halbinsel
	Bristol W.	Severn
	Bath W.	Avon
	Salisbury SW.	Avon
	Drochester SW.	Frome
	Exeter SW.	Ex
	Plymouth SW.	Tamar
	Halmouth SW.	Fal
Ostangeln.	Cambridge W. v. d.	Cam
	Norwich NO.	Yar
	Harwich SO.	Stonne
	Yarmouth NO.	Yar
Mercia.	Birmingham S.	Severn
	Glocester S.	Severn
	Schrewsbury NW.	Severn
	Leicester NO.	Soar
	Lincoln NO.	Wikham
	Scheffield N.	Sheaf
	Chester NW.	Den
Northumberland.	York SO. von da	Ouse
	Hull SO.	Hull
	Leeds SW.	Aire

Einwohnerzahl.	Hauptzüge des Charakters.
18,000	Erzbisthum.
75,000	Bisthum. Handel. Wein.
5,000	Stammort des Königs.
12,000	Erzbisthum. Festung.
16,000	Hauptfestung Portugals.
4,000	Thunfischerei.
8,000	Hafen. Leuchtthurm.

Königreich England.

$1\frac{1}{3}$ Million	Residenz. Größte Handelsstadt. Viele Anstalten und Sammlungen.
12,000	Erzbisthum. Fabriken.
41,000	Festung. Kriegshafen. Werfte.
88,000	Bisthum. Fabriken.
50,000	Bisthum. Bad. Wollfabriken.
8,000	Woll- und Stahlfabriken.
3,000	Bierbrauerei. Wollfabriken.
17,000	Bisthum. Fabriken.
65,000	Hafen. Werfte. Fabriken. Handel.
4,000	Hafen. Fischerei.
11,000	Universität. Große Messe.
50,500	Bisthum. Fabriken. Steinkohlenhandel.
18,000	Hafen. Werfte.
18,000	Hafen. Festung. Heringsfischerei.
107,000	Großer Gewerbsort.
7,600	Glas- und Nadelfabriken.
17,000	Wollenwaaren.
20,000	Pferdezucht.
7,500	Bisthum.
90,000	Eisen- und Stahlwerke.
17,600	Bisthum. Schiffbau.
35,000	Erzbisthum. Fabriken.
42,000	Seehandel. Eisengießerei.
85,000	Tuchfabriken.

Gebietstheil.	Name und Lage von der Hauptstadt des Gebietstheils.	Lage an einem Fluß oder Meere ꝛc.
Northumberland.	Manchester SW.	Mersey
	Liverpool SW.	Mersey
	Newcastle N.	Tyne
	Carlisle N.	Eden
Wales.	Mantgomery O.	
	Pembrocke SW.	Küste
	Caernarvon NW.	Meerbusen gl. N.

Städte im

Südschottland.	Edinburgh NO. v. d.	Frith of Forth
	Stirling NW.	Frith
	Glasgow W.	Clyde
	Paisley W.	Clyde
	Dumfries S.	Nith
Mittelschottland.	Perth S. von da	Tay
	Dundee O.	Frith of Tay
	Montrose NO.	Esbe
	Inwerary W.	Ary
	Aberdeen NO.	Don
Nordschottland.	Invernes NO.	Ness

Städte im

Ost-Irland Leinster.	Dublin O. von da	Liffy
	Drogeda N.	Boyne
	Wexford S.	Slaney
	Dundalk N.	Bai gl. N.
	Kilkeny SW.	Nore
Süd-Irland Münster.	Cork S. von da	Lee
	Waterford NO.	Suir
	Limerik N.	Shannon

Einwohner-zahl.	Hauptzüge des Charakters.
164,000	Ungeheure Fabrikstadt.
135,000	Zweite Hauptstadt Englands.
30,000	Eisen- und Glashütten.
12,000	Bisthum.
2,000	Handel. Fischerei

Königreich Schottland.

Einwohner-zahl.	Hauptzüge des Charakters.
38,000	Residenz. Universität. Anstalten. Fabriken.
6,000	Hafen.
100,000	Universität. Fabriken. Handel.
36,700	Fabriken.
8,000	Hafen. Steinkohlen Leinwand.
17,000	Bleichen. Fabriken.
31,000	Fabriken. Kornhandel.
8,000	Werfte. Leinwand. Fischfang.
2,500	Leinwand.
50,000	Bisthum. Hafen. Handel.
11,000	Woll- und Hanffabriken.

Königreich Irland.

Einwohner-zahl.	Hauptzüge des Charakters.
228,000	Residenz. Anstalten. Fabriken und Handel.
10,000	Hafen. Festung. Leinwand und Steinkohlenhandel.
90,000	Bisthum. Hafen. Wollweberei. Handel.
5,000	Bisthum. Handel.
20,000	Steinkohlengruben.
100,600	Großer Hafen. Handel. Werfte.
30,000	Handel mit Butter. Fischerei.
60,000	Handel mit Butter.

Gebietstheil.	Name und Lage von der Hauptstadt des Gebietstheils.	Lage an einem Fluß oder Meere 2c.
West-Irland	Galway SW. v. d.	Bai gl. N.
Connaught.	Sligo N.	Bai gl. N.
Nord-Irland	Londonderry N. v. d.	Foyle
Ulster.	Belfast SO.	Bai gl. N.
	Newry SO.	Dowe (?)

Städte in

Canada.	Quebek O. von da	Lorenzostrom
	Montreal S.	Lorenzostrom
Nordamerikan.	Washington NO.	Potomac
Freistaaten.	von da	
	Boston NO.	Küste
	Neu York NO.	Hudson
	Philadelphia NO.	Delaware
	Neu Orleans SW.	Mississippi
Mexiko.	Mexiko S.	See Tezkuko
	Vera Crux SO.	
	Acapulko SW.	
	Guadalaxara NW.	St. Jago Fluß
Mittelamerika.	Guatemala W.	Vacas
	Truxillo SO.	Honduras Kap
Columbia.	Bogota NW. v. d.	Bogata
	Quito SW.	hohes Thal
	Carthagena N.	Mdg. des Magdalenenstroms
	Maracaibo NO.	See gl. N.
	Caracas NO.	am Berg Silla
Guiana.	Cayenne SO. v. d.	Insel gl. N.
	Paramaribo NW.	M. d. Surinam
Peru.	Lima W. von da	Rimai
	Cusco SO.	Vilcabamba
Bolivia.	Potosi W. von da	Pilcomayo
	La Paz N.	Chiqinabo
Paraguay.	Concepcion N. v. d.	Paraguai
	Assumcion S.	Paraguai
La Plata.	Cordova NW. v. d.	Preniero

Einwohner-zahl.	Hauptzüge des Charakters.
12,000	Bisthum. Hafen. Fischerei. Leinwandhandel.
8,000	Leinwandhandel. Fischerei.
9,500	Bisthum. Heringsfang.
40,000	Zuckersiederei. Butter. Leinwand.
18,000	Butter Fleisch.

Amerika.

20,000	Festung. Hafen.
25,000	Pelzhandel.
16,500	Congreß-Ort.
54,300	Handel. Werfte.
166,000	Fabriken und Handel.
152,000	Fabriken. Handel.
63,500	gute Rhede.
150,000	Fabriken. Handel.
30,000	
4,000	Werfte. Hafen.
100,000	Zweite Stadt nach Mexiko.
30,000	Cigarrenfabrik.
3,500	Hafen.
40,000	Hauptstadt. Handel.
60,000	Handel.
25,000	Hafen. Perlfischerei. Handel.
20,000	Indigobau. Hafen. Werfte.
40,000	Schöne Hauptstadt.
3,000	Pfefferhandel.
20,000	Hafen.
6,000	Hauptstadt. Fabriken. Handel.
32,000	Handel.
25,000	Bergbau.
20,000	Handel.
2,000	
15,000	Hauptstadt. Handel.
14,000	Wollfabriken.

Gebietstheile.	Name und Lage von der Hauptstadt des Gebietstheils.	Lage an einem Fluß oder Meere 2c.
La Plata.	Buenos-Ayros SO.	Plata
	Montevideo	Plata
Brasilien.	Rio Janeiro SO. v. d.	Janeirobucht
	Bahia NO.	Allerheiligenbucht
	Pernambuco NO.	Küste
	Para N.	Para
Antillische Inseln.	Porto Rico	Küsteninsel
	St. Domingo	M. d. Ozanna
	Kingston	auf Jamaica
	Havanna	auf Cuba

Städte in

Gebietstheile.	Name und Lage von der Hauptstadt des Gebietstheils.	Lage an einem Fluß oder Meere 2c.
Asiatische Türkei.	Haleb SN. von da	Chalon
	Erzerum N.	Fratquelle
	Bursa NW.	Olymp
	Ismir NW.	an einer Bai
	Skutari NW.	Bosporos
	Damas S.	Baradi
	Mosul SO.	Tigris
	Bagdad SO.	Tigris
	Jerusalem S.	Bach Kidron
Asiatisches Rußland.	Tobolsk SW. v. d.	Tobol
	Jekatrinenburg W.	Isel
	Tomsk SO.	Tom
	Irkutsk SO.	Irkut
	Jeniseisk O.	Jenisei
	Jakutsk O.	Lena
	Ochotsk O.	Ochota
Arabien.	Mekka W. von da	sandiges Thal
	Medina N.	Rand der Wüste
	Mokka S.	Küste
	Aden S.	Bab el Mandeb
	Sana SO.	dürre Anhöhe
	Drejeh O.	Wadi Hanifeh
Persien.	Schiras SW. v. d.	Korombere

Einwohner-zahl.	Hauptzüge des Charakters.
60,000	Hauptstadt. Lebhafter Handel.
30,000	Festung. Handel.
21,000	Hauptstadt. Lebhafter Handel.
18,000	Werfte. Handel.
62,300	Hafen. Handel. Körbe. Holz.
28,200	Hafen. Handel.
30,000	Hafen.
25,000	Hafen. Handel.
36,000	Vortrefflicher Hafen.
75,000	Lebhafter Handel.

Asien.

200,000	Große Handelstadt. Wollen- und Seidenfabr.
100,000	Gold-, Silber- und Eisenfabriken.
50,000	Seidenteppiche. Musseline.
150,000	Hafen. Haupthandelsort der Levante.
60,000	Handel. Fabriken.
100,000	Handel. Baumwollen- und Seidenfabriken.
70,000	Musselinfabriken.
100,000	Baumwollen- und Seidenfabriken.
30,000	Handel mit Reliquien.
25,000	Pelzhandel. Fabriken.
8,500	Große Bergwerke.
12,000	Leder- und Pelzhandel.
30,000	Erzbisthum. Fabriken. Handel.
6,000	Pelz- und Kornhandel.
4,000	Pelzhandel. Viehzucht.
2,000	Hafen. Werfte.
30,000	Balsamhandel.
5,000	Wallfahrtsort.
5,000	Hafen. Handel. Kaffe.
6,000	Kaffe- und Gummihandel.
20,000	Handelsstadt.
12,000	Obst- und Getreidebau.
50,000	Weinhandel. Rosenöhl.

Gebietstheile.	Name und Lage von der Hauptstadt des Gebietstheils.	Lage an einem Fluß oder Meere ꝛc.
Persien.	Ispahan N.	Zenderut
	Teheran N.	
	Balk NO.	Dehasch
	Kandahar NO.	
	Kabul NO.	Kabul
Vorderindien.	Hyderabad SO. von da	Mussi
	Madras SO.	Madras
	Tanjora SO.	Kaveri
	Kalkutta NO.	Baghirati
	Benares NO.	
	Allahabad N.	Dschumma
	Agra NW.	Dschumma
	Delhi NW.	Dschumma
	Surate NW.	Tapti
	Bombay NW.	Insel Bomba
	Goa W.	Küsteninsel
	Mangalore SW.	Bucht
	Serinpapatam S.	Kaveri
Hinterindien.	Siam S. von da	Menam
	Camboja SO.	Monkiang
	Cachao NO.	Kiu=long=kiang
	Martaban NW.	Saluen
	Pegu NW.	Pegu
	Ava NW.	Irawadi
	Ammarapura NW.	Irawadi
	Malaka S.	
China.	Nanking O. v. d.	Kiang
	Sing=nan=fou NW.	Hoei=ho
	Peking NW.	3 kleine Flüsse
	Taijuan NW.	Fuan
	Yang=tscheu W.	Kiang
	Han=tscheu NO.	Tsin=kong
	Tao'=tscheu SW.	Po=jang See
	Wutschang SW.	Kiang
	Kuang=tscheu S.	Cama Busen
	Makao S.	Felsen=Insel

Einwohner-zahl.	Hauptzüge des Charakters.
50,000	Gold- und Silberfabriken.
50,000	Teppiche. Eisenwaaren.
7,000	Handel.
100,000	Handel.
80,000	Handel.
200,000	Baumwollenfabriken. Demantenmarkt.
400,000	Bildungs-Anstalten. Fabriken. Handel.
30,000	Baumwollenfabriken.
800,000	Große Handelsstadt.
20,000	Britische Kriegerstadt.
60,000	Baumwollen- und Seidenfabriken.
500,000	Fabriken. Handel.
500,000	Fabriken. Handel.
200,000	Großer Stapelort.
20,000	Seiden- und Baumwollenfabriken.
40,000	Hafen. Handel.
150,000	Festung.
120,000	Handel.
	Baumwollenfabriken. Handel.
40,000	Handel.
30,000	Fischerei. Handel.
7,000	Baumwollen- und Seidenwaaren.
170,000	Alte Hauptstadt.
1 Million	Große Fabriken und Handelsstadt.
	Alte Hauptstadt. Schmiedefabriken.
2—3 Mill.	Nordhauptstadt.
2 M. Umkr.	Seiden- und Tapetenfabriken: Handel.
1 Million	Salzsiedereien.
1 Million	Seidenfabriken.
1 Million	Porzellanfabriken.
50,000	Bambus und Reispapier. Theehandel.
2 Million	Große Handelsstadt.
15,000	Festung und Hafen der Portugiesen.

Gebietstheile.	Name und Lage von der Hauptstadt des Gebietstheils.	Lage an einem Fluß oder Meere rc.

Städte in

Kapland.	Die Kapstadt SW. von da	Tafelbai
	George O.	Schwarzer Fluß
	Fredriksburg O.	Küste
Hochland.	Littaku N.	Moschowa
Natal.	Lovedale O.	
Sofala.	Sofala O. von da	
	Sena NW.	Zambeze
	Chicowa NW.	Zambeze
Küste Mosambique.	Mosambique O.	Küsteneiland
Zanguebar.	Mongallo S.	Cap Delgado
	Melinde N.	Melinde Münd.
Madagasse.	Tananarive	im Gebirg
Ajam.	Magadoxo O.	Webbe
Habesch in Efat.	Adowa	Berg Abhang
Benguela.	Benguela	Longo
Congo.	Congo	Lelunda
	Melimba SW.	
Coango.	Coango NW.	Palmenhain
Reich Benin.	Benin O. von da	Beninfluß
Dahomeh.	Dahomeh NW.	Sandebene
Reich der Aschantes.	Kumassin S.	
	Timbo NW.	
	Medina	
	Tombuctu NO.	Joliba
Haussa.	Sakkatu	Quarrama
	Kano	
Sahara.	Murzuk N.	
Biledulgerid.	Tafilet N.	
Marocco.	Magador W.	
	Marocco NW.	
	Fez N.	Atlasfuß

Einwohner-zahl.	Hauptzüge des Charakters.

Afrika.

Einwohner-zahl.	Hauptzüge des Charakters.
19,000	
	Missionsort.
4,000	
	Mission.
	Festung. Handel.
2,000	Portugiesischer Hauptort.
8,000	
	Sklavenhandel.
	Guter Hafen.
	Hauptstadt. Goldschmiedearbeit.
8,000	
30,000	Handel.
	Handelsplatz.
15,000	Handel.
20,000	
24,000	
15,000	
8,000	
6,000	
12,000	
40,000	
40,000	Sklavenmarkt.
20,000	
	Karavanenhandel.
10,000	
270,000	Lederfabriken.

Gebietstheil.	Name und Lage von der Hauptstadt des Gebietstheils.	Lage an einem Fluß oder Meere ꝛc.
Marocco.	Ceuta N.	Landzunge
Algier.	Oran W. von da	
	Algier O.	
	Bona NO.	
Tunis.	Tunis N. von da	Bai
	Kabis SO.	Kabes Mündung
Tripolis.	Tripolis NW.	Landzunge
Nubien.	Sennaar SO. v. d.	Nil
	Schendy N.	Nil
	Dongola NW.	Nil
Aegypten.	Kairo N. von da	Nil
	Skanderik NW.	Landzunge
	Damiette N.	

Einwohnerzahl.	Hauptzüge des Charakters.
7,500	Festung.
20,000	Festung.
100,000	Hauptstadt.
8,000	Hafen.
150,000	Hauptstadt.
150,000	
100,000	
6,000	Sklavenmarkt.
300,000	Hauptstadt.
30,000	
30,000	Handel.

Bei Fragen zur Produktsicherheit wenden Sie sich bitte an:
If you have any questions regarding product safety,
please contact:

Walter de Gruyter GmbH
Genthiner Straße 13
10785 Berlin
productsafety@degruyterbrill.com